高等数学思想方法与教学策略研究

薛欢庆　冷震北　周小红　著

中国纺织出版社有限公司

内 容 提 要

本书从高等数学教育教学中的数学思维与思想介绍入手，针对极限思想与方法、积分学思想与方法、微分学思想与方法进行了分析研究；另外，对高等数学教学与思维能力培养、高等数学教学方法探索、高等数学教学创新探索、高等数学教学与文化融合及教育技术整合做了一定的介绍；还对高等数学的教学改革策略、高等数学教育教学实践应用做了研究。本书内容丰富，力求与实际教学相结合，与高等数学教材内容相结合。

图书在版编目（CIP）数据

高等数学思想方法与教学策略研究 / 薛欢庆，冷震北，周小红著. -- 北京：中国纺织出版社有限公司，2023.12

ISBN 978-7-5229-1300-1

Ⅰ.①高… Ⅱ.①薛… ②冷… ③周… Ⅲ.①高等数学-教学研究 Ⅳ.①O13

中国国家版本馆CIP数据核字（2023）第237531号

责任编辑：张 宏　　责任校对：王花妮　　责任印制：储志伟

中国纺织出版社有限公司出版发行
地址：北京市朝阳区百子湾东里A407号楼　邮政编码：100124
销售电话：010—67004422　传真：010—87155801
http://www.c-textilep.com
中国纺织出版社天猫旗舰店
官方微博 http://weibo.com/2119887771
三河市宏盛印务有限公司印刷　各地新华书店经销
2023年12月第1版第1次印刷
开本：787×1092　1/16　印张：14.5
字数：270千字　定价：98.00元

凡购本书，如有缺页、倒页、脱页，由本社图书营销中心调换

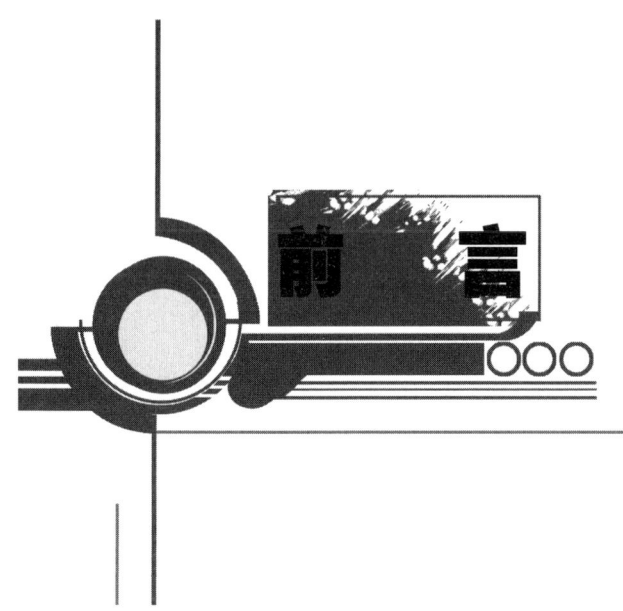

高等数学作为一门重要的基础学科，为众多学科奠定了理论基础，其严密的逻辑性和广泛的应用性，使得我们能够深入研究其他学科，发现并摸清其中的本质规律，并使之更广泛地应用到现实生活中来，因此，拥有更多的高等数学人才是至关重要的。本书就高等数学学习本身的思想方法及教学的策略这两个方面进行研究，致力于为高等数学的研究者及学习者提供理论支持，更好地培养出高等数学相关人才。

本书内容共分为十章。第一章是对数学思维与教育研究的概述，第二章是极限思想与方法的论述，第三章是积分学思想与方法的论述，第四章是微分学思想与方法的论述，第五章是对高等数学教学与思维能力培养的研究，第六章是对高等数学教学方法探索的分析，第七章是对高等数学教学创新探索的研究，第八章是高等数学教学与文化融合及教育技术整合，第九章是高等数学的教学改革策略，第十章是对思维创新在高等数学学习中的融合探索。

本书具有如下特点：第一，举一反三，触类旁通，通过对书中问题的探究找到解决方法，扩展解题思想。第二，在探究解题思路的同时关注解题的思维过程，分析在解决某个问题时是如何思考的，从而有效地找到教育教学的切入点，最终使思维得到良好发展。

本书在编写过程中，为了确保研究内容的丰富性和多样性，参考、查阅和整理了大量文献资料，在此对学界前辈、同仁和所有为此书编写工作提供帮助的人员致以衷心的感谢。由于著者能力有限，编写时间较为仓促，书中如存在不足之处，衷心敬请广大读者给予理解和指教！

薛欢庆

2023年8月

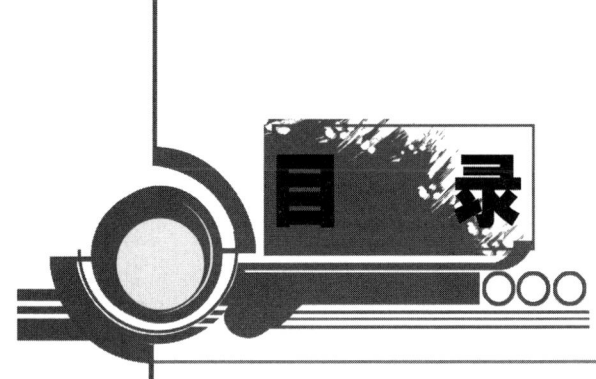

第一章	数学思维与教育研究概述	1
第一节	数学思维概述	1
第二节	数学教育研究的内涵及意义	4
第三节	教学策略概述	6
第二章	极限思想与方法	11
第一节	数列的极限	12
第二节	函数的极限	15
第三章	积分学思想与方法	19
第一节	积分学的产生与黎曼积分	19
第二节	定积分的概念与性质	25
第三节	积分的统一形式及基本积分方法	28
第四章	微分学思想与方法	31
第一节	微分的概念	31
第二节	微分方程的思想	32
第三节	微分中值定理的证明与推广	33
第五章	高等数学教学与思维能力培养	39
第一节	基于数学理念创新的高等数学教学	39
第二节	基于思维能力培养的高等数学教学	43
第三节	基于创造能力培养的高等数学教学	48

第六章 高等数学教学方法探索 ··· 59
第一节 分层教学方法 ··· 59
第二节 宏观数学方法论与数学教学 ··· 61
第三节 微观数学方法论与数学教学 ··· 72
第四节 数学方法论与数学教学原则 ··· 89

第七章 高等数学教学的创新探索 ··· 99
第一节 高等数学教育中的创新思维 ··· 99
第二节 高等数学教学活动创新——数学建模竞赛教学 ················· 103
第三节 高等数学教学模式创新——虚拟创新教学 ······················· 107
第四节 高等数学教学模式创新——翻转课堂教学 ······················· 123
第五节 高等数学教学模式创新——"三疑三探"教学 ·················· 129

第八章 高等数学教学与文化融合及教育技术整合 ························· 135
第一节 数学教育形态的构建 ··· 135
第二节 优化数学课堂教学的策略 ··· 138
第三节 数学教学与现代教育技术整合 ······································· 146

第九章 高等数学的教学改革策略 ··· 151
第一节 高等数学的教学思想改革策略 ······································· 151
第二节 高等数学的教学目标改革策略 ······································· 166

第十章 思维创新在高等数学学习中的融合 ··································· 173
第一节 理性思维在高等数学学习中的应用 ································· 173
第二节 操作思维在数学学习中的应用 ······································· 207
第三节 形象思维在数学学习中的应用 ······································· 214
第四节 逆向思维在数学学习中的应用 ······································· 221

参考文献 ··· 225

第一章

数学思维与教育研究概述

数学教育作为人类教育活动的重要组成部分，有着悠久的历史。然而，真正作为一门学科，即现代意义上的数学教育研究则始于20世纪国际性的数学教育改革运动。另外，每四年召开一次的国际数学教育大会（ICME）也对数学教育研究起到了较大的推动作用。

第一节 数学思维概述

一、什么是数学思维

所谓数学思维，就是人脑和数学对象（数和形等）相互作用并按照一般思维规律认识数学规律（对象和本质特征）的过程。简而言之，数学思维就是数学教研活动中的思维，它被应用于其他科学、技术和国民经济中，并受到所采用的一般思维方式的制约，如众所周知的概念、判断、推理，便是数学思维的基本形式。

二、数学思维的心理本质

著名的哲学家、心理学家皮亚杰提出："如果认识了一个概念的心理学基础，也就意味着从认识论上理解了这个概念。"因此，对思维做心理上的分析，弄清数学思维的心理根源，从而把握数学思维的心理本质，对于数学教学实践来说是十分重要的问题。

关于数学思维的心理本质的研究，有各种各样的说法，我们认为比较合理，比较符合数学教学实际的是皮亚杰对思维本质作出的深刻阐述。他不仅强调了行为、动作是思维的基础，而且对动作产生思维的具体机制和过程进行了全面、深入的探讨。

皮亚杰认为，数学知识并不是建立在事实上，而是建立在人对自身能动的活动、运算过程的抽象上，这种看法对我们研讨数学理论的性质大有裨益。事实上除了数的概念外，运算的交换律、结合律都是从运算过程中演绎出来的；极限的定义是运算性质的；变换群理论是以变换这类运算为研究对象、对运算进行运算而得出的结论，所以数学的研究对象与其说是数量和空间的关系，还不如说是数量和空间的运算关系、转换过程，整个数学理论就是这种运算、转换规律的总结。

皮亚杰认为，数学思维是物质动作以心理运算为形式的内化，这个观点对于我们认识数学思维的来源很有帮助。数学思维、数学演绎的本源是活动、运算，不能仅仅归结为大脑的推理；由物质上的运算内化为心理上的运算，是数学思维赖以存在的土壤，是数学思维的本质；数学知识的积累和系统化并不是数学思维产生的源泉，因为它们仍要依赖思维运算和抽象；数学知识的组织、整理，相对知识获得来说需要更多的理性思辨和逻辑，而从本质上看，逻辑也还是思维运算和抽象的结果。

皮亚杰认为，数学的抽象是对活动过程的抽象和数学形式化，这个论断对于我们认识和理解数学、数学思维的抽象性和形式化的特征也颇有启示。从数学史来看，人类产生数学的最原始的起点是离不开物质的，需要对实际对象进行活动和运算；但由于数学抽象是对活动过程的抽象，这就使它具有相对独立性，可以游离于物质外界，将活动施加到思维材料上。因此，运算完全可以在头脑中进行，对思维中的具体物质、概念进行心理运算，并作出抽象，依次进行，就产生了数学特有的层层抽象和数学思维的高度抽象性。为了把被抽象的过程表达出来，就必须借助语言、文字和其他符号等形式来描述；并且，数学思维总是将前一层次的形式作为后一层次的内容、对象来进行运算，从而得出后一层次的形式，因此数学的形式化成了运算思维的必然结果。

三、培养数学发散思维

数学思维按照不同标准、不同角度，可划分为不同类别。根据思维指向性的不同，思维可分为发散思维和集中思维；根据思维过程是否遵循一定的逻辑规则，可将思维分为分析思维（逻辑思维）和直觉思维。在此，我们着重谈谈对数学发散思维能力的培养。

发散思维能力是一种展开性的思维方式，它是根据已知信息，从不同角度向着不同方向思考，从多方面去寻求问题的多种解答或提出新的见解。在数学教学中培养学生大胆设想、敢于探索、勇于立异的发散思维，是当前数学教学改革中的重要课题。

（一）加强"双基"教学，提高学生数学知识水平，是培养学生发散思维能力的基础

发散思维的展开，必须建立在牢固掌握基本知识和熟练掌握基本技能的基础上。将加强基本技能的训练和培养发散思维能力对立起来的看法，是不符合教学实际的。事实证明，学生的基本技能技巧越熟练，思维发散点的起点就越高，与所探求的结论的距离也就越小。

（二）实现发散思维的"四种机智"，是培养学生发散思维能力的重要途径

1．发散机智

在一个问题面前尽可能地提出多种设想、多种解答和多个答案，思维向多个方面发散，这就是发散机智，它主要能实现或增强发散思维的流畅性。数学中一空多填、一式多变、一题多问、一题多思、一题多解、一题多证等形式的训练都可以培养学生的发散机智。

2．换元机智

一般事物的质和量都是由多种因素决定的，如果改变其中某一因素，就可能产生新的思路，换元机智便是如此，它主要能实现和提高发散思维的变通性。在教学中，我们可以使用变量替换的方法和应用不同的知识解决同一问题（如用代数知识解决几何问题，用三角知识解决代数问题，用微积分知识解决极值和面积、体积问题等），来提高学生的换元机智。

3．转向机智

思维在某一方向受阻时，马上转向另一方向，这就是转向机智。它主要也是实现或提高发散思维的变通性。在教学中，从不同角度解答问题或应用逆向思维的方法求得结果等，均可培养学生的转向机智。

4．创优机智

所谓创优机智，就是千方百计寻求最优解法。这种机智主要能实现或提高发散思维的独特性。在数学中，我们可以通过寻找题目的简便解法、反常解法或独特解法来培养学生的创优机智。

（三）多方向练习、多角度思考、多层次变化，是培养学生发散思维能力的有效途径

通过一个题设、多种不同解法的这类题目让学生进行多方向练习，可以培养学生思维

的深度、广度和灵活度；通过一题多解的这类题目让学生从多角度进行思考，可以培养学生思维的流畅性、变通性和独特性；通过同一道习题让学生进行多层次变化练习，可以培养学生的思维灵活性，提高发散思维能力。

第二节 数学教育研究的内涵及意义

一、数学教育研究的内涵

关于数学教育研究，目前没有统一的定义。数学教育作为教育学科的一个分支，很明显也具有教育科学研究的特点。教育科学研究是人们有目的、有计划、系统地采用严格科学的方法研究教育科学的知识体系，认识教育现象，探索与发现教育与人的全面发展、教育与社会进步的客观规律，深化教育改革，提高教育质量的创造性活动。

结合教育研究定义的内涵，我们认为数学教育研究，就是从客观存在的数学教育事实和现象出发，采用科学的方法，对有关数学教育问题进行分析，从而发现数学教育规律，促进数学教育发展的科学研究活动。

首先，数学教育与数学、哲学、教育学、心理学、逻辑学及现代边缘学科，如信息论、控制论、社会行为科学等学科密切相关。因此，这些学科的部分理论、思想和方法可以引入数学教育研究中，数学教育研究因而具有明显的综合性和交叉性。

其次，数学教育理论是以广泛的教学实践经验为背景，在实践的基础上产生和发展起来的。数学教学实践是数学教育研究的根基，离开了教学实践，数学教育研究就成了无本之木。因此，数学教育研究具有很强的实践性。

最后，数学教育理论的内容和方法是随着社会的发展、时代对教育提出的新要求以及科学技术、教育科学研究的发展而不断充实和改进的。因此，数学教育研究具有很强的发展性。

二、数学教育研究的意义

（一）有助于探索数学教育规律，推进数学教育改革

对数学教育规律、特点的认识离不开数学教育研究，数学教育研究成果的积累可以丰

富数学教育理论。数学教育理论的发展过程是一个螺旋上升的过程，是研究方法不断应用与改进的过程。数学教育理论的产生，首先需要提出一定的理论设想，然后通过观察、调查或实验等方法，收集有关的信息与资料，再对这些资料进行分析与综合、抽象与概括、类比与推理，进而揭示教育发展的规律，提出新的教育理论主张。因此，建立和发展数学教育理论并不是一件容易的事，往往需要十几年甚至几十年的努力，这个努力的过程始终需要以数学教育研究作为基本保障。另外，数学教育改革与数学教育研究相结合是现代学校教育发展的重要途径，数学教育改革的理论和依据需要通过数学教育研究进行试验和探讨。因此，研究数学教育问题和探索数学教育规律，可以促进数学教育观念的转变和数学教育理念的更新。

当前，我国基础教育数学课程正在进行一场深刻的改革，这场改革涉及数学新课程理念、教学内容、教学方法、教学评价等方面，由此产生了许多新事物和新问题。面对变革和挑战，数学教育比以往任何时候都更需要进行深入的研究。可以说，没有数学教育研究，就没有数学教育改革的理论基础。数学教育改革助力数学教育研究工作的大力开展，数学教育研究正成为数学教育改革的有机组成部分。

（二）有助于提高高等师范院校数学专业学生的教学研究能力

数学与应用数学师范专业毕业生的基本就业方向是从事数学教学工作。数学教师既是教育实践者，又是教育研究者，必然要在数学教育实践中进行一定的数学教育研究。因此，对于高等师范院校的数学师范生来说，通过各种数学教育研究成果及研究过程、方法的学习，不仅可以进一步了解数学教育，积累数学教育经验，也在一定程度上为他们将来更有效地进行数学教学工作做了认识上、思想上与能力上的准备。因此，学习数学教育研究方面的专门知识，掌握一定的数学教育研究方法，并进行一定的数学教育研究实践，对于将来从事教学与研究工作非常有益。

（三）有助于促进教师专业化发展，提高数学教学质量

教师积极参与数学教育研究可以显著地提高自身素质，开展数学教育研究是教师实现专业素质、自我发展的重要途径。一方面，广大教师自觉地研究数学教育中的各类问题，可以改变教学观念，培养专业情感。对于老师来说，要思考问题、解决问题，就必须学习数学教育学、数学教育心理学、数学学习心理学等理论，要以理论指导分析问题、研究问题与解决问题的全过程；同时，还必须学会在理论的指导下通过调查研究，提出方案，然后进行改革试验，在试验中取得一定的成绩以后，再进一步总结提高，将其上升为理论。因此，教师在开展教学与研究相结合的实践活动中，要逐步提高自己的理论素养与研究能

力，逐渐使自己成为既具有丰富的教学经验，又具有高超研究能力的新型数学教师。这就改变了教师备课、上课、批改作业的枯燥乏味的生活模式，给自己的数学教学活动注入了创造性劳动的活力，使平凡的数学教学工作更有意义，从而极大地丰富了教师的精神生活。

另一方面，开展数学教育研究可以提高数学教师的专业知识水平和专业技能，从而提高数学教学质量。数学教师在专业化发展的过程中需要不断接受新知识，接受再教育，增长专业能力。从数学教育理论与方法的学习到学科专业知识的研究，教师都必须全身心地参与其中。教师直接接触学生，参与各种教育教学活动，必然会遇到各种各样的问题。通过数学教育研究，促使教师自觉地钻研数学专业知识和数学教育理论，并运用这些知识去了解、分析、研究教育教学实践中的各种现象和问题，逐步探索、揭示、掌握教育规律，从而使教师拥有广博的文化知识、精深的专业知识和实践性较强的教育学科知识，发展教师的专业才能。因此，教师在进行数学教育研究的过程中，可以不断更新数学教育观念和教育思想，了解和掌握先进的教学方法和教学手段，提高教学质量。

第三节　教学策略概述

一、教学策略定义

教学策略是指以一定的教学观念和教学理论为指导，为实现一定的教学目的、完成特定的教学任务、获得预期的教学效果、实现教学目标而制定，并在实施过程中不断调适、优化教学总体方案的方法，它包括科学组织各种材料、媒体，合理运用各种手段方法，确定师生行为程序和组织结构等内容。教学策略的定义充分说明了以下几点。

（1）教学策略的选择和设计必定是在一定的教育观念和理论的指导下进行的，任何一种教学策略的背后都有一定的教学观念和理论作支撑。

（2）教学策略具有明确的指向性，它是由特定的教学目标所决定的，直接为实现教学目标、完成教学任务、解决教学问题服务。

（3）教学策略不仅要重视教，而且也要重视学，教和学是辩证的对立统一的关系，要强调教和学的相互作用，注意学生的意义建构。

（4）教学策略应体现全面性，应充分考虑影响教学的各个要素。这里所说的全面性，不仅包括认知领域的各个方面，还包括情感和动作技能领域的内容；不仅包括智力因素，还包括非智力因素。

（5）教学策略不是抽象的教学原则，它具有具体、明确的内容，它可供师生在教学中参照执行或操作，因此其具有可操作性。

二、教学策略、教学方法与教学模式的联系与区别

教学策略、教学方法、教学模式这三个概念属于教育学中的基本概念，虽然看起来简单，但学生在做题的时候一碰到这三个概念还是非常容易混淆，这三者之间既有区别又有联系，而且各个教材版本中定义不统一，做题中也会遇到不同的说法，故在此进行系统梳理，厘清三者之间的联系和区别，做题时就能够迅速定位、准确选项。

（一）联系

理论向实践转化的阶段或顺序是从教学理论到教学模式，然后到教学策略，再到教学方法，最后到教学实践，教学策略是对教学模式的进一步具体化，教学模式包含教学策略。教学模式规定教学策略、教学方法，属于较高层次。教学策略比教学模式更详细、更具体，受教学模式的制约。教学模式一旦形成就比较稳定，而教学策略较灵活，具有一定的可变性，可随着教学进程的变化及时进行调整、变动。二者是不同层次上的概念。

教学方法是更为详细具体的方式、手段和途径，它是教学策略的具体化，介于教学策略与教学实践之间。教学方法受制于教学策略，在教学展开过程中选择和采用什么方法，受教学策略支配。从层次上看，教学策略高于教学方法，教学方法是具体的、可操作性的东西，教学策略则包含有监控、反馈的内容，在外延上要广于教学方法。

（二）区别

教学模式是在一定教学思想或教学理论指导下建立起来的较为稳定的教学活动结构框架和活动程序。作为结构框架，突出了教学模式从宏观上把握教学活动整体及各要素之间的关系和功能；作为活动程序，则突出了教学模式的有序性和可操作性。

模式一词是英文"Model"的汉译名词。"Model"还可译为"模型""范式""典型"等。它一般指被研究对象在理论上的逻辑框架，既是经验与理论之间的一种可操作性的知识系统，也是再现现实的一种理论性的简化结构。教学模式通常包括五个因素：理论依据、教学目标、操作程序、实现条件、教学评价，这五个因素之间有规律地联系着的就是教学模式的结构。所以，在做题过程中寻找范型、固定、稳定这样的关键字眼，就是指

教学模式。

教学策略是实施教学过程的教学思想、方法模式、技术手段这三方面动因的简单集成，是教学思维对这三方面动因进行思维策略加工而形成的方法模式。教学策略是为实现某一教学目标而制定的，是付诸教学过程实施的整体方案，它包括合理组织教学过程，选择具体的教学方法和材料，制订教师与学生所遵守的教学行为程序。其关键词定位在"计划""方案"等词汇。

教学方法是教师和学生为了实现共同的教学目标，完成共同的教学任务，在教学过程中运用的方式与手段的总称。对此，我们可以从以下方面来理解：它是指具体的教学方法，从属于教学方法论，是教学方法论的一个层面。教学方法论由教学方法指导思想、基本方法、具体方法、教学方式四个层面组成。

教学方法不同于教学方式，但与教学方式有密切的联系。教学方式是构成教学方法的细节，是运用各种教学方法的技术。任何一种教学方法都由一系列的教学方式组成，可以分解为多种教学方式；另外，教学方法是一连串有目的的活动，能独立完成某项教学任务，而教学方式只被运用于教学方法中，并为促成教学方法所要完成的教学任务服务，其本身不能完成教学任务。

三、教学策略种类

（一）方法型教学策略

方法型教学策略就是以教学方法为中心，构造其教学策略的框架。在教学实践中存在众多教学方法和技术，根据这些方法呈现教学信息和引导学习活动的倾向性，可把教学策略划分为讲授性策略和发现性策略。讲授性策略的主要倾向是向学习者系统地传授知识。构成讲授性策略的方法有很多，如讲授、讲演、谈话、讨论、演示等。发现性策略的主要倾向是促使学生自己发现问题，并从中掌握知识。构成发现性策略的方法包括：设置解决问题的方法和技术，引导学生掌握思考的方法，指导学生学会观察的方法和技术等。从教学设计的要求来看，方法型教学策略较为笼统。在教学设计的实际操作中要把它们具体化，并根据这些方法和技术的特点，选择教学媒体，安排教学步骤和组织形式。

（二）内容型教学策略

内容型教学策略就是以教学内容为中心，在分析和处理教学内容的基础上，构成其策略的框架。通过分析教学内容的性质和内在的逻辑结构可知，知识的获得主要分为强调知识结构和问题解决。强调知识结构的策略主张抓住知识的主要部分，削枝强干，构建简明的知识体系。结构化的策略在教材的排列方面还可细分为直线式、分支并行式、螺旋式和综合式等。直线式就是按照教学内容的内在逻辑顺序，把教学划分成几个相互联系的阶段或步骤，教学活动是一个阶段接一个阶段由浅至深地进行的。分支并行式就是把教学内容分为若干个平行的单元，针对这些平行单元分别采用相应的教学方法和媒体，逐一开展教学活动，最后进行总结。螺旋式是根据不同年龄阶段学生的特点，分阶段设计教材，螺旋式地扩展和加深。而综合式就是上述几种方式的综合运用。

第二章

极限思想与方法

公元前5世纪，古希腊哲学家芝诺（Zenon，公元前496—公元前429年）讲述了一个飞人追乌龟的故事：阿基里斯是古希腊的英雄，跑得很快，被称为"飞人"。芝诺提出让阿基里斯和乌龟赛跑，假设阿基里斯奔跑的速度是乌龟速度的10倍，将乌龟的起点设置在阿基里斯前面10米处，二者同时起跑。于是，当阿基里斯跑到乌龟的出发点时，乌龟已向前跑出1米，此时二者相距1米；当阿基里斯再跑到乌龟起点前1米处时，乌龟又向前跑出1/10米，此时二者相距1/10米……如此推理，乌龟总是在阿基里斯前面，且其相隔的距离构成一个无穷数列：

$$10, 1, \frac{1}{10}, \frac{1}{10^2}, \cdots, \frac{1}{10^{n-2}}, \cdots$$

由于这个数列没有尽头，而其中任何一个数（表示某个时刻二者的距离）都大于0，因此，阿基里斯永远追不上乌龟。

这个故事后来被称为"阿基里斯悖论"。芝诺还提出，假如你站在公路上不动，对面开过来一辆汽车，汽车与你的距离依次为10米，1米，1/2米，1/3米，……，1/n米，由这个距离组成的数列无穷无尽且各项均大于0，所以，汽车永远也撞不到你。

相信任何一个常人都不会认可上述结论，也不会有哪位冒险家去亲身尝试。但是，该如何驳倒上述论断呢？这就需要深刻地理解极限思想，清楚地认识极限概念和极限过程。

关于极限思想，在我国古代数学家刘徽（公元3世纪）提出的"割圆术"中已有深刻的反映：为了求得圆的面积，在圆内作内接正六边形，其面积（所有直线形图形的面积都由初等数学知识圆满解决）可以作为圆面积的一个近似值；然后把每段弧二等分，作圆内接正十二边形，又得到圆面积的一个较前述更好的近似值；再作圆内接正二十四边形，……依次进行，就可以逐步得到非常接近于圆面积的一列数值。刘徽说："割之弥细，所失弥少；割之又割，以至于不可割，则与圆周合体，而无所失矣。"其中，"割之又割，以至于不可割"就是一个无限的过程；"与圆周合体而无所失矣"就意味着依次得到的正多边形的面积逐步接近，最终达到一个极限，即圆的面积。

第一节　数列的极限

观察下面几个数列，当项数 n 越来越大时，其对应的数值是否越来越接近某个实数：

$$0.9, \ 0.99, \ 0.999, \ \cdots, \ 1-\frac{1}{10^n}, \ \cdots$$

$$1, \ \frac{1}{2}, \ \frac{1}{4}, \ \cdots, \ \frac{1}{2^{n-1}}, \ \cdots$$

$$2, \ \frac{3}{2}, \ \frac{4}{3}, \ \cdots, \ \frac{n+1}{n}, \ \cdots$$

由此可以看出，数列 $\left\{1-\frac{1}{10^n}\right\}$ 越来越接近于1；数列 $\left\{\frac{1}{2^{n-1}}\right\}$ 越来越接近于0；数列 $\left\{\frac{n+1}{n}\right\}$ 越来越接近于1，这种现象可以用语言直观地描述为：当项数越来越大（或无限增大）时，数列无限地接近于某个常数 a。

"越来越大"和"无限接近"都是日常生活中模糊的定性描述语言，直观上使人容易理解，实际中却使人难以掌握判断标准。因此，需要用数学语言给予精确的定量刻画。

首先，项数"越来越大"或"无限增大"是指"大到某个项数之后的一切项"，即"从数列中某项开始，该项之后的所有项都包含在内"；其次，"越来越接近"或"无限接近"是指"数列中较后面的数值比前面的数值更接近常数 a"或"数列中较大项的值与常数 a 的差距可以无限充分地缩小"。

对于数列 $\left\{\frac{n+1}{n}\right\}$，我们可以看出：当项数 n 越来越大时，某对应值 X_n 与常数1变得"无限接近"或"任意的接近"——要多接近就有多接近。也就是说，你任意给出一个要求的接近程度，从数列某一项开始，其后各项均值与1的接近程度都会达到或超过你的要求。而两个数的接近程度可以用二者差的绝对值来衡量，即 $\left|X_n-a\right|\left|\frac{n+1}{n}-1\right|=\frac{1}{n}$，此公式刻画了数列中各个值与常数1的接近程度（验证见表2-1）。

表 2-1　验证数列中各个值与常数 1 的接近程度

给定正数（ε）	总存在项数（N）	只要 n>N	就总成立
$\frac{1}{10}$	10	$n>10$	$\|X_n-1\|=\frac{1}{n}<\frac{1}{10}$
$\frac{1}{100}$	100	$n>100$	$\|X_n-1\|=\frac{1}{n}<\frac{1}{100}$
$\frac{1}{1000}$	1000	$n>1000$	$\|X_n-1\|=\frac{1}{n}<\frac{1}{1000}$
…	…	…	…

总之，对于任意给出的一个无论多小的正数ε（已经给出，就是一个定值），那么数列$\left\{\frac{n+1}{n}\right\}$中就可以确定一项（或者说存在一项，设为第N项）使得其后的所有项（满足项数 n>N的一切项）X_n，恒有$|X_n-a|=\left|\frac{n+1}{n}-1\right|\frac{1}{n}<\varepsilon$成立。

综上所述，可以把数列极限的定义描述改进为定量的分析：

首先，数列的极限，就是这个数列无限接近的某个常数a；

其次，"数列无限接近于a"，就是指"数列中的项与a的距离在无限地变小"；

再次，"数列中某个项之后的项与a的距离无限变小"，就是说"可以找到某个项数N，该项之后的所有项X_n（n>N）与a的距离总是保持比给定的正数还要小"。

上述意思可以被完整地理解为：对于（已给出的）无论怎样小的正数ε，总存在（可以找得到）一个自然数N，使得数列中的项以后的所有项X_n（所有n>N时对应的项）都满足下述不等式：

$$|X_n-a|<\varepsilon$$

最后，我们得到数列极限的精确定义（简称ε-N定义）。

定义2.1　如果数列$\{X_n\}$与常数a有下列关系：对于任意给定的正数ε，总存在正整数N，使得对于n>N时的一切x，不等式

$$|X_n-a|<\varepsilon$$

都成立，则称常数a是数列$\{X_n\}$的极限，或者称数列$\{X_n\}$收敛于a，记为

$$\lim_{n\to\infty}X_n=a$$

简记为$X_n\to a$，$n\to\infty$。否则，如果数列没有极限，则数列是发散的。

关于数列极限的上述定义，应当注意以下几点。

（1）ε具有二重性。

①ε具有任意性。ε是用来刻画数列与常数a的接近程度的量，ε越小，说明数列$\{X_n\}$

中的项与a的距离越小，即数列中的项X_n与a就越接近。ε可以任意小，以使得数列中的项X_n与a可以任意地接近，以至于要多近就有多近。因此，定义中的ε必须是一个可以无限缩小的变量，且正是ε的任意小，才恰当地刻画出数列中的值与常数可以任意接近。②ε具有确定性。ε是用来表示数列与常数a接近程度的一个标准，就极限全过程中的某一瞬间而言，ε又是一个相对给定的正数。正是它的确定性，才使我们可以检验数列中的项与a的接近程度是否达到要求。ε的这种二重性深刻反映了极限概念中的精确与近似之间的辩证关系，体现了一个数列逼近它的极限时要经历一个无限过程（这个无限过程通过ε的任意性来体现），但这个无限的过程又要一步步地去实现，而且每一步的变化都是有限的（这个有限的变化通过ε的相对固定性来体现）。

（2）N具有二重性。

①N具有确定性，并且与ε相关。定义中要求"存在正整数N"，因此，我们必须找到这样一个确定的N，才可以说明它的存在性。并且在数列中有这样一个项x，将数列中的项分成两部分：前一部分无所谓，而后一部分中的各项与常数a的距离都小于ε；从表2-1中也可以看出：N是与ε相关的，一般而言，ε越小，N就可能越大。②N具有多值性。对于固定的ε，若存在着相应的N值，满足定义中的要求：当$n>N$时，不等式$|X_n-a|<\varepsilon$总成立。则知，$N+1$，$N+2$，…，$N+k$，…，即任何一个比N大的数都可以替代N使用而满足定义的要求：当$n>N+k$（$>N$）时，同样有$|X_n-a|<\varepsilon$成立。因此，这些数据都可以取为N用。对于定义中的N，重要的是它的存在性；对于一个相对确定的N，我们必须指出N为某个具体的值。

（3）由于ε是刻画接近程度的一个标准，它的任意性决定了它的实质是一个象征性的无穷小，在用定义判别极限时并没有实际的意义。因此，在用定义判别具体数列的极限时，可以用2ε，3ε，$\frac{1}{2}\varepsilon$，$\frac{1}{3}\varepsilon$，$\sqrt{\varepsilon}$，$\sqrt[3]{\varepsilon}$，ε^2，ε^3，…来代替ε使用。

（4）定义中的不等式$|X-a|<\varepsilon$实际上是代表着下面一串（无穷个）不等式：
$$|X_{N+1}-a|<\varepsilon, |X_{N+2}-a|<\varepsilon, |X_{N+3}-a|<\varepsilon, \cdots$$

（5）因为数列是由无穷多项组成的，而极限定义仅要求某个项之后的所有项满足不等式即可。所以，去掉（或改变）数列的前有限项，都不会影响数列的收敛或发散；收敛时也不会改变数列的极限值。

（6）结合实数与数轴上的点是一一对应的几何意义，可以理解为：如果数列$\{X_n\}$的极限是a，则对于任意的正数ε，都存在N，使得数列中X_n以后的项全部落在a的ε邻域$(a-\varepsilon, a+\varepsilon)$内。

第二节 函数的极限

数列是一种特殊的函数：当自变量 n 取正整数集时，对应的函数值 $X_n=f(n)$ 构成数列 $\{X_n\}$。数列的极限就是当 n 无限增大时，对应的函数 $f(n)$ 的值无限地接近于某个常数 a，为了抽象出函数极限的概念，抛开数列的特殊形式，可将数列极限理解为：在自变量（n）的某个变化过程中（$n\to\infty$），对应的函数值 $f(n)$ 无限地接近于某个常数。

上述抽象过程就是由具体的、特殊的对象上升到包含该对象为特殊形式的一般对象的数学方法。只要理解了数列——特殊函数的极限概念，就容易理解一般函数的极限概念。但是，又要考虑函数与数列在形式上的差别：数列中的变量只能按 $n\to\infty$ 这一种方式变化，而函数的定义域可以是各种形式的数集，自变量也就有多种变化趋势。

一般而言，函数 $y=f(x)$ 中自变量的变化趋势大致分为两种情况：

（1）自变量 x 的绝对值 $|x|$ 无限变大，即 $x\to-\infty$，$x\to\infty$。

（2）自变量 x 无限趋近于某个有限数 x_0，即 $x\to x_0$。

一、自变量趋于无穷大时的函数极限

如果函数 $f(x)$ 定义在左无穷区间（$-\infty,b$），则自变量 x 可以单向地趋于负无穷：$x\to-\infty$；如果函数 $f(x)$ 定义在右无穷区间（a,∞），则自变量 x 可以单向地趋于正无穷：$x\to\infty$；如果函数 $f(x)$ 定义在双向无穷区间（$-\infty,b]\cup[a,\infty$），其中 $a=b$ 或 $a>b$，则 x 的绝对值可以趋于无穷大：$|x|\to\infty$。我们以后者为例，给出函数的极限定义。

定义2.2 设函数 $f(x)$，当 $|x|$ 大于某一正数时有定义，A 是一个常数。如果对于任意的正数，总存在正数 X，使得对于适合不等式 $|x|>X$ 的一切 x，对应的函数值 $f(x)$ 都满足不等式

$$|f(x)-A|<\varepsilon$$

那么常数 A 就叫作函数 $f(x)$ 在 $x\to\infty$ 时的极限。记作

$$\lim_{x\to\infty}f(x)=A$$

也简记为 $f(x)\to A$，$x\to\infty$。

如果 $x>0$ 且无限增大（$x\to+\infty$），那么只要把定义中的 $|x|>X$ 改为 $x>X$，就可以得到

$\lim\limits_{x\to\infty}f(x)=A$ 的定义。

需要指出的是 $x\to\infty$ 包含 $x\to-\infty$ 和 $x\to+\infty$ 同时存在。

二、自变量趋于有限值时的函数极限

自变量趋于某个有限值 x_0（$x\to x_0$）时，同样分为三种情形：

（1）x 从 x_0 的左侧趋近 x_0，记作 $x\to x_0^-$；

（2）x 从 x_0 的右侧趋近 x_0，记作 $x\to x_0^+$；

（3）x 从 x_0 的两侧趋近 x_0，记作 $x\to x_0$。

后者同时包含着前两种情形，我们先给出一般情形的后者。

在 $x\to x_0$ 的过程中，对应的函数值 $f(x)$ 无限接近于 A，也就是 $|f(x)-A|$ 无限地小。如数列极限的概念，$|f(x)-A|$ 任意小可以用 $|f(x)-A|<\varepsilon$ 来表达，其中 ε 是任意给定的正数。因为函数值 $f(x)$ 无限接近于 A 是在 $x\to x_0$ 的过程中实现的，所以对于任意给定的正数 ε，只要求充分接近的对应函数值 $f(x)$ 满足不等式 $|f(x)-A|<\varepsilon$ 即可；而充分接近 x_0 的 x 可表达为 $0<|x-x_0|<\delta$，其中 δ 是一个较小的正数，相当于数列极限概念中的"界数" N。从几何意义上看，适合不等式 $0<|x-x_0|<x$ 的全体，就是点 x_0 去心的 δ 邻域，即 x_0 附近与 x_0 非常接近的点，而邻域半径 δ 则体现了 x 接近 x_0 的程度。

定义2.3 函数 $f(x)$ 在点 x_0 的某一去心邻域内有定义，A 是一个常数。如果对于任意的正数 ε，总存在正数 δ，使得对于适合不等式 $0<|x-x_0|<\delta$ 的一切 x，对应的函数值 $f(x)$ 都满足不等式

$$|f(x)-A|<\varepsilon$$

那么常数 A 就叫作函数 $f(x)$ 在 $x\to x_0$ 时的极限，记作

$$\lim_{x\to\infty}f(x)=A \text{ 或 } f(x)\to A\ (x\to x_0)$$

关于上述定义，强调以下两点：

（1）当 $x\to x_0$ 时，函数 $y=f(x)$ 的极限定义的实质和数列极限的定义相同，列表对比见表2-2。

表2-2 函数 $y=f(x)$ 的极限定义的实质和数列极限的定义对比

$\lim\limits_{x\to\infty}x_n=a$	$\lim\limits_{x\to\infty}f(x)=A$
$\forall\varepsilon>0$	$\forall\varepsilon>0$
$\exists N$	$\exists\delta>0$
当 $n>N$ 时，$|x_n-a|<\varepsilon$	当 $0<|x-x_0|\delta$ 时，$|f(x)-A|<\varepsilon$

函数极限与数列极限定义一样，也有四个要素：①任意的正数ε；②存在正数δ；③约束条件不等式$0<|x-x_0|<\delta$；④结论不等式$|f(x)-A|<\varepsilon$。其中，ε和δ同样具有二重性。

（2）定义中的不等式$0<|x-x_0|<\delta$是说明自变量x的取值要除去x_0点。这是因为：①我们所研究问题的范围是点x_0附近的所有点，也就是x趋于x_0的极限过程中的可以变动的点，而不是孤立的x_0点本身。所以，$f(x)$在x_0点的极限存在与否，存在时的极限值都与点x_0是否有定义无关。②极限定义中将x_0点排除在外，能使相当一部分函数可以考虑极限的存在性。如函数$f(x)=\dfrac{x-3}{x^2-9}$在$x_0=3$时没有定义，但并不影响考查该点处的极限。

此外，若函数$f(x)$仅在点x_0的左侧有定义，这时x只能从左侧趋近于x_0，我们就仅考查$f(x)$在点x_0处的左极限：

$$\lim_{x\to x_0^-}f(x)=A \text{ 或 } f(x)\to A \quad (x\to x_0^-)$$

同样，若函数$f(x)$仅在点x_0的右侧有定义，这时x只能从右侧趋近于x_0，我们就仅考查$f(x)$在点x_0处的右极限：

$$\lim_{x\to x_0^+}f(x)=A \text{ 或 } f(x)\to A \quad (x\to x_0^+)$$

即使$f(x)$在x点的两侧都有定义，我们也可以仅考虑单侧极限。不过，若$f(x)$在点x_0的两个单侧存在极限且相等，则$f(x)$在点x_0处存在极限。反之亦真；若$f(x)$在点x_0的两个单侧极限分别存在但不相等，则$f(x)$在点x_0处不存在极限。

第三章

积分学思想与方法

微积分是数学史上一个具有重大意义的创造。首先,它是由社会发展、经济繁荣和科学进步共同推动而产生的科学史上最为辉煌的成就之一;其次,在其发展、完善的历程中充满了挫折、神秘和丰富的思想方法。

第一节 积分学的产生与黎曼积分

一、积分学的产生

微积分思想的萌芽,尤其是积分学部分可以追溯到古代。在古希腊、中国和古印度数学家们的著述中,有不少用无穷的过程计算特殊形状的面积、体积和曲线长度的方法,例如欧多克索斯、阿基米德、刘徽和祖冲之父子等人的方法,他们是人们建立一般积分学的经过漫长努力的先驱。欧多克索斯和阿基米德在确定一条曲线所围面积时用过穷竭法,在这个方法中可以清楚地看到无穷小分析的原理。下面我们先介绍刘徽及祖冲之父子的数学成就,并探究他们建立一般积分学理论的漫长过程。

(一)欧多克索斯的穷竭法

与苏格拉底处于相同时代的巧辩家安提丰(约公元前500年)是为圆的求积问题做出贡献的第一人。安提丰提出,随着一个圆的内接正多边形的边数逐次成倍增加,圆与多边形面积的差将被穷竭。安提丰的论断是古希腊穷竭法的萌芽,但穷竭法通常以欧多克索斯命名。欧多克索斯(Eudoxus,公元前400—公元前350年)是古希腊柏拉图时代最伟大的

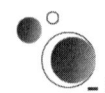

数学家和天文学家。生于小亚西亚西南的克尼图斯的他假定量是无限可分的，证明了棱锥体积是同底同高的棱柱体积的1/3，以及圆锥体积是同底同高的圆柱体积的1/3，但他没有提出明确的极限思想。

（二）阿基米德的平衡法

阿基米德对穷竭法做出了最巧妙的应用。阿基米德有十部著作流传至今，有迹象表明，他的另一些著作失传了，但现存的这些著作都是杰作，计算技巧高超，证明严格，并表现出了高度的创造性。在这些著作中，他对数学做出的最引人注目的贡献是积分方法的早期发展。

在阿基米德的著作《论球与圆柱》中，第一次出现了球和球冠的表面积、球和球缺的体积的正确公式。《论球与圆柱》一书分为两卷，在第一卷的命题33和34的推理中，他指出，如果圆柱的底等于球的大圆，圆柱的高等于球的直径，则球的表面积恰好等于圆柱的总面积（包括侧面积和两底的面积）的2/3，圆柱的体积恰好等于球的体积的3/2。由此不难得出我们熟知的公式：

$$S=4\pi r^2,\ V=\frac{4}{3}\pi r^3$$

其中，S和V分别表示半径为r的球的表面积和体积。

这些结果是通过一系列命题一步一步推导出来的，其过程蕴含着积分的思想。

阿基米德的另一短论"方法"是1906年才发现的，这个短论在形式上是致亚历山大里亚大学依拉托斯芬书的一封信。在这个短论中，阿基米德说，他以特殊的方法得出了结果，其中形式上利用了杠杆平衡理论，但本质上利用的是含有由线组成平面图形，由平面组成立体的思想。这种借助"原子论"方法找到的真理被阿基米德用反证法给出了严格的证明。

圆柱的体积和圆锥的体积比较容易计算，这在阿基米德时代早已知道，但计算球体的体积要困难得多。阿基米德借助圆柱和圆锥的体积计算出了球的体积，并利用穷竭法给出了严格的证明。

在阿基米德的平衡法中，他认为一个量由大量的微元所组成，这与现代的积分法在实质上是相同的。阿基米德在数学史上占据重要的地位，阿基米德的著作是古希腊数学的顶峰。

（三）不可分量方法

第一个试图阐述阿基米德方法，并将其方法给予推广的是德国的天文学家和数学家开普勒。开普勒在1615年写了一本名为《酒桶的新立体几何》的书，书中包含用无穷小元素求面积和求体积等许多问题，其中有87种新的旋转体的体积。开普勒工作的直接继承者是卡瓦列里（B.Cavalieri，1598—1647年），他是伽利略的学生，从1629年起他一直担任波洛尼亚大学的大学教授，他对数学的最大贡献是在1635年发表的著作《不可分量几何学》中提出的不可分量法。

卡瓦列里利用不可分量法解决了整数幂的幂函数的积分问题，提出了如下公式：

$$\int_0^{am} x \mathrm{d}x = \frac{1}{m+1} a^{m+1}$$

开普勒每次只能计算具体的体积，而没有形成一个一般的方法，卡瓦列里比开普勒更进了一步。

卡瓦列里原理是计算面积和体积的有用工具，它的基础很容易用现代的微积分严格化，承认这两个原理我们就能解决许多求解问题。

卡瓦列里的不可分量法引起了很大的争论，也得到了很大的发展。从法国数学家费马的通信中可看出，他也得到了卡瓦列里的一般结果，但比卡瓦列里还要早一些。另外，还应该提到英国数学家沃利斯（John Wallis，1616—1703年）和他的著作《无穷算术》。他把计算联系到自然数的方幂和的问题，并在他的著作中明白地提出了极限过程。

更接近于定积分的现代理解法的是法国数学家、物理学家和哲学家帕斯卡，他计算了种种物体和曲线的面积、体积、弧长，并解决了求重心位置等一系列问题。

（四）刘徽的贡献

中国古代数学家对微积分的贡献鲜为人知，但是中国古代数学家对微积分的确做出了重大贡献，我们需要在这里花一点笔墨介绍一下。

刘徽生活在三国时期的魏国，生平事迹已无从详考，他曾从事度量衡考校和天文历法研究。公元263年，他为《九章算术》作注，并提出了自己的数学理论，建立了完整的理论体系。大量的创造性工作，使刘徽成为我国乃至世界的伟大数学家之一。他还撰写了《重差》（人称《海岛算经》）一卷作为《九章算术》的附录，成为留给后人的珍贵科学遗产。

刘徽的数学成就主要体现在算术、代数、几何和重差等方面。

在算术方面，刘徽创造了十进小数，用十进分数形式给出；完成了齐同术理论，而且推广到用齐同术去求几个分数的平均值，解释衰分术，解"均输""盈不足"和"方程"等问题。

在代数方面，刘徽在《九章算术》注文中第一次深刻阐述了他对正负数的认识，改进了解线性方程组的"直除法"，建立了方程新术。

在几何方面，刘徽的贡献主要体现在：

（1）圆面积、圆周率与割圆术。

（2）圆锥、球体体积的研究与刘徽原理等。

割圆术的宗旨是用圆内接正多边形去逐步逼近圆。刘徽首先肯定圆内接正多边形的面积小于圆面积，然后随着正多边形边数逐次倍增，面积逐次增大，边数越大则正多边形面积越接近于圆面积。他在《九章算术》的注文中指出："割之弥细，所失弥少，割之又割，以至于不可割，则与圆合体而无所失矣。"也就是说，当边数成倍增加地分割下去，被分割的圆弧和所对应正多边形的边就越短，这就是"割之弥细"；于是圆内接正多边形的面积与圆面积的差越小，这就是"所失弥少"；按照这种方法，如果分割次数无限增加时，则正多边形势必与圆重合，这样正多边形面积就与圆面积相等，这就是"而无所失矣"。上述这段注文，充分体现了刘徽的极限思想。刘徽还从圆内接正六边形出发，并取半径 r 为1尺，一直计算到192边形，得出了圆周率精确到小数点后两位的近似值 $\pi \approx 3.14$，化成分数为 $\frac{157}{50}$，这就是有名的"徽率"。

在球体体积方面，《九章算术》中已有计算球体体积的公式，相当于 $V = \frac{9}{16}d^3$（这里 d 是直径）。刘徽指出这个公式是错误的，原因在于错误地把球与外切圆柱体积的比看成 3∶4。为了推导体积公式，刘徽在正方体内作了两个相互垂直的圆柱，并称两圆柱的公共部分为"牟合方盖"。他虽未能完成球的体积的推导，但他正确地指出，"牟合方盖"与其内切球体体积之比为 4∶π，在算法理论和数学思想方面都给后人以极大的启发。

刘徽创造了一个新的立体图形，称为"牟合方盖"，并指出：一旦算出"牟合方盖"的体积，球体体积公式也就唾手可得。何谓"牟合方盖"？在一立方体内作两个互相垂直的内切圆柱，这两个圆柱体相交的部分就是刘徽所说的"牟合方盖"。"牟合方盖"恰好把立方体的内切球包含在内并且同它相切。刘徽指出，在每一高度上的水平截面圆与其外切正方形的面积之比都等于 π。刘徽的上述论述从本质上说，就是被后人称赞的"刘祖原理"，即"如果两个高相等的立体，在任意等高处的截面面积的比总等于常数 k，则它们体积的比也等于 k"。刘徽尽管未能解决"牟合方盖"的体积求法问题，也没有推证出球体积公式，但他创用的特殊形式的不可分量方法，成为后来祖冲之父子在球体积问题上取得突破的先导。

（五）祖暅原理

公元5世纪末，祖冲之的儿子祖暅沿着刘徽的思路完成了球体公式的推导。祖暅，字景烁，是南北朝时期南朝著名的数学家和天文学家。在梁朝做过员外、散骑侍郎、太府卿、南康太守等。他从小就受到良好的家庭教育，青年时期已经在天文学和数学方面有了很深的造诣，是祖冲之科学事业的继承者，《缀术》就是他们父子共同完成的数学杰作。

在推导"牟合方盖"体积的过程中，祖暅提出了"幂势既同，则积不容异"的原理，后来被称为"祖暅原理"。用现代语言来说，就是如果两立体在等高处具有相同的截面面积，则这两立体的体积相等。这就是前面提到的卡瓦列里原理，但比卡瓦列里原理早了一千多年。根据祖暅原理，可将"牟合方盖"的体积化成一个正方体和一个四棱锥的体积之差。由此：求出"牟合方盖"的体积等于$\frac{2}{3}d^3$，并得到球的体积为$\frac{1}{6}\pi d^3$，这里d是球的直径。

二、黎曼积分

现在我们要追溯历史，探究黎曼是在什么样的历史背景下提出他的积分理论的。

这就需要从傅里叶讲起。傅里叶从研究大量物理问题（主要是热传导问题）出发，指出"任何函数"$f(x)$，$x\in[-\pi,\pi]$都可以写成一个无穷级数：

$$f(x) = \frac{a_0}{2} + \sum_{n=1}^{\infty}(a_n \cos nx + b_n \sin nx)$$

然而，在傅里叶时代（1768—1830年），"任何函数"是一个难以解释的问题。其实，傅里叶所说的"任何函数"是指连续函数。无论如何，当函数的不连续性逼迫人们必须予以正视时，从傅里叶系数的定义式看，就十分有必要研究不连续函数的积分。

把定积分定义为积分和的极限，是柯西首先提出的。但是，他假设了$f(x)$在区间$[a,b]$上连续。如果$f(x)$在$x=c$处有间断，则定义$\int_a^b f(x)\mathrm{d}x = \int_a^c f(x)\mathrm{d}x$，现在用的反常积分的定义也是柯西给出的。但是，比较一般的函数的积分如何定义，则是黎曼1854年在研究三角级数（傅里叶级数）时提出来的，当时黎曼已经意识到，这一项研究虽然不一定有直接的物理学上的应用，但在数学上却是重要的。

有一种偏见，认为数学的发展是一帆风顺的：从几个不辩自明的真理（公理、公设），以及任意设定的某些对象的性质（定义）出发，按照一些确定的推理规则，就可以得出一个又一个确定无疑的真理。从这个意义上说，数学的方法论是"先验"的。但是数学之所以为"先验"只是相对于其他科学之"后验"而言的。其实，数学的发展同样充满了争论和矛盾。数辈数学家发现了一些真理，以为它是正确的。后来的数学家发现了其中有不少毛病、漏洞，而且这些毛病和漏洞常以反例的形式出现。这样，人们就会去清理前辈的工作，补足他们的缺失，发展他们的成就。甚至许多定义也不是确定于证明之前的，而是产生于证明过程之中。例如,早先莱布尼茨就认为,如果连续函数的级数 $\sum_{n=1}^{\infty} u_n$ 收敛,则其和也一定连续。柯西也是这样想的,而且(怀着对天才莱布尼茨应有的尊敬)力图去证明它。直到柯西给出了连续函数的定义之后,才知道这个连续曲线并非连续函数的图像。可是柯西仍然力图去证明那个可以追溯到莱布尼茨的"定理",他的这种努力甚至见于他为数学分析严格性奠基的力作《代数分析教程》。直到1876年,阿贝尔指出,柯西的"定理"有例外。最终打破这个哑谜的是塞德尔,他在1847年分析柯西用 $\varepsilon-N$ 语言来表达的证明时指出,这个 N 不仅依赖于 ε,还依赖于 x:$N=N(\varepsilon, x)$。如果 x 只能取有限多个值,从这些中自然可以找出最大的一个值,作 $N(\varepsilon)$。但若 x 可以取无穷多个值(如某一区间 $[a,b]$ 中的一切值),则 $N(\varepsilon, x)$ 就不一定有有限的最大值 $N(\varepsilon)$ 以适合一切 x 点了,因此柯西的证明失效。塞德尔在自己的论文中说了这样一段话:"方才已经确认,定理不是普遍有效的,因为它的证明必定依赖某个额外的隐蔽假定[对一切 $N(\varepsilon, x)$ 有限的最大值]"。鉴于此,我们要给证明做一次更细微的分析,发现那个隐蔽的假设倒不很难。于是,可以反推这个假设所表达的条件却是表示不连续函数的级数满足不了的。从分析柯西的证明入手,人们找出了漏洞,发现了收敛的级数应分为两类,一类是 $N(\varepsilon, x)$ 有最大值的;另一类则是没有的。至此,一致收敛性的定义呼之欲出。可见,并不是人们先验地有了一致收敛性定义,并由之证明了相应定理,而是在证明过程中,这个定义自己跑到我们面前的。我们只好承认它,应用它。当时发现这一点的不只有塞德尔,斯托克斯、魏尔斯特拉斯稍早一些也在幂级数研究中独立地得到了一致收敛性概念。到底是谁首先明确宣布了这个定义,现在人们一般归功于魏尔斯特拉斯。不过斯托克斯、塞德尔,还有傅里叶本人都指出一致收敛性与收敛速度有关。一致收敛的案例说明了数学的发展并不是先验的,反例的重要性在于它揭露了无法回避的矛盾。数学的发展并不是为了说明种种反例,相反,研究反例是为了发展数学。19世纪最后二三十年出现了大量"反例",正表明了数学的深入发展,在数学对世界的认识过程中起了极大的作用。这可以说是现代数学的一大特点。黎曼积分正是在这种历史背景下出现的第一个系统的积分理论。

黎曼第一个提出了可积性的问题,即要求刻画出使

$$\int_a^b f(x)\mathrm{d}x = \lim \sum f(\xi_i)(x_i - x_{i-1})$$

中极限存在的函数类。

第二节 定积分的概念与性质

一、定积分的概念

定积分的概念也是由大量的实际问题抽象出来的，现举两例，如下所述。

（一）曲边梯形的面积

求由连续曲线$y=f(x)>0$及直线$x=a$、$x=b$和$y=0$所围成的曲边梯形的面积S。

当$f(x)=h$（常数）时，由矩形面积公式可知，$S=(b-a)h$。对$f(x)$的一般情况，曲线上各点处的高度是变化的，我们采取下列步骤来求面积S。

1．分割

用分点
$$a=x_1<x_2<\cdots<x_i<x_{i+1}<\cdots<x_n<x_{n+1}=b$$
把区间$[a,b]$分为n个小区间，使每个小区间$[x_i, x_{i+1}]$上的$f(x)$变化较小，记$\Delta x=x_{i+1}-x_i$，用ΔS_i表示$[x_i, x_{i+1}]$上对应的窄曲边梯形的面积（见图3-1）。

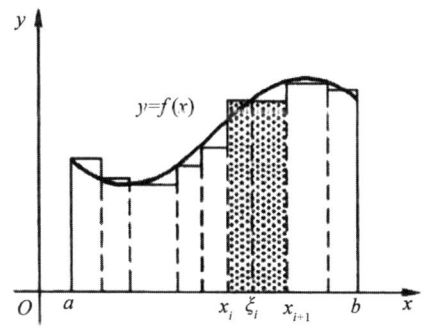

图 3-1

2．近似替代

在每个区间$[x_i, x_{i+1}]$内任取一点ξ_i，以$f(\xi_i)$为高、Δx_i为底的矩形面积近似代替ΔS_i，有

高等数学思想方法与教学策略研究

$$\Delta S_i \approx f(\xi_i), \quad \Delta x_i, \quad i=1, 2, \cdots, n$$

3．求和

这些窄矩形面积之和可以作为曲边梯形面积S的近似值。

$$S \approx \sum_{i=1}^{n} f(\xi_i) \Delta x_i$$

4．取极限

为了得到S的精确值，让分割出的矩形无限细密。设 $\lambda = \max\limits_{1 \leqslant i \leqslant n} \{|\Delta x_i|\}$，令 $\lambda \to 0$（蕴含着 $n \to \infty$），取极限，极限值就是给定的图形的面积

$$S = \lim_{\lambda \to 0} \sum_{i=1}^{n} f(\xi_i) \Delta x_i$$

可见，为了求曲边梯形的面积，需对 $f(x)$ 做如上的乘积和式的极限运算。

（二）变速直线运动的路程

已知某物体做直线运动，其速度 $v=v(t)$，求该物体从 $t=a$ 到 $t=b$ 时间间隔内走过的路程s。

我们知道，匀速直线运动的路程等于速度乘以时间。现在遇到的是变速运动，在较大的时间范围内速度可能有较大的变化。但在很短的时间间隔内，速度的变化不会很大，所以在很短的时间范围内可以把变速运动近似地作为匀速运动处理。

1．分割

用分点

$$a=t_1<t_2<\cdots<t_i<t_{i+1}<\cdots t_n<t_{n+1}=b$$

把时间区间 $[a, b]$ 分为n个小区间，记 $\Delta t_i = t_{i+1} - t_i$，$\Delta s_i$ 表示在时间区间 $[t_i, t_{i+1}]$ 内走过的路程。

2．近似替代

在每个区间 $[t_i, t_{i+1}]$ 内任取一时刻 ξ_i，以 ξ_i 时的瞬时速度 $v(\xi_i)$ 代替 $[t_i, t_{i+1}]$ 上各时刻的速度 $v(t)$，则有

$$\Delta s_i \approx v(\xi_i), \quad \Delta t_i, \quad i=1, 2, \cdots, n$$

3．求和

把各个小的时间区间内走过的路程的近似值累加起来，可以作为时间区间 $[a,b]$ 内走过路程的近似值，即

$$s \approx \sum_{i=1}^{n} v(\xi_i) \Delta t_i$$

4．取极限

为得到路程s的精确值，让分割无限细密。令 $\lambda = \max\limits_{1 \leqslant i \leqslant n} \{|\Delta t_i|\}$，就得到

$$s = \lim_{\lambda \to 0} \sum_{i=1}^{n} v(\xi_i) \Delta t_i$$

同前一问题一样,最终归结为函数 $v(t)$ 在 $[a, b]$ 上的上述乘积和式的极限运算。

类似的例子有很多,比如变力做功的计算、电容器充电量的计算,等等。

求曲边梯形的面积及变速直线运动的路程虽然实际意义不同,但运用的数学思想是一样的,都进行了"分割、近似替代、求和、取极限"。

定义 设 $f(x)$ 为 $[a, b]$ 内的有界函数,在 $[a, b]$ 上任意插入 $n-1$ 个分点

$$a = x_1 < x_2 < \cdots < x_{i-1} < x_i < \cdots x_n < x_{n+1} = b,$$

将 $[a, b]$ 分成 n 个小区间 $[\Delta x_1, \Delta x_2, \cdots, \Delta x_n]$ ($i=1, 2, \cdots, n$),记 $\Delta x_n = x_i - x_{i-1}$ ($i=1, 2, \cdots, n$)。在每个小区间 $[x_{i-1}, x_i]$ ($i=1, 2, \cdots, n$) 上任取一点 ξ_i ($x_{i-1} \leq \xi_i \leq x_i$),函数值 $f(\xi_i)$ 与小区间长度 Δx_i 的乘积 $f(\xi_i)$ ($i=1, 2, \cdots, n$),并作出和式

$$s \approx \sum_{i=1}^{n} v(\xi_i) \Delta t_i$$

记 $\lambda = \max\{\Delta x_1, \Delta x_2, \cdots, \Delta x_n\}$,如果不论对 $[a, b]$ 怎样分割,也不论每个小区间 $[x_{i-1}, x_i]$ 上的 ξ_i 如何选取,只要当 $\lambda \to 0$ 时,和 S 总趋于一个确定的极限 I,那么称这个极限值 I 为 $f(x)$ 在 $[a, b]$ 上的定积分,记作 $f(x) dx$,即

$$\int_a^b f(x) dx = I = \lim_{\lambda \to 0} \sum_{i=1}^{n} f(\xi_i) \Delta x_i$$

其中,$f(x)$ 为被积函数;x 为积分变量;$[a, b]$ 为积分区间;a 与 b 分别为积分下限与积分上限;$\int$ 为积分号,它是拉长了的德文字母 s,是由莱布尼茨(Leibniz)首次使用的;$f(x) dx$ 为被积表达式;$\sum_{i=1}^{n} f(\xi_i) \Delta x_i$ 为积分和,这是由黎曼(Reimann)给出的,也称黎曼和。

关于定积分的定义,再强调说明几点:

(1)由定积分的定义可知,当 $f(x)$ 在 $[a, b]$ 上的定积分存在,$\int_a^b f(x) dx$ 是一个常数,它的值只与被积函数 $f(x)$ 及积分区间 $[a, b]$ 有关,与积分变量的符号表示无关,

$$\int_a^b f(x) dx = \int_a^b f(t) dt = \int_a^b f(u) du$$

(2)当 $b = a$ 时,$\int_a^b f(x) dx = 0$;

(3)当 $b < a$ 时,$\int_a^b f(x) dx = -\int_b^a f(x) dx$。

根据定积分的定义知,曲边梯形的面积 $A = \int_a^b f(x) dx$;变速直线运动的路程 $s = \int_a^b v(t) dt$。

下面是函数可积的两个充分条件：①若$f(x)$在$[a, b]$上连续，则$f(x)$在$[a, b]$上可积。②若$f(x)$在$[a, b]$上有界，且只有有限个间断点，则$f(x)$在$[a, b]$上可积。

二、定积分的性质

为了满足理论与计算的需要，我们介绍定积分的基本性质。在下面的讨论中，均假定积分在区间$[a, b]$上可积。

性质1：被积函数的常数因子可以提到积分号的外面，即

$$\int_a^b kf(x)\mathrm{d}x = k\int_a^b f(x)\mathrm{d}x \quad （k为常数）$$

性质2：若$f(x) = k$（k为常数），则

$$\int_a^b f(x)\mathrm{d}x = \int_a^b k\mathrm{d}x = k(b-a)$$

特别地，当$k=1$时，有

$$\int_a^b 1\mathrm{d}x = \int_a^b \mathrm{d}x = b-a$$

性质3：若在区间$[a,b]$上，有$f(x) \geq g(x)$，则在区间$[a, b]$上必有

$$\int_a^b f(x)\mathrm{d}x \geq \int_a^b g(x)\mathrm{d}x$$

性质4：设M和m分别是$f(x)$在区间$[a,b]$上的最大值与最小值，则

$$m(b-a) \leq \int_a^b f(x)\mathrm{d}x \leq M(b-a) \quad (a > b)$$

性质5：（积分中值定理）如果函数$f(x)$在闭区间$[a, b]$上连续，则在$[a, b]$上至少有一点ξ，使下式成立

$$\int_a^b f(x)\mathrm{d}x = f(\xi)(b-a) \quad (a \leq \xi \leq b)$$

这个公式称为积分中值公式。

第三节 积分的统一形式及基本积分方法

用微元法的思想看待定积分、重积分、曲线积分和曲面积分，它们有着共同形式：

设函数$f(p)$定义在k（$1 \leq k \leq 3$）维有界且可度量（可求其长度、面积或体积）的点集

E上，将点集用分割T划分成n个部分点集：E_1，E_2，$\cdots$，E_n。

记各部分点集的度量值为Δe_i（$i=1$，2，$\cdots$，n），各点集的直径为
$$d(E_i)=\sup\{|A-B||A\in E_i，B\in E_i\}。$$

其中，$|A-B|$表示E中A点与B点的距离，$i=1$，2，$\cdots$，n。令$|T|=\max\{d(E_1)$，$d(E_2)$，$\cdots$，$d(E_n)\}$，在点集E上任意取一点P_i，作乘积$f(p_i)\Delta e_i$，然后作
$$\sigma_n = \sum_{i=1}^{n} f(P_i)\Delta e_i \quad (*)$$

如果不论对点集E怎样的分法，也不论在部分点集ΔE_i上怎样选取点P，只要$|T|\to 0$时，和式σ_n总趋于相同的极限I，则称函数$f(P)$在点集E上可积分，并把极限值I叫作$f(P)$在点集E上的积分，记作$\int_E f(P)\mathrm{d}(e)$，即
$$\int_E f(P)\mathrm{d}(e) = \lim_{|T|\to 0} \sum_{i=1}^{n} \int_E f(P_i)\Delta e_i$$

上述积分也是通过对函数的定义域E进行划分，在E的部分子集上任取一点，用这点处的函数值乘以该子集的度量值，然后作和得到积分和式，最后令分割加细取极限而得到的。

一、换元积分法

应用牛顿—莱布尼茨公式求定积分时一般要经过"求被积函数的原函数"和"按牛顿—莱布尼茨公式计算"两大步。在一般情况下，把这两步分开是比较麻烦的。一般情况下，在应用换元积分法求原函数的过程中，相应变换积分的上限和下限，这样可简化计算。

定理 若函数$f(x)$在区间$[a,b]$上连续，函数$x=\varphi(t)$满足以下条件：

（1）$\varphi(\alpha)=a$，$\varphi(\beta)=b$。

（2）函数$x=\varphi(t)$在区间$[\alpha，\beta]$上具有连续导数。

（3）当t在$[\alpha，\beta]$上变化时，$x=\varphi(t)$的值在$[a，b]$上变化，则有
$$\int_a^b f(x)\mathrm{d}x = \int_\alpha^\beta f[\varphi(t)]\varphi'(t)\mathrm{d}x$$

二、分部积分法

设函数$u(x)$、$v(x)$在$[a，b]$上具有连续的导数，那么，根据导数运算法则有
$$(uv)' = u'v + uv'$$

上式两端同时在$[a，b]$上积分，得

$$\int_a^b (uv)'dx = \int_a^b u'vdx + \int_a^b uv'dx$$

即

$$(uv)_a^b = \int_a^b u'vdx + \int_a^b uv'dx$$

从而

$$\int_a^b uv'dx = (uv)_a^b - \int_a^b u'vdx$$

或

$$\int_a^b udx = (uv)_a^b - \int_a^b vdu$$

这就是定积分的分部积分公式。

第四章

微分学思想与方法

微积分或者数学分析,是人类思维的伟大成果之一。它处于自然科学与人文科学之间,成为高等教育的一种特别有效的工具。遗憾的是,微积分的教学方法有时流于机械,不能体现这门学科乃是撼人心灵的智力奋斗的结晶,这种奋斗已经历经两千五百多年之久,它深深扎根于人类活动的许多领域,并且,只要人们认识自己和认识自然的努力一日不止,这种奋斗就将持续不已。

第一节 微分的概念

函数改变量的近似值可表示为函数的导数与自变量改变量的乘积,而产生的误差是一个比自变量的改变量高阶的无穷小量。这就引出了函数微分的概念。

定义4.1 设函数$y=f(x)$在点x_0的某个邻域$U(x_0)$中有定义,Δx($\Delta x \neq 0$)是x在点x_0处的微小增量,并且$x+\Delta x \in U(x_0)$,如果函数相应的增量

$$\Delta y = \Delta f = f(x_0 + \Delta x) - f(x_0)$$

在$\Delta x \to 0$时可以表示为

$$\Delta y = A\Delta x + o(\Delta x)$$

第二节　微分方程的思想

在微积分中所研究的函数，是反映客观现实世界运动过程中量与量之间的一种变化关系。在大量的实际问题中，往往不能直接找出这种变化关系，但比较容易建立这些变量与它们的导数（或微分）之间的关系。这种联系着自变量、未知函数及它的导数（或微分）的关系式就是所谓的微分方程。下面是微分方程所涉及的思想方法。

一、分类讨论思想

我们在接触到有关微分方程的问题时，第一步，看问题包含的是微分方程还是微分方程组；第二步，考虑微分方程的阶数，分为一阶和高阶来讨论；第三步是看线性，分为线性与非线性；第四步是看是齐次还是非齐次；第五步是要看是常系数还是非常系数。

二、建立数学理论模型的思想

事实上，在实际应用中，微分方程就是针对每一个实际问题的数学模型，这是数学思想应用价值的根本所在。虽然建模的方法因实际问题而异，但归纳起来有三种模式。

（一）根据科学定律直接列方程法

对于力学、物理学、化学及数学本身某些分支提出的实际问题，人们常根据各学科已有的定律（定理）给出实际问题中的一些变量与它们的变化率之间的关系直接列出微分方程。在这个过程中，只要依据的定律（定理）是合理的、条件是满足的、逻辑是正确的，通常建立的数学模型能反映客观规律，能正确地解决实际问题。这类问题有根据牛顿第二定律来研究空间物体的运动规律；在电场中用基尔霍夫定律研究闭回路（L-C电路）的电流；化学中放射性物质的衰变规律；平面几何中具有变斜率的曲线，空间中具有变曲率的曲线；等等。

（二）通过微元分析列方程法

与直接列方程法相比，微元法的不同之处在于，在对一些实际问题的分析处理过程中，人们未能直接地确定自变量、未知函数及未知函数的变化率之间明确的关系，只能先找出其中部分变量的微元之间的关系，然后加以分析整理，利用已知的定律和规律进行转换，建立方程。应该说，用微分方程建立的基本的数学模型大多都采用微元法，不论在数学、物理等领域，或在生物、经济及日常生活的有关数学问题方面的建模都是如此。

（三）综合法模拟近似建模

经济、生物等学科及日常生活、工农业生产中提出的实际问题，其规律性常常不太清楚或不能用确定关系式表示出来。当人们采用数学模型去研究这些实际问题时，只能采用模拟近似法。

三、转化思想

转化思想与化归法在微分方程中的应用十分广泛。大致有：

（1）分离变量法。把微分方程化成等式两边各自关于一个变量的微分，然后分别求不定积分。

（2）变量替换法。

（3）观点转换法。观点转换法的主要应用体现在自变量与应变量角色的对换上。

（4）借助积分因子化一些方程为全微分方程的方法。

四、参数变异思想

在介绍有理分式的积分时，我们用到了待定系数法来分解部分因式。在解微分方程时，除了用待定系数法求某些特解外，还常用到另一种待定法——参数变易法，这种方法体现了多种数学思想。

第三节 微分中值定理的证明与推广

微分中值定理是罗尔中值定理、拉格朗日中值定理和柯西中值定理的统称。这些定理的共同点是：建立函数在一个区间上的增量与区间内某一个点处的导数之间的联系，它是沟通函数局部性态和整体性态的桥梁，也是应用导数解决实际问题的理论基础。

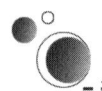

一、罗尔中值定理

罗尔中值定理是最基本的微分中值定理，利用它可以证明另外两个重要的中值定理。

设函数$y=f(x)$的图形如图4-1所示，它在点x_2，x_4处取"顶峰"，在点x_1，x_3处取"谷底"。通过观察图形可知，函数$y=f(x)$在点x_0处取得的"顶峰"或"谷底"只是函数在该点的某个邻域内的最大值或最小值，因而函数"顶峰"或"谷底"具有局部的性质。函数在一个区间上可能有多个"顶峰"或"谷底"，而其中的"顶峰"对应的函数值不一定大于"谷底"对应的函数值，例如图4-1中的函数$y=f(x)$，"顶峰"对应的函数值$f(x_4)$小于"谷底"对应的函数值$f(x_1)$。从图中还可以直观地看出，曲线在"顶峰"或"谷底"处的切线平行于x轴。这启发人们引入了费马引理。

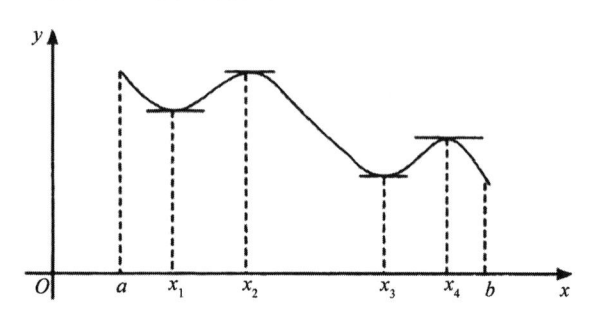

图4-1

定理（费马引理） 设函数$y=f(x)$在点x_0的一个邻域$U(x_0)$上有定义，并在点x_0处可导。如果有$\forall x \in U(x_0)$，

$$f(x) \geqslant f(x_0)$$

或

$$f(x) \leqslant f(x_0)$$

则

$$f'(x_0)=0$$

定义4.2 我们通常将导数$f'(x)$等于零的点称为函数$y=f(x)$的驻点（或稳定点、临界点）。易知，费马引理中的点x_0是函数$y=f(x)$的驻点。

定理（罗尔中值定理） 如果函数$y=f(x)$满足：

（1）在闭区间$[a, b]$上连续。

（2）在开区间(a, b)上可导。

（3）在区间端点处函数值相等，即$f(a)=f(b)$。那么，在开区间(a, b)上至少存在一点ξ，使得

$f'(\xi)=0.$

罗尔定理的几何意义是：闭区间$[a,b]$上的连续曲线$y=f(x)$若在两端点等值，且在（a，b）内处处存在不垂直于x轴的切线，则在（a，b）内至少存在一点ξ使得在该点的切线平行于x轴，如图4-2所示。

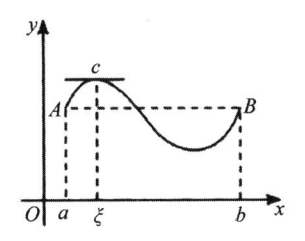

图 4-2

这里需要注意的是，罗尔定理的三个条件是驻点存在的充分条件。也就是说，这三个条件都成立，则（a，b）内必有驻点；若这三个条件中有一个不成立，则（a，b）内可能有驻点，也可能没驻点。

例如，下列三个函数在指定的区间内都不存在驻点：

（1）$f_1(x) = \begin{cases} 1, x = 0 \\ x, 0 < x \leq 1 \end{cases}$

（2）$f_2(x) = |x|, x \in [-1, 1]$

（3）$f_3(x) = x, x \in [0, 1]$。

事实上，函数$f_1(x)$在（0，1）内可导，且$f(0)=f(1)=1$，但它在$x=0$处间断，不满足在闭区间$[0,1]$连续的条件。该函数显然没有水平切线，如图4-3所示。

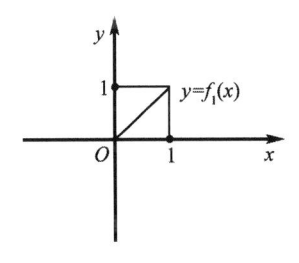

图 4-3

函数$f_2(x)$在$[1,1]$上连续且$f(-1)=f(1)=1$，但它在$x=0$处不可导，不满足在开区间（-1，1）可导的条件。该函数显然没有水平切线，如图4-4所示。

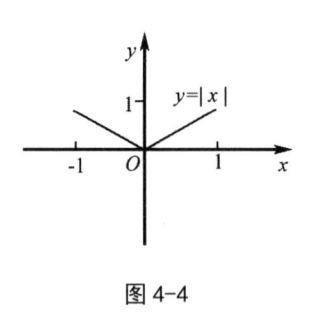

图 4-4

函数 $f_3(x)$ 在 [0, 1] 上连续, 在 (0, 1) 内可导, 但 $f(0)=0 \neq 1=f(1)$。该函数同样也没有水平切线, 如图 4-5 所示。

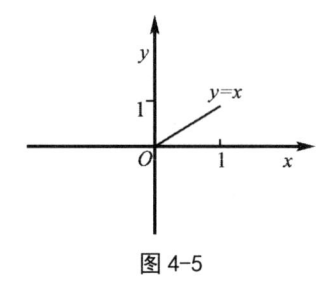

图 4-5

二、拉格朗日中值定理

罗尔中值定理的条件 $f(a)=f(b)$ 使定理的适用范围大大受限。为此, 著名数学家拉格朗日在取消 $f(a)=f(b)$ 这个限制而保留罗尔中值定理中其余两个条件的情形下进行推导（这种推导方法在数学思想方法中称为弱抽象）, 得到了在微分学中具有重要作用的拉格朗日中值定理。

定理（拉格朗日中值定理） 若函数 $y=f(x)$ 满足:

（1）在闭区间 $[a, b]$ 上连续。

（2）在开区间 (a, b) 内可导。则在区间 (a, b) 内至少存在一点, 使得等式成立。

$$F'(\xi) = \frac{f(b)-f(a)}{b-a}$$

拉格朗日中值定理的几何意义如下:

如图 4-6 所示, 是曲线 $y=f(x)$ ($x \in [a, b]$) 的图形, 其端点为 $A[a, f(a)]$ 和 $B[b, f(b)]$。从图 4-6 可以看出, 过点 $A[a, f(a)]$ 和 $B[b, f(b)]$ 的直线 l 的方程为

$$y=l(x) = f(a) + \frac{f(b)-f(a)}{b-a}(x-a)$$

那么, $\frac{f(b)-f(a)}{b-a}$ 就是直线 l 的斜率。因此, 拉格朗日中值定理的几何意义是: 在满足定理条

件的曲线 $y=f(x)$ 上至少存在一点 $P[\xi, f(\xi)]$ $[\xi\in(a, b)]$，使得曲线在该点的切线平行于弦AB。特别地，当$f(a)=f(b)$时，式$F'(\xi)=\frac{f(b)-f(a)}{b-a}$就变成$f'(\xi)=0$。因此，拉格朗日中值定理是罗尔中值定理的推广，罗尔中值定理是拉格朗日中值定理的特例。数学思想方法启发我们，在一定条件下，可以把一般的问题转化为特殊问题去处理。

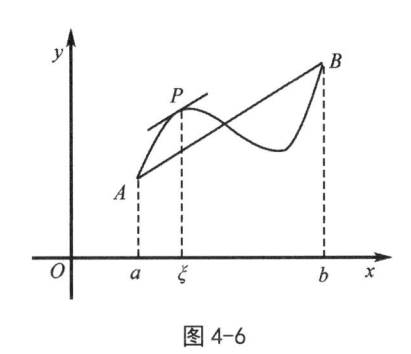

图 4-6

式$F'(\xi)=\frac{f(b)-f(a)}{b-a}$被称为拉格朗日中值公式，它还有下面几种等价形式：

（1）$f(b)-f(a)=f'(\xi)(b-a)$，$a<\xi<b$。

（2）$f(b)-f(a)=f'[a+\theta(b-a)](b-a)$，$0<\theta<1$。

（3）$f(a+h)-f(a)=f'(a+\theta h)h$，$0<\theta<1$。

值得注意的是，拉格朗日中值公式无论对于$a<b$还是$a>b$都成立，其中ξ是介于a与b之间的某一确定的数。

下面给出拉格朗日中值定理的两个重要推论。

推论1 设函数$y=f(x)$在闭区间$[a, b]$上连续，在开区间(a, b)内可导且$f'(x)=0$，则$y=f(x)$在$[a, b]$上为常数。

推论2 设函数$f(x)$和$g(x)$在闭区间$[a, b]$上连续，在开区间(a, b)内可导且$f'(x)=g'(x)$，则在$[a, b]$上有$f(x)=g(x)+c$，其中c是常数。

三、柯西中值定理

根据拉格朗日中值定理可知，一段处处不垂直于x轴的切线的曲线弧，在其上一定有平行于连接两端点的弦的切线。如果曲线由参数方程 $\begin{cases} x=f(t) \\ y=g(t) \end{cases}$，$t\in(a, b)$ 表示，端点的坐标分别为$A[f(a), g(a)]$，$B[f(b), g(b)]$，若令$f(a)\neq f(b)$，则弦AB的斜率为

$$k=\frac{g(a)-g(b)}{f(a)-f(b)}$$

定理（柯西中值定理） 设函数$f(x)$与$g(x)$满足：

（1）在闭区间$[a, b]$上连续。

（2）在开区间(a, b)中可导，且$g'(x) \neq 0$。则存在$\xi \in (a, b)$，使得
$$\frac{f(a)-f(b)}{g(a)-g(b)} = \frac{f'(\xi)}{g'(\xi)}$$

式$\frac{f(a)-f(b)}{g(a)-g(b)} = \frac{f'(\xi)}{g'(\xi)}$称为柯西中值公式。

第五章

高等数学教学与思维能力培养

第一节　基于数学理念创新的高等数学教学

一、依托现代信息技术，构建现代化的高等数学教学内容体系

《国家中长期教育改革和发展规划纲要》中指出：中国要发展，关键在人才，基础在教育。全面提高人才培养质量，适应大发展大变革的需求，培养知识丰富、本领过硬的高素质专门人才和拔尖创新人才是国家对高等教育赋予的使命，从而也对大学数学教育提出了更高的要求。

要发展现代化的大学数学教育，就需要有适应现代化发展的数学课程内容体系。长期以来，我国高等数学教学内容体系的改革难以跟上高等教育现代化发展的步伐，这集中表现在高等数学教材的建设上。虽然国内现行的高等数学教材中不乏优秀之作，但大部分教材过分求全、求严和过分强调数学知识的系统性、完备性、严密性与技巧性，忽视了数学思想的剖析，缺少以现实世界问题为背景的实例，同时也很少将现代信息技术发展带来的成果融入教学内容，没能很好地体现现代教育的教学理念，这与国外优秀的微积分教材形成了鲜明的对比。为了改变这种现状，我们依据学校人才培养的任务、一般本科教育的特点和人的发展、社会发展的实际需求，本着厚实基础、淡化技巧、突出数学思想，加强数学实验与数学建模等应用能力的培养，充分体现数学素质在人才培养中的作用的思想，组织经验丰富的老师编写了全校各专业适用的《高等数学》教材。在教材内容上，第一，

注意挖掘有应用背景的问题，将数学建模及数学实验的思想与方法融入教材，引导学员对问题建模、求解。第二，突出数学思想，通过多角度描述来加深对内容的理解；强调严格的数学训练，以此培养学员不惧艰难险阻的意志品质，学会在错综复杂的形式下保持清醒的头脑，果敢地处理各种问题。第三，努力贯彻现代教育思想，改革、更新和优化微积分教学内容，将数学软件的学习和使用穿插在教学内容中，始终将提高学生的数学素质和应用能力摆在首位。第四，注意经典内容向现代数学的扩展和各专业课程内容表述之间的关系，加强各课程之间的横向联系，努力实现课程体系和内容的优化整合。第五，将国内外优秀教材的经验和我校多年来在高等数学教学改革、研究和实践中积累的成果融入教材内容，力求内容切实服务于我们的人才培养需要。同时，根据不同专业的需求以及拔尖人才培养的需求，对高等数学课程实施分层教学，开设高等数学高级班、高等数学普通班、"1+1"双语教学班、"数理打通"数学分析教学班及文科高等数学教学班，并制定和完善了不同的教学大纲，选择了不同深度和宽度的内容模块。

二、探索高等数学实验化教学模式，培养学生的探索精神与创新意识

随着科学技术的发展，人们逐渐认识到：数学不仅仅是一种"工具"或"方法"，同时还是一种思维模式，即数学思维；数学不仅仅是一种知识，更是一种素质，即数学素质。我们要实现大力培养应用型人才、复合型人才和拔尖创新人才的目标，就需要加强对学生数学思维的训练，促使其实现数学素质的提高，这就要求我们改变传统的、妨碍培养学生创新能力的教学观念与教学模式，尝试让学生独立思考、有足够四维空间的教学模式。高等数学教学过程的实验化就是我们在实施教学改革过程中探索的一种教学模式。现代数学软件技术的发展和各高校校园网及上机条件的改善，为高等数学提供了数字化的教学环境和实验环境。将数学实验融入高等数学日常教学中的教学改革也受到了广大教师的关注。我们的具体做法如下：

首先，在Mathematica软件环境的支撑下，将数学建模与数学实验案例融入教材，借助数学软件，通过数学实验诠释数学问题的实质。例如，割圆术与极限、变化率与导数概念的引出、局部线性化与微分的讨论、积分概念的引出和级数的讨论等，另外在每节内容后面都配置了专门的数学实验问题。

其次，根据高等数学课程的教学特点，结合传统教学方式，恰当地融入多媒体技术，尤其是数学软件技术，采取板书加计算机演示等多种媒体相结合的教学方式。课堂教学不再是直接把现成的结论教给学生，而是借助功能强大的数学软件技术，贯彻启发式教学模

式，根据数学思想的发展与理论的形成过程，创造问题的可视化教学情境，模拟理论形成过程，让学生进行大量的图形和实验数据观察，从直观想象进入发现、猜想和归纳，然后进行验证及理论提升与证明。

再次，在课堂教学中，通过演示性的数学实验引导学生理解、应用数学知识与数学软件工具，发现、解决相关专业领域与现实生活中的实际问题，如通过"三点"的方式引入曲率圆和曲率半径及对教材中相关结论的比较，梯度中对地形地貌、天气预报的解释，级数中对吉布斯现象的讨论等。为此，我们还编写了以实验项目形式编排，与高等数学教学进度同步的高等数学课程实验指导书。每个实验项目由问题描述、实验内容及程序、进一步讨论三个部分构成。其中，"问题描述"以实际问题为背景简要地引出相关的高等数学问题；"实验内容及程序"渐进式地开展针对性实验，从实验结果中观察、分析实验现象；"进一步讨论"将实验进一步引向深入，或者进行理论分析与探讨。通过实验项目的实践，学生可以进一步加深对数学知识、思想与方法的理解，并通过相关问题的探究，在实验中学会观察、分析从而发现新的规律。

最后，我们还为高等数学课程分配了专门的实验室课时，并设立了专门的数学公共实验室为高等数学实验性教学提供硬件与技术保障。在实验课时，我们给出开放性的实验项目，或者让学生自己寻找、发现问题。学生通过所学知识及查阅资料，独立或分组进行探索性实验，并借助数学工具，找到问题的解决思路与方法。例如，对圆周率的各种计算方法的探索，向量积右手法则关系的讨论，最小二乘法的应用，线性函数在图像融合或图像信息隐藏与伪装中的应用等。

这种近乎全真的直观教学，实现了传统教学无法实现的教学境界。通过形与数、静与动、理论与实践的有机结合，使学生从形象的认识提高到抽象的概括，可以使抽象的数学概念以直观的形式出现，更好地帮助学生思考概念间的联系，促进新的概念的形成与理解。让学生在接受相关知识时，在感受、思维与实践应用之间架起一座桥梁，有利于厘清一些容易混淆的概念和不易理解的抽象内容，从而达到活跃课堂气氛，提高教学效率，节省教学时间，消除学生对数学知识的困惑和激励学生积极、主动地获取数学知识的目的。

三、搭建高等数学网络教学平台，拓宽师生互动维度

实现教育信息化首先要实现各种教学资源数字化，使之能够适应信息化教育、网络化与互动式教学发展的需求。现代信息技术的日益发展和校园网、园区网、因特网的逐步完善与普及，为数字化资源建设和管理提供了开放、可靠、高效的技术与管理平台。加强资源共享与教学互动对提高教学效率、保证人才培养质量有着十分重要的积极作用。

高等数学作为一门公共基础课程，具有很强的通用性，非常适合通过网络来实现开放式教学。我们的做法是，首先，依托学校的网络教学平台，根据不同的教学层次，搭建包括高等数学Ⅰ、高等数学Ⅱ、文科高等数学、高等数学提高班、钱学森班、数学实验等在内的教学资料库（如电子教案、教学大纲、教学素材、参考资料、第二课堂等）、相关的视频点播（如课程全程录像、观摩课录像、相关学习视频等）、数学工具介绍与下载、数学实践案例与相关专题讲座、在线作业与习题库、网络考试系统、数学史料、数学文化及相关学科的发展、研究与应用等，并根据专业特色与学校性质添加个性化内容的高等教学资源库，从而达到完善和补充课堂教学内容的目的，并搭建了专门的高等数学省级精品课程网站和数学建模与数学实验国家级精品课程网站。

其次，依托方便、快捷的高速校园网、园区网扩展互动式教学的范围。互动式教学的目标是沟通与发展，因此应该面向一个开放的包括课堂教学之外的教学空间，教师和学生能在现实生活和现代信息技术创设的虚拟交互环境中平等地学习、交流、讨论与开展教学活动。在互动式教学中，除了采用传统的讨论式交流互动，也可以借助互动式教学学习工具，如互动式电子白板、答题器、互动式教学系统来开展互动式教学。其中互动式教学系统更是打破了传统互动教学的模式，更适应高等数学的教学现状。因此，我们也搭建了相应的互动交流平台，包括课程交流论坛、教师个人空间、电子邮件和实时答疑系统，实现了学生之间与师生之间的互动交流和相关反馈信息的收集。

最后，根据多年的积累，我们专门制作了与教学内容体系相配套的整套高等数学多媒体教学软件。该软件教学内容完整，教学设计科学，创新点突出，融入了数学实验，数学素材表现力强，在使用过程中实践效果好。该软件除了在全系高等数学教员中共享，还被上传到高等教育出版社教学资源中心，实现了全国范围内的数字资源共享。

经过多年的研究与实践，我们发现，将现代教育技术融入高等数学的教学改革为学生的学习成才创造了广阔的空间。现代化的教学内容体系、实验化的教学过程、丰富多彩的数字化资源和形式多样的互动交流，很好地将数学知识、数学建模与实验、现代教育技术（尤其是数学软件技术）、数学实践与应用融为一体。这些工作的开展不仅能够让学生深刻理解与掌握相关的数学理论、思想与方法，并能在理解中有所发展，做到学有所获、学有所悟；而且能够让学生深刻体会到学习数学的用处，也能学会如何将数学应用到自然科学、社会科学、工程技术、经济管理与军事指挥等相关的专业领域，做到学有所用、学以致用。

第二节　基于思维能力培养的高等数学教学

学习数学，不仅要掌握数学的基本概念、基本知识和重要理论，而且要注重培养数学思想，增强数学素质，提高数学能力。数学教学的效果和质量，不仅表现为学生深刻而熟练地掌握系统的数学学科的基础知识和形成一定的基本技能，而且表现为通过教学发展学生的数学思维和提高学生的数学能力。

在数学的教学过程中，经常采用的思维过程有：分析—综合过程、归纳—演绎过程、特殊—概括过程、具体—抽象过程、猜测—搜索过程，另外，还有概念判断、推理等的思维形式。从思维的内容来看，数学思维有三种基本类型：一是确定型思维，二是随机型思维，三是模糊型思维。所谓确定型思维，就是反映事物变化服从确定的因果联系的一种思维方式，这种思维的特点是事物变化的运动状态必然是前面运动变化状态的逻辑结果。所谓随机型思维，就是反映随机现象统计规律的一种思维方式。具体来说，就是事物的发展变化往往有几种不同的可能性，究竟出现哪一种结果完全是偶然的、随机的，但是任何一种指定结果出现的可能性都是服从一定规律的。也就是说，当随机现象由大量成员组成，或者成员虽然不多，但出现次数很多的时候就可以显示某种统计的平均规律。这种统计规律在人们头脑中的反映就是随机型思维。确定型思维和随机型思维，虽然有着不同的特点，但它们都是以普通集合论为理论基础的，都可以分明地、精确地进行刻画。在客观现实中还有一类现象，其内涵、外延往往是不明确的，常常呈现"亦此亦彼"性。为了描述此类现象，人们只好使用模糊集论的数学语言去描述，用模糊数学概念去刻画，从而创造了对复杂模糊系统进行定量描述和处理的数学方法。这种从定量角度去反映模糊系统规律的思维方式就是模糊型数学思维。上述三种思维类型是人们对必然现象、偶然现象和模糊现象进行逻辑描述或统计描述或模糊评判的不可或缺的思维方法。

数学思维的方式，可以按不同的标准进行分类。根据思维的指向是沿着单一方向还是多方向进行，可以划分为集中思维（又称收敛思维）与发散思维；根据思维是否每前进一步都有充足的理由作为保证，可以划分为逻辑思维与直觉思维；根据思维是依靠对象的表征形象进行还是抽取同类事物的共同本质特性进行，可以划分为形象思维与抽象思维。现在有人又根据思维的结果有无创新,将其划分为创造性思维与再现性思维。

一、集中思维和发散思维

集中思维是指从同一来源材料探求一个正确答案的思维过程,思维方向集中于同一方向。在数学学习中,集中思维表现为严格按照定义、定理、公式、法则等,使思维朝着一个方向聚敛前进,使思维规范化。

发散思维是指从同一来源材料探求不同答案的思维过程,思维方向发散于不同的方面。在数学学习中,发散思维表现为依据定义、定理、公式和已知条件,将思维朝着各种可能的方向扩散前进,不局限于既定的模式,从不同的角度寻找解决问题的各种可能的途径。

集中思维与发散思维既有区别,又是紧密相连不可分割的。例如,在解决数学问题的过程中,解题者希望迅速确定解题方案,找出最佳答案,一般表现为集中思维;他首先要弄清题目的条件和结论,而在这个过程中就会有大量的联想产生,这就是发散思维的表现;接下来,他若想到有几种可能的解决问题的途径,这仍是发散思维的表现;然后他对一个或几个可能的途径加以检验,直到找出正确答案为止,这又是集中思维的表现。由此可见,在解决问题的过程中,集中思维与发散思维往往是交替出现的。当然,根据问题的性质和难易程度,有时集中思维占主导地位,有时发散思维占主导地位。通常,在探求解题方案时,发散思维相对突出,而在解题方案确定以后,具体实施解题方案时,集中思维相对突出。

二、逻辑思维与直觉思维

逻辑思维是指按照逻辑的规律、方法和形式,有步骤、有根据地从已知的知识和条件中推导出新结论的思维形式。在数学学习中,这是经常运用的,所以学习数学十分有利于发展学生的逻辑思维能力。直觉思维是未经过一步步分析推证,没有清晰的思考步骤,而对问题突然间领悟、理解得出答案的思维形式。通常把预感、猜想、假设、灵感等都看作直觉思维。亚里士多德曾说过:"灵感就是在微不足道的时间里通过猜测而抓住事物本质的联系。"美国教育家布鲁纳认为:"在数学中直觉概念是从两种不同的意义上来使用的:一方面,说某人是直觉的思维者,意即他花了许多时间做一道题目,突然间做出来了,但是还须为答案提供形式证明。另一方面,说某人是具有良好直觉能力的数学家,意即当别人向他提问时,他能够迅速做出很好的猜想,判定某事物是不是这样,或说出在几种解题方法中哪一种有效。"直觉思维往往表现为长久沉思后的"顿悟",它具有下意识性和偶然性,没有明显的根据与思索的步骤,而是直接把握事物的整体,洞察问题的实质，跳跃式地迅速指出结论，而很难陈述思维的出现过程。注重思维能力的培养，是现代数学教育同传统教育的根本区别之一，也是近年来学界关心、讨论热烈的重要课题。作为科学的数学，具有高度的抽象性、逻辑推理的严谨性、结论的准确性和应用的广泛性，这些特点决定了数学教学本身必然包含着逻辑思维的因素。因此，我们在教学过程中应当有意识地培养学生的逻辑思维能力。

（一）培养逻辑思维能力的必要性

逻辑思维是一个比较广泛的概念，凡是脱离具体形象，采用概念、判断、推理等形式进行的思维，都属于逻辑思维，如归纳、演绎、类比等。因而在逻辑思维中，既包括了不含想象成分的演绎，也包含了含有想象成分的归纳、类比，以及为逻辑思维做准备的直观和概括等。在实际思维活动中，这些因素往往错综复杂地交织在一起，构成逻辑思维能力。

数学中的逻辑思维能力，是指根据正确思维规律和形式对数学对象的属性进行分析综合、抽象概括、推理证明的能力。培养学生的数学逻辑思维能力，主要基于以下原因。

一是社会发展的需求。众所周知，当今科学技术发展迅猛，日新月异，只有具备较强逻辑思维能力的新一代，才能跟上社会发展的节奏，才能有所发现，有所作为，才能在我国现代化建设中适应教育面向现代化、面向世界、面向未来的要求。

二是由数学学科的特点所决定的。众所周知，数学在产生、发展的过程中，总是朝着科学真理的最完美的境界——抽象、严密、系统前进（如公理化体系）的，在数学领域中只有被严密论证了的东西才能被认为是真理，因此，数学是体现形式逻辑的最为彻底的学科，注意培养学生的逻辑思维能力便成为理所当然的任务。

三是数学学习自身的需要。数学的教学内容是通过逻辑论证来叙述的，数学论证是在一定的逻辑系统中进行的，数学中的运算、证明、作图都蕴含着逻辑推理的过程，因此，缺乏逻辑思维能力的学生，便不能有效进行后续知识的学习。

数学教学的基本要求是使学生切实学好从事现代化生产及现代科学技术研究所必需的数学基础知识，培养学生快速正确的运算能力、逻辑思维能力和空间想象能力，并逐步形成运用数学知识来分析和解决实际问题的能力。对学生多种能力的培养是一个有机整体，在这个整体中，逻辑思维能力应该是最重要、最根本的一部分，对它的培养必须在学生掌握基础知识的前提下进行，并贯穿教学的全过程。

（二）培养直觉思维的重要性

布鲁纳在分析直觉思维不同于分析思维（逻辑思维）的特点时指出，分析思维的特点是其每个具体步骤均表达得很清晰，思考者可以把这些步骤向他人叙述。进行这种思维时，思考者往往相对地完全意识到其思维的内容和思维的过程。与分析思维相反，直觉思维的特点缺少清晰的确定步骤。它倾向于首先就一下予以对整个问题的理解为基础进行思维，人们获得答案（这个答案可能对或错）而意识不到他赖以求得答案的过程（假如一般来讲这个过程存在的话）……通常，直觉思维基于对该领域的基础知识及其结构的了解，正是这一点才使得一个人能以飞跃、迅速越级和放过个别细节的方式进行直觉思维；这些特点需要用分析的手段——归纳和演绎——对所得的结论加以检验。直觉思维在解决问题中有重要的作用，许多数学问题都是先从数与形的直觉感知中得到某种猜想，然后进行逻辑证明的。因此，培养学生的直觉思维与逻辑思维不能偏废，应该很好地将二者结合起来。

三、抽象思维与形象思维

形象思维是指通过客体的直观形象反映数学对象"纯粹的量"的本质和规律性的关系的思维。因此，形象思维是与客体的直观形象密切联系和相互作用的一种思维方式。

数学形象性材料因具有直观性、形象概括性、可变换性和形象独创性（主要表现为几何直觉），而与数学抽象性材料（如概念、理论）不同。所以，抽象思维提供的是关于数学的概念和判断，而形象思维提供的却是各种数学想象、联想与观念形象。

在数学教育中，一直是抽象逻辑思维占统治地位，难道形象思维在教学中就不能为自己争得一席之地吗？其实不然。那么，形象思维的科学价值和教育意义又在何处呢？

（1）图形语言和几何直观为发展数学科学提供了丰富的源泉。数学科学发展的历史告诉人们，许多数学科学概念离不开图形语言（尤其是几何图形语言），许多数学科学观念的形成也都是借助图形形象而触发人的直觉才促成的。例如，证明拉格朗日微分中值定理时构造的辅助函数，无疑受到了几何图形的启发。

在现代数学中经常出现几何图形语言的原因不仅是因为有众多的数学分支是以几何形象为模型抽象出来的，还有图像语言与概念的形成紧密相连的缘故。代数和分析数学中经常出现几何图形语言，这表明在某种意义上几何形象的直觉渗透到了一切数学中。为什么像希尔伯特空间的内积和测度论的测度，这样一些十分抽象的概念，在它们的形成和对它们的理解过程中，图形形象仍然保持其应有的活力呢？显然，这是因为图形语言所能启示的东西是很重要的、直观的和形象有趣的。

（2）图形是数学和其他自然科学的一种特殊的语言，它弥补了口述、文字、形式语言的不足，能处理一些其他语言形式无法表达的现象和思维过程。正如符号语言由于文字符号参加运算使数学思维过程变得简单一样，数学图形语言具有直观、形象，易于触发几何直觉等特点和优点。例如，在计算积分时，先画出积分区域，这对选择积分顺序是十分有益的。学生学会用图形语言来进行思考和会用符号语言来进行思考一样，对人类的发展进步都是极为重要的。

（3）如果说符号语言具有抽象的特点，那么数学中的图形语言则具有直观形象的特点，发展这两种语言都是重要的，发展符号语言有利于抽象思维的发展，发展图形语言有利于形象思维的发展。

（4）人们在思考问题的过程中，视觉形象、经验形象和观念形象经常发挥作用。例如，学生在学习数学的过程中，尤其在解题时，这种形象往往会浮现在眼前，活跃在脑海中，用于搜寻有用的信息，激活解题思路。虽然有些典型解法、解题经验等形象在大脑中的印记已经模糊，但在使用时，这种形象便会清晰起来。不仅如此，学生学习数学时，还常常表现出一种倾向：对抽象的数学概念总喜欢从几何上给出形象说明，即几何意义，有时即便是纯代数问题，也会唤起他们的几何形象。

综上所述，形象思维不仅对数学科学有很高的科学价值，而且对培养教育人才具有十分重要的意义。

数学思想是指对数学活动的基本观点，泛指某些具有重大意义、内容比较丰富、思想比较深刻的数学成果，或者是指在数学科学及其认识过程中处理数学问题时的基本观念、观点、意识与指向。数学方法是在数学思想的指导下，为数学活动提供思路和手段及具体操作原则的方法。二者具有相对性，即许多数学思想同时也是数学方法。虽然有些数学方法不能称为数学思想，但大范围内的数学方法也可以是小范围内的数学思想。数学知识是数学活动的结果，它借助文字、图形、语言、符号等工具，具有一定的表现形式。数学思想方法则是数学知识发生过程的提炼、抽象、概括和升华，是对数学规律更一般的认识，它蕴藏在数学知识之中，需要学习者去挖掘。

在高等数学中，基本的数学思想有：变换思想、字母代数思想、集合与映射思想、方程思想、因果思想、递推思想、极限思想、参数思想等。基本的数学方法，除了一般的观察与实验、类比与联想、分析与综合、归纳与演绎、一般与特殊等科学方法，还有具有数学学科特点的配方法、换元法、数形结合法、待定系数法、解析法、向量法、参数法等具体方法。这些思想方法相互联系、沟通、渗透、补充，将整个数学内容构成了一个有机的、和谐统一的整体。

数学思想方法的学习，贯穿数学学习的始终。某一种思想方法的领会和掌握，须经过较长时间的学习，仅仅通过上几次课是无法奏效的。它既要通过教师长期地、有意识地、有目的地启发诱导，又要靠学生自己不断体会、挖掘、领悟、深化。数学思想方法的学习和掌握一般经过三个阶段：

（1）数学思想方法学习的潜意识阶段。数学教学内容始终反映着两条线，即数学基础知识和数学思想方法。数学教材的每一章节乃至每一道题，都体现着这两条线的有机结合，这是因为没有脱离数学知识的数学思想方法，也没有不包含数学思想方法的数学知识。在数学课上，学生往往只注意了数学知识的学习，注意了知识的增长，而未曾注意联想到这些知识的观点及由此出发产生的解决问题的方法与策略。即使有所觉察，也是处于"朦朦胧胧""似有所悟"的境界。例如，学生在学习定积分概念时，虽已接触"元素法"的思想——以直线代替曲线、以常量代替变量，但仍属于无意识地接受，"知其然而不知其所以然"。

（2）数学思想方法学习的明朗化阶段。在学生接触过较多的数学问题之后，数学思想方法的学习逐渐过渡到明朗期，即学生对数学思想方法的认识已经明朗，开始理解解题过程中使用的探索方法与策略，并能概括、总结出来。当然，这也是在教师的有意识地启示下逐渐形成的。

（3）数学思想方法学习的深刻化阶段。数学思想方法学习的进一步的要求是对它进行深入理解与初步应用。这就要求学习者能够依据题意，恰当运用某种思想方法进行探索，以求得问题解决。实际上，数学思想方法学习的深化阶段是进一步学习数学思想方法的阶段，也是实际应用思想方法的阶段。通过这一阶段的学习，学习者基本上掌握了数学思想方法，达到了继续深入学习的目的。在"深化期"，学习者将接触探索性问题的综合题，通过解答这类数学题，掌握寻求解题思路的探索方法。

第三节　基于创造能力培养的高等数学教学

影响数学创造力的因素有三点，即在内容上有赖于一定的知识量和良好的知识结构；在程度上有赖于智力水平；在力度上有赖于心理素质，如兴趣、性格、意志等。

一、数学知识与结构是数学创造力的基础

科学知识是前人创造活动的产物，同时是后人进行创造性活动的基础。一个人掌握的知识量影响其创造能力的发挥。知识贫乏者不会有丰富的数学想象，但知识多也未必就有

良好的思维创新。那么，数学知识与技能如何影响数学创造性思维呢？如果把人的大脑比作思维的"信息原料库"，则知识量的多寡只表明"原料"量的积累，而知识的系统才是"原料"的质的表现。杂乱无章的信息堆积已经很难检索，当然就更难进行创造性的思维加工了。只有系统合理的知识结构，才便于知识的输出或迁移使用，进而促进思维内容的丰富，形式灵活，并产生新的设想、新的观念及新的选择和组合。因此，良好的数学知识结构对数学创造性思维活动的运行至关重要。

二、一定的智力水平是数学创造力的必要条件

创造力本身是智力发展的结果，它必须以知识技能为基础，以一定的智力水平为前提。创造性思维的智力水平集中体现在对信息的接受能力和处理能力上，也就是思维的技能。衡量一个人数学思维技能水平的主要标志是他对数学信息的接受能力和处理能力。

对数学信息的接受能力主要表现在对数学的观察力和对信息的储存能力。观察力是对数学问题的感知能力，通过对问题进行解剖和选择，获取感性认识和新的信息。一个人是否具备敏锐、准确、全面的观察力，对捕捉数学信息至关重要。信息的储存能力主要体现为大脑的记忆功能，即完成对数学信息的输入和有序保存，以供创造性思维活动检索和使用。因此，信息储存能力是开拓创造性思维活动的保障。

信息处理能力是指大脑对已有数学信息进行选择、判断、推理、假设、联想的能力，想象能力和操作能力。这里应特别指出的是，丰富的数学想象力是数学创造性思维的翅膀，求异的发散思维是打开新境界的突破口。

由于情绪等心理素质对创造性思维的影响很突出，因此，国外流行称其为"情绪智商"（Emotional Quotient，EQ），以和IQ（智商）相区别。根据情绪发生的程度、速度、持续时间的长短与外部表现，可把情绪状态分为心境、激情和热情。良好的心境能提高数学创造性思维的敏感性，及时捕捉创造信息，联想活跃，思维敏捷，想象丰富，能够提高创造效率；激情对创造来说是激励因素，是创新意识和进取的斗志；热情是创造的心理推动力量，对数学充满热情的人能充分发挥智力效应，做出创造性贡献。

意志表现为人们为了达到预定的目的自觉地运用自己的智力和体力积极地与困难作斗争。良好的意志品质是数学创造的心理保障。

兴趣是数学创造性思维的心理动力。稳定、持久的兴趣能够促进创造性思维向深度发展；浓厚的兴趣促使数学爱好者对数学问题进行热情探索，锲而不舍地向创造目标冲击。

最新研究显示，一个人的成功与否只有20%取决于IQ的高低，80%则取决于EQ的高低。EQ高的人，生活比较快乐，能维持积极的人生观，不管做什么，成功的机会都比

较大。

基于上述影响创造性思维因素的分析,有人又提出了创造能力的经验公式:创造能力有效知识量×IQ×EQ。IQ、EQ都是与后天教育相关的因子,所以,数学创造性思维的培养是达到终点行为的经常性任务。

三、通过数学教育发展数学创造性思维能力

(一)转变教育观念,将创造性能力作为整个数学教育的原则

要相信每个人身上都存在着创造潜力,学生和科学家一样,都有创造性,只是在创造层次和水平上有所不同而已。科学家探索的新的规律,在人类认识史上是"第一次"的,而学生学习的是前人发现和积累的知识,但对学生本人来说是新的。我国教育家刘佛年教授指出,"只要有点新意思、新思想、新观念、新设计、新意图、新做法、新方法,就称得上创造"。所以对每个学生个体而言,都是在从事一个再发现、再创造的过程。数学教育家弗赖登塔尔在其著作《作为教育任务的数学》中指出,将数学作为一种活动来进行解释,建立在这一基础上的教学活动,称为再创造方法。"今天,原则上似乎已普遍接受再创造方法,但在实践上真正做到的却并不多,其理由也许容易理解。因为教育是一个从理想到现实,从要求到完成的长期过程。""再创造是关于研究层次的一个教学原则,它应该是整个数学教育的原则。"通过数学教学这种活动来培养和发展学生的数学创造性思维,才能为未来学生成为创造型的人才打下基础。

(二)在启发式教学中采用的几点可操作性措施

数学教学经验表明,启发式教学是使学生在数学教学过程中发挥主动的创造性的基本方法之一。而教学是一种艺术,在一般的启发式教学中艺术地采用以下可操作的措施对学生的数学创造性思维是有益的。

1. 观察试验,引发猜想

英国数学家利特伍德在谈到创造活动的准备阶段时指出:"准备工作基本上是自觉的,无论如何是由意识支配的。必须把核心问题从所有偶然现象中清楚地剥离出来……"这里的"偶然现象"是指观察试验的结果,从中剥离出核心问题是一种创造行为。这种行为达到基本上自觉时,就会形成一种创造意识。我们在数学教学中有意识设计、安排学生观察试验、猜想命题、找规律的练习,逐步形成学生思考问题时的自觉操作,学生的创造性思维就会有较大的发展。

2. 数形结合，萌生构想

爱因斯坦曾指出："提出新的问题、新的可能性，从新的角度去看旧的问题，都需要有创造性的想象力。"在数学教学之中，适时地抓住数形结合这一途径，是培养创造性想象力的极好契机。

3. 类比模拟，积极联想

类比是一种从类似事物的启发中得到解题途径的方法。类似事物是原型，受原型启发，推陈出新；类似事物是个性，从个性中寻找共性就是创新。

4. 发散求异，多方设想

在发散思维中沿着各种不同方向去思考，即有时去探索新运算，有时去追求多样性。培养发散思维能力有助于提出新问题、孕育新思想、建立新概念、构筑新方法。数学家创造能力的大小，应和他的发散思维能力成正比。在数学教学中，一题多解是培养发散思维的一条有效途径。

5. 思维设计，允许幻想

数学家德·摩根曾指出："数学发明创造的动力不是推理，而是想象力的发挥。"列宁也说过："幻想是极其可贵的品质。"在数学上也是需要幻想的，甚至没有它就不可能发明微积分"。在数学抽象思维中，动脑设计，构想程序，可以锻炼抽象思维中的建构能力。马克思曾说过："最蹩脚的建筑师从一开始就比最灵巧的蜜蜂高明的地方，是他在用蜂蜡建筑蜂房前，已经在自己的头脑中把它建成了。"根据需要在头脑中构想方案，建立某种结构是一种非常重要的创造能力。

6. 直觉顿悟，突发奇想

数学直觉是对数学对象的某种直接领悟或洞察，它是一种不包含普通逻辑推理过程的直接悟性。科学直觉直接引导与影响数学家们的研究活动，能使数学家们不在无意义的问题上浪费时间，直觉与审美能力密切相关。这在科学研究中是唯一不能言传而只能意会的才能。在数学教学中可以从模糊估量、整体把握、智力图像三个方面去创设情境，诱发直觉，使堵塞的思路突然接通。

7. 群体智力，民主畅想

良好的教学环境和学习气氛有利于培养学生的创造性思维能力。课堂上教师对学生讲授解题技巧是纵向交流，垂直启发，而学生之间的相互交流和切磋则可以促进个体之间创造性思维成果的横向扩散或水平流动。

（三）具体到数学教学中，要注意以下几个方面

1. 加强基础知识教学和基本技能训练，为发展学生的数学思维和提高他们的创造能力奠定坚实的基础

一定的知识和能力是学生今后学习和工作成功的必备条件。脱离知识，能力培养便失去了基础；不去发展能力，知识便难以被有效掌握，两者是不可分割的辩证统一体。教学方法的实质就在于如何在教与学的过程中，把获得知识和发展能力统一起来使之相互促进。在教学中，知识和能力的统一问题经常表现为正确处理好学懂与学会的矛盾问题。数学学习仅学懂了不行，还要看解决问题的能力如何。对数学知识的学习既要做到学懂，还要做到学会，但是学懂是基础。如果事先还没有学懂，那根本谈不上学会。从懂到会要经过一番智力操作（特别是思维），这也是把人的外在因素转变为内在因素的过程。

2. 要重视在传授知识的过程中训练学生思维、培养学生能力

数学教学不仅要传授知识，而且要传授思想方法，发展学生的思维和提高他们的能力。而能力的发展要求与基础知识教学紧密地结合起来，从大量的知识内容中获得思想方法和发展能力的因素，从反复的练习中学会运用这种思想方法和发展能力。譬如，从总的方面来看，学生逻辑思维能力的发展经过了以下几个阶段：在小学阶段的教学中，理论和法则的阐述都是建立在归纳法（或叫作不完全归纳法）的基础上的。在传授知识的过程中，开始总是摆事实，摆了一层又一层，在相信一层又一层事实的基础上，归纳出数学的定理和法则。这时的逻辑训练是教给学生交换律、结合律、分配律这样一些运算的基本定律，学生就是在获得这些基础知识的过程中，在不知不觉中掌握归纳的推理方法，为今后学习物理、化学、生物等学科打下基础，学会如何通过几个实验、数量模型等归纳出科学的规律。学生应善于运用掌握的思维方法，才会有较强的接受能力。

在初中几何课的教学中，学生开始系统地接受演绎思维的训练。演绎法是一种严密的推理方法，它是人类认识客观世界在思维方面的发展。这时，单靠直观上的正确不能满足认识上的需要了，要证明两个线段相等或两个图形全等，不能通过看剪下来是否重合来证明，而是从已知条件出发，根据定义、公理和已被证明的定理演绎出必然的结果。

最后，学生到了高中阶段，思想方法逐渐严密，他们产生这样一种思想，不满足于用归纳法得出结果，要求对这些结果进行演绎法的证明，证明它们或成立或不成立。不仅了解局部的演绎证明，还想了解整个课程是按照什么样的演绎逻辑系统展开的。这样，中学教育在无形中引导学生进入近代科学探讨问题的境界。

总之，我们不能脱离知识孤立地谈论能力培养。而是要在传授知识的过程中，结合知

识获得的同时，一点一滴地去培养学生的能力。到了大学阶段，学生的基本思维能力均已具备，教学中就应重点考虑创造性思维能力的培养。

3. 要研究把知识转化为能力的过程

知识是外在因素，能力是内在因素。教学工作就是要促进将知识转化为能力，而且转化得越快越好，这是教学方法的科学实质。我们知道，只有在知识和能力之间建立联系才能促使其相互转化，这种联系是大脑功能的反应，是思维的产物。在教学中学生思维的内容就是教学内容，教师必须深入研究学生在学习过程中的思维状况，知识是在思维活动过程中形成的。在教学中，智力对知识的操作是通过思维来实现的。这一般表现为求异思维和求同思维，这是学习过程中的基本的思维方式。求异思维就是对事物进行分析比较，找出事物之间的相同点和不同点。求同思维就是从不同事物中抽取出相似的、一般的和本质的东西来认识对象。

4. 解题是发展学生思维和提高能力的有效途径

所谓问题，是指有意识地寻求某一适当的行动，以便达到一个被清楚地意识但又不能立即达到的目的，而解题指的就是寻求达到这种目的的过程。著名数学教育家波利亚在其著作《数学的发现》指出："掌握数学意味着什么呢？这就是说善于解题，不仅善于解决一些标准的题，而且善于解一些要求独立思考、思路开阔、见解独到和有发明创造的题。"因此，从广义上说，学校学生的数学活动，其实也就是解决各种类型数学问题的活动。

解题是一种富有特征的活动，它是知识、技能、思维和能力综合运用的过程。在数学学习中，解题能力强的学生要比解题能力弱的学生更能把握题目的实质，更能区分哪些因素对解题来说是重要的和基本的；有能力的学生对解题类型和解题方法能迅速地、容易地做出概括，并且将掌握的方法迁移到其他题目上面去。他们趋向跳过逻辑论证的中间步骤，容易从一种解法转到另一种解法上，并且在可能的情况下力求一种"优美"的解法；他们还能够在必要时顺利地把自己的思路逆推回去。最后，有能力的学生趋向于记住题目中的各种关系和解法的本质，而能力较低的学生甚至只能回忆起题目中一些特殊的细节。

思维与解题过程的密切联系是大家都清楚的，虽然思维并非总等同于解题过程，然而思维的形成最有效的办法就是通过解题来实现。正是在解数学题的过程中，才有可能在达到数学教学的直接目的的同时，最自然地使学生形成创造性的数学思维。因此，在现代数学教学体系中，为了发展学生的数学思维和提高他们的数学能力，要求在数学课中必须有一个适当的习题系统，而这些习题的配置和解答，至少应当考虑部分地适应发展学生的数学思维和提高数学能力的特点和需要。因此，数学教学的一项最重要的职责是强调解题过程的思维和方法训练。

5. 变式教学是"双基"教学、思维训练和能力培养的重要途径

所谓变式，是指变换问题的条件或形式，而问题的实质不改变。不改变问题的实质，只改变其形态，或者通过引入新条件、新关系，将所给问题或条件变换成具有新形态、新性质的问题或条件，以达到加强"双基"教学、训练学生思维和提高他们能力的目的，这种教学途径具有很高的教育价值。变式不仅是一种教学途径，而且是一种重要的思想方法。采取变式方式进行教学的过程叫作变式教学。变式有多种形式，如形式变式、内容变式、方法变式。

（1）形式变式，如变换用来说明概念的直观材料或事例的呈现形式，使其中的本质属性不变，而非本质属性时有时无。例如，将揭示某一概念的图形由标准位置改变为非标准位置，由标准图形改变为非标准图形，就是形式变式。我们把这种形式变式叫作图形变式。其实，将罗尔微分中值定理中的几何图形稍微旋转就能得到拉格朗日微分中值定理中的图形。

（2）内容变式，如对习题进行引申或改编，将一个单一性问题变换成多种形式、多种可能的问题。一题多变就是通过变换内容使一个单一内容的问题，衍生出具有多种内容的问题。这种变式可以促使问题层层深入，思维不断深化。

（3）方法变式，如一题多解，通过方法变式，使同一问题变成一个用多种方法去解决，从多种渠道去思考的问题，这样可以促使思维变得灵活、深刻。

在高等数学教学中，要结合相关的知识点，着重培养学生的创造性思维能力。

（1）直觉思维能力的培养。美国著名心理学家布鲁纳指出："直觉思维和预感的训练，是正式的学术学科和日常生活中创造性思维的很受忽视而重要的特征。"在教学活动中，要注意以下几点。

①重视数学基本问题和基本方法的牢固掌握和应用，加深学生对数学知识的直觉认识，形成数学知识体系。数学中的知识单元一般由若干个定义、定理、公式、法则等组成，它们集中地反映在一些基本问题、典型题型或方法模式中。许多其他问题的解决往往可以归结为一个或几个基本问题，或归结为某类典型问题，或者运用某种方法模式。

②强调数形结合，发展学生的几何思维和空间想象能力。数学形象直感是数学直觉思维的源泉之一，而数学形象直感是一种几何直觉或空间观念的表现。对于几何问题要培养几何自身的变换、变形的直观感受能力；对于非几何问题则尽量用几何的眼光去审视分析，逐步过渡到几何思维方式。

③凭借直觉启迪思路，发现新的概念、新的思想方法。从事数学发明、创造活动，

逻辑思维很难见效，而运用数学直觉常常容易抓住数学对象之间的内部联系，提出新的思路，从而发现新的内容与思想方法。

（2）猜想思维能力的培养。鼓励学生利用直觉进行大胆猜想，养成善于猜想的数学思维习惯。猜想是一种合理推理，它与论证所用的逻辑推理相辅相成。对于未给出结论的数学问题，猜想的形成有利于解题思路的正确诱导；对于已有结论的问题，猜想也是寻求解题思维策略的重要手段。培养敢于猜想、善于探索的思维习惯是形成数学直觉，发展数学思维，获得数学发现的基本素质。

常见的猜想模式有以下几种。

①通过不完全归纳提出猜想。这需要以对大量数学实例的仔细观察和实验为基础。

②由相似类比提出猜想。

③通过优化或减弱定理的条件提出猜想，可称为变换条件法。另外，还可通过命题等价转化为由一个猜想提出新的等价猜想，称为逐级猜想法。

④通过逆向思维或悖向思维提出猜想。悖向思维是指背离原来的认识并在直接对立的意义上去探索新的发展可能性。由于悖向思维也是在与原先认识相反的方向上进行的，因此它是逆向思维的极端否定形式。在数学史上，无理数、虚数的引进在当时均是极度大胆的猜想，曾经遭到激烈的批评和反对。非欧几何公理的提出是逆向思维的大胆猜测。由于乘法不满足交换律这个反常的性质曾使哈密顿感到很大的不安，致使他最终发现了四元数。康托尔的超穷数与集合论的思想甚至遭到他的老师的全盘否定。

⑤通过观察与经验概括、物理或生物模拟探究、直观想象或审美直觉提出猜想。

在现实世界中，对称现象非常普及。反映到数学中，对称原理也是随处可见的。尤其在描述、刻画现实世界中运动变化现象的重要学科——微分方程的理论中大显身手，即使在高度抽象的"算子"理论中也充分体现出了数学的对称美。在数学知识体系中，利用对称原理考虑、处理问题也是一个重要的思想方法。借鉴对称原理，笔者在研究微分算子的单边奇异性问题的基础上，首次利用对称微分算子研究讨论了两端奇异的自伴微分算子问题，然后再由对称情形——两端亏指数相等的情形推导出非对称情形——两端亏指数不相等的结论，而使得两端奇异的自伴微分算子的解析描述问题得到彻底解决。

（3）灵感思维能力的培养。通过研究数学史，结合心理学知识，人们总结出如下一些激发灵感的方法可供借鉴。

①追捕热线法。"热线"是由显意识孕育成熟了的，并可以和潜意识相沟通的主要课题和思路。大脑中一旦有"热线"闪现，就一定要紧紧追捕，迅速将思维活动和心理活动同时推向高潮，务必求得一定的结果。古希腊的大科学家阿基米德便善于追捕"热线"。

当罗马军队入侵叙拉古并闯入他家中时,他正蹲着研究画在地上的几何图形,继续追捕着他顿悟的数学证明。哪怕罗马士兵的宝剑刺到了鼻尖,他还坦然不畏地说:"等一下杀我的头,再给我一会儿工夫,让我把这条几何定理证完,不能给后人留下一条没有证完的定理啊……"。残暴的罗马士兵不容分说,便举剑向他砍去,阿基米德大喊一声:"我还没做完……"便倒在了血泊之中。他至死也不肯断掉头脑中的"热线"。

一旦产生"热线",有了新思想,就要立刻紧紧抓住,否则稍纵即逝。这正如苏轼所言:"作诗火急追亡逋,清景一失后难摹。"

②暗示右脑法。斯佩里的脑科学新成果表明,人的右脑主管着许多高级功能。比如右脑的音乐、图画、图形等感觉能力,几何学和空间性能力,以及综合化、整体化功能,都优越于左脑。因此,右脑主管着人的潜思维,孕育着灵感的潜意识。近几十年来,世界上许多心理学家、教育学家都相继把研究目光转向重视发挥潜意识的作用。保加利亚心理学家洛扎诺夫通过改革教学法的实验,得到用"暗示法"启发潜意识,调动大脑两半球不同功能的积极性,收到了良好的效果。

③寻求诱因法。灵感的迸发几乎都必须通过某一信息或偶然事件的刺激、诱发。数学及其他科学发现的大量事实表明,当思维活动达到高潮,问题仍百思不得其解时,诱发因素就尤为宝贵,它直接关系着研究的成功或失败。这种诱发因素的获得办法有多种,如自由的想象、科学的幻想、发散式的联想、大胆的怀疑、多向的反思等。

④暂搁问题法。如果思考的问题总是悬而难决;那就把它暂搁下来,转换思维的方向和环境,或去学习和研究别的问题,过一段时间再回到这个问题上,或不自觉地使你回到原题上,有时就会突然悟出解决的办法。"文武之道,一张一弛。"长期紧张地用脑思索之后,辅之以体育活动、文艺活动或散步、赏花、谈心、下棋、看戏、沐浴、洗衣等,有意识地使思维离开原题,让大脑皮层的兴奋与抑制关系得到调剂,才能有效地发挥潜思维的作用,促使灵感的顿发。

⑤西托梦境法。美国堪萨斯州曼灵格基金会"西托"状态研究中心的格林博士认为,一个人身心进入似睡似醒的状态时,脑电图会显示出一系列长长的、频率为4~8周的电波,科学家称这种状态为"西托",这种电波称为"西托波",而在西托状态中做梦常常会迸发出创造性灵感。这种"西托"式的梦境,只有在问题焦点明朗,思索紧张,以至达到吃不好、睡不着的程度时才易于出现。因此,并非一切"做梦"都能诱发灵感,我们应当创造条件,为"做梦"提供机会。

⑥养气虚静法。以"养气"使身心进入"虚静"(排除内心一切杂念,使精神净化),在"虚静"境界里,求得灵感的到来。这是中国古代提出的诱发灵感出现的成功方

法。"养气"要"清和其心,调畅其气",使自己心情舒畅,思路清晰,虚心静气。实践证明:采取练气功的方式可达到"养气"的目的。

⑦跟踪记录法。灵感像个精灵,来去匆匆,稍纵即逝,必须跟踪记录。应随身携带笔和小本子,只要灵感火花一现,就立刻把它捕获记下。

上述方法,如用之于数学学习中,我们的学习就不只局限于再现式的学习,它将引导你去取得创造性学习的成功;如用之于研究数学问题中,将把你的思考引向新的境界以获取某些新的创见。尽管灵感的生理机制和心理机制目前尚不清楚,但它确实存在,亦可捕捉。我们要学会捕捉它,从捕捉它的过程中,逐步掌握这种创造性的学习和思考的方法,逐步培养和提高自己的灵感思维能力。

(4)发散思维能力的培养。数学问题中的发散对象是多方面的。例如,对数学概念的拓广,对数学命题的推广与引申(其中又可分为对条件、结论或关系的发散),对方法(解题方法、证明方法)的发散运用等。发散的方式或方法更是多种多样,可以多角度、多方向地思考。例如,在命题的演变中可以采取逆向处理(交换命题的条件和结论构成逆命题,否定条件构成否命题),可以采取保留条件、加强结论,特殊化、一般化、悖向处理提出新假设等各种方式。对于解法的发散方式则可以采取:几何法、代数法、主角法、数形结合法、直接法或间接法、分析法或综合法、归纳法或递推法、模型法、运动、变换、映射方法,以及各种具体的解题方法等。

加强发散思维能力的训练,是培养学生创造性思维的重要环节。那么,怎样训练学生的发散思维能力呢?

①对问题的条件进行发散:对问题的条件进行发散是指问题的结论确定以后,尽可能变通已知条件,进而从不同的角度,用不同的知识来解决问题。这样,一方面可以充分揭示数学问题的层次,另一方面又可以充分暴露学生自身的思维层次,使学生从中吸取数学知识的营养。例如,求一平面区域的面积时,可将该平面图形放在二维坐标系中用定积分方法计算,也可以放在三维空间中的坐标面内,用二重积分、三重积分解决,还可以用第一类曲面积分知识、格林公式解决。

②对问题的结论进行发散:与已知条件的发散相反,结论的发散是在确定了已知条件后,没有固定的结论的情况下,让学生自己尽可能多地确定未知元素,并去求解这些未知元素。这个过程是充分揭示思维的广度与深度的过程。

③对图形进行发散:图形的发散是指图形中某些元素的位置不断变化,从而产生一系列新的图形。了解几何图形的演变过程,不仅可以举一反三,触类旁通,还可以通过演变过程了解它们之间的区别和联系,找出特殊与一般之间的关系。

④对解法进行发散：解法的发散即一题多解。

⑤发现和研究新问题：在数学学习中，学生可以从某些熟知的数学问题出发，提出若干富有探索性的新问题，并凭借自己的知识和技能，经过独立钻研，去探索数学的内在规律，从而获得新的知识和技能，逐步掌握数学方法的本质，并训练和培养自己的发散性思维能力。

第六章

高等数学教学方法探索

第一节 分层教学方法

在大学数学教学中应用分层教育模式的主要目的是减轻学生的学习压力，促进学生对该领域基础知识的掌握，极大地提高学生的抽象逻辑思维能力。因此，作为一名数学学科教师，应将分层教学法视为一种教学组织形式，充分发挥这种教育形式的作用。

一、分层教学方法的含义

分层教学方法是以素质教育的要求为出发点，面向全体学生，认识学生的差异，转变综合教学法，以人才为本，培养多特点、多层次的人才的教学方法。分层教学方法最大的特点就是针对不同层次的学生，最大限度地为他们提供"学习条件"和"必要的、全新的学习机会"。

采用分层教学方法，目的是使每个学生都得到激励，尊重其个性，发挥其特长。此外，在班级授课制下采用分层教学方法，对于不同学习程度的学生能力的增长具有积极意义。

二、分层教学方法提出的理论

分层教学方法的提出，主要源于以下四个基本理论。

第一，国内孔子的"因材施教"思想和国外有差异教学的理论，即将学生的个别差异视为教学的组成要素，教学从学生不同的基础、兴趣和学习风格出发来设计差异化的教学内容、过程和成果，促进所有学生在原有水平上得到应有的发展。分层教学方法正是基于这两种理论，在现有教学软、硬件资源严重不足的情况下，对现代教育理念进行完善和补充。

第二，心理学表明，人的意识总是从表层到深层，从外到内，从客观到抽象，从简单到复杂。分层设计是在分层教学中适应学生认知水平的差异。根据人类认知规律，学生的认知活动被划分为不同的阶段，在不同的阶段执行与认知水平相对应的教育任务，并逐步在更高的层次上理解所学的知识。

第三，教育学理论表明，由于学生的基础知识、爱好、智力水平、潜在能力、学习动机、学习方法等不同，接受教育信息的状态也不同，因而教师必须从实际出发，因材施教。学生应根据自己的才能，循序渐进，使不同层次的学生都能在初级阶段学习和获得知识，实现进步。

第四，人的全面发展理论和主题教育思想都为分层次教学奠定了基础。随着学生自主意识和参与意识的增强，以及现代教育越来越强调"以人为本"的价值取向，学生的兴趣爱好和价值追求，在很大程度上左右着人才培养的过程，影响着教育教学的质量。

三、分层教学方法的构建

（一）构建分层教学方法的重要性

在大学数学教学中，积极构建分层教学方法有多方面的积极意义。

1. 能够提高学生的学习兴趣

实施分层次教学，对非理工类专业的学生降低教学难度，有利于其学会高等数学的一些基础知识，发现学习数学的趣味所在；对于理工类专业的学生，加大高等数学的学习难度，可以避免他们由于感到学习内容过于简单而丧失学习积极性的弊端。各个层次的学生都能更加认真地学习高等数学的课程，发现学习乐趣，提高学习水平和学习兴趣。

2. 能够提高教学质量

学生水平参差不齐，以致在教学中难免出现左右为难的尴尬局面。在实施分层次教学以后，教师面对同一层次的学生，无论从教学内容还是教学方法方面都很容易把握，教学质量自然会有所提升。

3. 能够实现因材施教

教师可以根据不同层次学生的数学基础和学习能力，设计不同的教学目标、要求和方法，让不同层次的学生都能有所收获，提高高等数学的教学、学习效率。教师在课前能够针对同一层次学生的情况，做好充分的准备，有针对性、目标明确，这就极大地提高了课堂教学效率。

（二）构建分层教学方法的措施

在构建分层教学方法时，可以采取以下两种有效措施。

1. 合理分级

随着高校规模的扩大，我国最初以一本院校的招生方式招收学生，但一些高校和重点大学也吸引了大量的二本成绩的学生。此外，部分高校还存在混录现象，这导致学生录取分数的差异增加。相应地，分层教学模式的应用将符合当前学生学习的实际，这样发展高等数学教育将更好地体现教学模式的契合性和科学性。当然，在分层教学模式中，主要任务是对学生进行合理的排名。为确保评分有意义，需要结合学生的录取分数和学生的资源，根据学生的选择进行参考。录取结果分级，有利于调动学生的学习兴趣和发人深省的学习主动性。同时，引入合理的竞争机制，实际上可以提高学生的学习欲望，进而提高学生的整体学习效率。

2. 确定恰当的分层目标

在构建分层教学方法时，确定恰当的分层目标是十分重要的。一般情况下，对学习能力强的学生不应过度限制，要激发学生的学习潜能，以免限制学生在高等数学方面的进步。面向低水平的不同专业方向的学生，必须做好充分的准备，尽可能地为他们提供数学知识，使各级学生都能理解数学的价值、作用和应用，理解数学的思维方式。

从理论上讲，教育水平和教育目标的分级越准越好，但考虑到我国大学学生人数众多，教学组织管理和合理使用存在问题。因此，可以从教育来源划分实际分层。

第二节　宏观数学方法论与数学教学

数学发展史是全人类社会科学技术发展进程当中的构成部分，数学进步的动力之源和社会实践与技术进步的客观需要存在着密不可分的关系。因此，数学科学发展规律能够在数学发展的诸多材料当中通过归纳总结获取，能够从探索人类智慧的进程当中通过分析获得。撇开内在因素，数学发展规律可以被纳入宏观数学法的范围。

宏观数学法涵盖的内容很多，主要有数学观、数学心理、数学史、数学家等内容。很多人认为，上面的问题和数学教学的关系不够突出。但事实并非如此，本章将就上述内容和数学教学的关系进行一定的讨论。

一、数学观与数学教学

数学观可以被归入教学哲学的范围。

数学在本体上具有两重性，内容上有着明确的客观意义，是思维对客观世界的能动反映。从本质上看，不管是哪一个数学对象都有其现实原形存在，因而数学是人们发现的；从数学形式上看，数学不是客观世界真实存在着的，属于思维创造物，因而数学是人们发明创造而来的。

（一）数学内容的客观性与数学教学

在我们的生产生活实际当中，很多问题都能够向数学问题转化。换句话说，利用数学能够解决大量生活实际当中存在着的问题。就拿经济领域来说，收入、人口、国民经济产值等内容的研究无一不需要运用数学来完成。在我们生活的现实世界，上面的一些问题随处可见，数学从现实世界当中抽象而来，同时又在现实世界中进行应用。总而言之，数学的高度抽象性，决定了其应用的广泛性。

数学具有精密性及实验性的特征。在波利亚看来，数学是一门具有两重性特征的学科，既是演绎科学，又是归纳科学。所以，数学教学当中也要展示出数学的两面性，让学生得到综合全面而有系统的数学教育指导。

因为数学内容客观性的存在，强调我们的数学教学要尽可能地联系实际，引导学生感受数学的现实性，感悟数学的价值，这对于提升数学兴趣和增强学习内驱力，认识"数学也许对'我'是无用的，但是离开数学学习，'我'则是无用的"将有很大帮助。

数学教学不只是解题训练，数学教师必须改变传统的教学观，在数学教学当中紧密结合学生的生活，让学生不再局限在数学公式定理的推理方面，而是要引导学生加强对实际问题的认识和研究，让他们发现生活当中无处不在的数学元素，体会数学应用的乐趣。

我们的生活中有很多问题和数学都存在着紧密的联系，学会将生活中的问题转化成数学问题，之后借助所学知识解决问题，才能够真正提升数学教学效果。而且，这样才算是科学化的数学教学，其效果更为突出，更胜于题海战术和机械性地记忆。这是因为把生活中的问题转化成数学问题，需要应用数学的思想、数学的方法去思考和分析问题，是一种创造性思维的工作，它显然要比让学生直接在题海中学习数学的解题方法更能发挥数学的教育功能，不仅能形成和发展学生的数学品质，还能培养学生的一般科学素养。

（二）数学形式的创造与学生能力的培养

数学形式是人们在认识与把握数学本质的前提条件下创造而来的。从数学产生之日开始，人们就步入了不断创造符号、构建模型及预演的轨道。这样的创建不仅让数学理论迅速发展，还让整个人类科学的发展速度大幅提升，促进了人类文化的繁荣。站在这一角度上看，数学教学应该让学生亲身体验数学形式的发明创造过程，让学生亲自投入到数学建构活动当中，让学生的创新思维及创造力得到有效的培养与锻炼。

数学教学应该让学生体验数学抽象语言建构的进程，关注学生的学习过程，而不是直接告知学习结果，否则会让学生的思维受到限制，降低他们思维的灵活性和创新力。正确的做法是要激励学生大胆地进行再创造，在考虑学生能力水平的前提条件之下选用恰当的教学材料，优化教学设计，改进教学指导。要为学生积极创造机会，创设能够让学生再创造的教学情境。关注学生创新思维和创造力的培养，教师需要将情境教学法作为重要的教学策略，为学生提出实际问题，鼓励学生身临其境地应用已学知识完成创造出新成果，更加科学高效地解决好现实问题。

（三）数学知识的两种形态与数学教学

1. 数学知识的两种形态

传统数学教育观给出的观点是：数学知识是用数学术语或公式符号进行表达的一种系统性知识，在形态上具备程序化和陈述性的特征，而且显性特点非常鲜明，属于定型化的知识。于是，我们常常将这类知识叫作数学显性知识或显形态。受传统教学观影响的数学教师在开展一系列教学活动时会想方设法地让学生记忆数学知识，同时为了扎实记忆，常常让学生投入题海当中。在学生的数学学习生涯当中，开展一定量的数学练习是非常重要的，但是将学生局限在题海当中，会制约学生能力的发展。

科学数学观给出的观点是：数学知识包含显性和隐性两种知识。显性知识能够用数学公式、术语等方法进行陈述，使其拥有陈述性、系统性及程序化的特征，同时带有社会化的性质；隐性知识形成于人的数学活动过程之中，有些时候无法用语言文字或者数学符号进行表达，而这类知识是潜移默化且不具备系统性的，但具有过程性的动态性特征。

也有一些人把显性知识称作结果性知识，将隐性知识称作过程性知识。

要想保证显性知识能够生存，必须把隐性知识作为根本依靠，隐性知识支配数学活动，且能够为显性知识的发展提供指导。只有当隐性知识转化成为显性知识之后，才会带有社会化与公开性的特征，才可能实现沟通传递及保存传承。可以说，显性知识实际上是隐性知识升华的产物。

隐性知识与人们日常实践活动及思想观念的亲和度高，这是因为隐性知识是学生在学习活动和特定情境当中收获的体验，包含着不可言传或者潜意识层面的个性化理解与感知，对于广大学生来说是鲜活和富有生机的。

上面提到的内容是对数学两种形态的第一种分析。对于数学学科的未来发展而言，下面的这一种分析更为重要，也就是将数学划分成学术和教育形态。

在此处存在着一个故事，古希腊的著名哲学家，也是数学家托勒密为制造弦表证明了托勒密定理，也就是圆内接四边形对边乘积的和等于两条对角线之积。按照古希腊传统，托勒密只是对定理和证明进行了展示，没有写发现过程。于是笛卡儿既诙谐又辩证地说：古希腊哲学家并不是轻视发现过程，而是过于重视，以致不愿意将其公布给世人。阿贝尔特别不满，于是将高斯作为出气筒，说高斯就像是狡猾的狐狸，一边走一边用尾巴抹掉足迹。

如果进行认真细致的分析，我们很容易发现导致以上问题产生的原因有多个。当一个人将注意力集中到一个难题的探究过程当中时，通常会把注意力放在事情本身的进展方面，不会把精力放在其他方面。再说，很多难题的攻克、重要的发现，有些时候是灵感产生的结果，无法准确说明是如何发现的。突破关键之后，要将推理过程进行记录整理，而这一过程可能会耗费很长时间，因此，就不会再有精力对发现过程进行反思和说明。

更重要的一点是，数学通常是不关注主题外其他内容，强调给出的见解必须要简练而严谨。哪怕是在故事当中挖苦高斯的阿贝尔，他在发表的五次方程没有根式解的数学论文当中论述的内容也只有六页而已，整个推理过程非常简单凝练，使得很多权威学者，包括高斯都不能有效理解其中的含义，而这实际上就是重结果轻过程的思维理念影响导致的。

总之，为适应整理、记录、成报、发表等一系列的需要而出现的数学学术形态，至少要具备以下几个特征。

（1）按照从定义到定理再到证明的程序，顺应演绎推理需要进行呈现，实现环环相扣和满足严谨性的要求。

（2）用通俗易懂的数学符号语言进行系统性表述，具备规范性及标准性特征。

（3）省略显然推理及命题证明，有的仅是简练概述，凸显数学简洁之美。

（4）去除复杂背景论述及探究猜想过程的交代，具备纯粹性的特征。

总结起来，其特征主要体现在严谨、简练、规范、纯粹这几个方面，便于呈现出来的内容可以有效地满足审查、检验、印制与沟通的需求。

就数学教材而言，在编写教材内容时，为降低学生的理解难度，于是用很多方法对教材内容展开了处理。例如，简略叙述背景、系统性地进行内容编排、详细论述证明经过等。但受到很多因素的限制，数学教材还不能脱离学术形态的诸多特征，尽管已经带有了很多教育形态的特点。

就像是人们不仅要看剧本小说，还要看电影和看戏，数学学习不仅要学习数学知识与技能，还需锻炼数学思维、探究学习策略及完善学习品质。所以，数学知识教育形态的形成与建立就显得非常必要，其特征主要体现在以下几点。

（1）依照提出问题、探究问题、猜想结论、证明结论的顺序，遵循归纳演绎的要求，用多样化的方法呈现，使其带有构建性和返璞归真的特点。

（2）带有必要背景知识的叙述及情境营造。

（3）揭露渗透及应用数学方法论，注重为学生提供亲身经历和体验知识产生发展过程的机会。

（4）在确保内容的科学性的前提下，运用下面的方法进行表述：①利用通俗易懂及形象直观的日常用语，即只是利用必要符号进行表述。②利用声明可证法或者扩大公理系统的方法，省略烦琐的命题证明，给予必要和合理化的解释。③必要数学证明必须要标准和详细。④构建系统性知识网，避免出现断路拆桥的问题，降低学生理解的困难度，缩短划归过程。⑤针对复杂度高或者原始性的数学概念，利用淡化形式和重视实质的方法在应用过程当中把握概念。

显而易见，这些特征主要因"教学的需要"而形成，充分反映了正确的数学观和科学的数学教育理念。而我们也可以通过对特征的分析看到，教育形态和学术形态之间既有差异，也有一致性的表现。

2．科学数学观指导下的教学原则

为了保证数学教学活动的顺利实施，首先教师需要对数学教学进行科学化设计，为学生营造有助于学生获取隐性知识的教学情境。这是因为数学显性知识和人们的活动与观念存在一定程度的偏离，隐性知识和人的亲和度更高。在这样的根基之上，引导学生将自己个性化的数学隐性知识转化为数学的显性知识，是因为显性知识的公开性与社会性特征更加有助于交流表达和应用。数学教学活动应该助力学生有目的和分步骤地完成数学任务，让学生在活动中提升数学意识。其次，教师必须对数学活动的复杂、多样及动态化特点进行理解与把握。正是因为这些因素的存在，教师必须做好教学设计，站在宏观层面上进行把握，并加强引导，启发升华。

精心设计，主要强调为学生创造有助于经历数学化与再创造过程的情境，进而培育学生的数学意识，令学生明确学习目标，也让学生的整个学习过程得到优化和改进。

宏观层面上的把握对教学设计提出了要求，这要求教学设计需要有助于学生隐性知识的产生，教师要善于放手，给予学生自主权与主动权，保证学生实现真正意义上的课堂参与，让学生的主观能动性得到体现，丰富学生的自我学习成果。

加强引导主要强调的是为学生打造探究、合作的学习平台，培育学生的反思能力、归纳概括能力、表达能力等，为学生将隐性知识转化成显性知识提供重要载体；促使学生养成注重反思、加强体验、把握规律等良好习惯，让学生可以真正感受到数学学习的乐趣，丰富学生的成就感。

启发升华要求的是利用学生主体参与的方式展示思维过程，而教师则结合发现的问题、缺陷与优势等进行巧妙点拨，弥补学生的不足，发扬学生的优势，促使学生把教育形态知识转化成为学术形态知识。

二、数学美在数学教学中的指导作用

数学用特有语言构建了特有的数学形式，而这样的形式通常有冰冷面具，遮住了数学本身的光华。而学生认为，数学是用冷酷无情的法则统治的产物，理解难度大，更不容易接受。数学教学要能够揭开冷酷的面具，挖掘数学中美的因素及有趣的方面，让学生可以感受数学美，并且主动地对其进行鉴赏，为学生营造愉悦宽松的情境，促使学生受到美的感染，进而启迪学生的心灵，让原本枯燥单调的数学符号、公式、概念等内容，转化成为令人神往的财富，刺激学生对数学学习产生浓厚兴趣与探索的主动性，从而把握数学美学的方法，挖掘数学美育的价值，让数学教学事半功倍。

（一）数学教学要引导学生审美、赏美

数学美是数学对象与数学方法在人们头脑中的能动反映。数学活动实际上是心智活动，从本质上看就有理性审美的需要，数学的内容、结构方法等方面都有自然或创造的美，数学美生动、奇巧，引人入胜。事实上，在日常的数学学习和探究活动当中，我们常常能够感受到习题解法简化了，就会觉得做了一件漂亮的事，也就是说，会认为它是美的。

在具体的数学教学环节，应该将数学美进行明确表示，让学生带着科学的审美观点去看待数学，加强对数学的理解，更好地应用数学。数学当中蕴含着无穷的魅力，有着让人入魔的趣味性，而这些都是因为数学美。在数学教学当中，应该引导学生主动发掘数学当中蕴含的美。学生数学能力的提高，在很大程度上是追求数学美的宝贵成果。著名的数学家莫尔斯曾经说过，数学中的诸多发现与其将其看作逻辑问题，倒不如说数学发现是神功驱使。这样的力量没有人懂，但是对美的不自觉追求起着积极的促进作用。

数学审美心理要求人们能够具备一定的审美意识，涵盖审美情趣、感受、观念、能

力、理想等诸多内容。如果将审美情趣进行层次划分的话，具体可以分成四层，也就是美感、美好、美妙和美觉。

数学始终追求的目标是从混沌当中发现秩序，将经验升华成规律，将复杂还原成基本，在丑当中发现美和感受美。

（二）以美激趣、由趣生爱、因爱而索

在开展数学教学时，促使学生在学习活动当中领略数学美，能够刺激他们产生学习兴趣，提高他们的学习内驱力及创造性。要让学生在学习数学的同时收获愉悦轻松的良好感受，提高鉴赏能力，促进学生自主发展。依靠一般数学教育是无法达到上述要求的，这就需要数学教师充分挖掘数学当中的美，发现其中的趣味性因素，指导学生对数学美进行深刻地感悟与体验，让学生可以感受数学的魅力，体会数学的乐趣和感悟方法的精妙。

三、数学史、数学教育史对数学教学的影响

不管是数学还是数学教育，抑或是其他科学，都有其发生发展的过程。尽管数学教师肩负着数学教育的责任，但从始至终都不可以脱离对数学形成发展与数学教学整体规律研究的背景。换句话说，在进行教学实践时也要从这个背景当中探寻教学材料，优化教学设计，深层次地探索创新性教学思路，同时适当学习与借鉴他人的教学经验，以便促进数学教育的改进与完善。

纵观我国大量的数学教育家，包括数学特级教师，或者是在数学教育领域做出了诸多贡献的人，都是在了解历史上的数学家、数学教育及同行的成果后确立自身对某一问题的切入点及方法的，最终建立了带有自身特色的教学法，形成了特定的教学风格，展示出自身在教育方面的独特见解。

（一）史学分析法对数学教学的影响

在进行数学课题教研时，从数学发展史当中探寻教学设计灵感，进而研究教学目标与方法，就是史学分析法。

史学分析法的实施，先要搜集大量和数学研究课题有关的素材，接下来对这些素材展开细致深入地研究与分析，从他人工作或成果当中吸取经验教训，确定自身解决问题的突破口，找到着力点，顺利突破数学问题和完成数学课题研究。所以，史学分析法是历史经验归纳法、综合分析法的结合，从本质上看是经验总结和理性的统一体。

著名数学家波利亚在他创作的诸多著作当中，反复提及的观点是数学具有演绎与归纳这两个侧面，而这样的观点也揭示出数学科学是演绎和归纳的一个综合体，并表明应该运

用辩证的方法分析数学理念,这样才算辩证科学的数学观。数学当中的每个概念都有各自发生、发展的过程,研究这些数学概念的发展史,能够让数学概念的教学更加生动,同时可以确保教学活动的展开与数学规律相符,与学生的认知和成长规律相符,让学生迅速理解,并且应用好所学内容。

(二)数学史料的教育价值

在人类文明的发展历史进程当中,数学的发生发展历史也是其中不可缺少的一个组成部分,闪耀着理性的光芒,而这样的理性精神推动了数学进步,也丰富了人类社会文明。

将数学史料当作重要的材料,恰当地揭示知识产生发展的过程,能够改变学生对数学的认知,让学生不再觉得数学是冰冷无趣和枯燥的,让学生在分析和学习数学史料的过程中拥有更加强烈的数学求知和探索的动力。

引导学生掌握数学史料内容,可以让学生对数学产生发展的背景进行有效把握,不单单能够调动学生学习数学的兴趣,还能够改变学生以往片面或错误的认识,让学生意识到数学并不是没有来源的,数学就在我们的身边,生活当中处处充满着数学的身影。这样学生就不会再将数学当作神话学科,从而揭开了数学神秘的面纱,让学生可以更加深入地解读数学的奥秘。

(三)数学家的故事与数学教学

数学发展有特定的客观背景,但数学的进步和数学家的努力追求有着不可分割的关系。数学家在数学探究当中执着不懈,面对挫折越挫越勇及不懈追求的故事,可以帮助学生在面对数学学习中的难题时秉持正确的态度,增强数学学习的自信心,进一步锻炼学生的探索能力,让学生可以找到学习榜样,在榜样力量的引导下受益匪浅。

(四)数学教学经验对数学教学的影响

数学教学是一门技能、科学,同时还是一门艺术。

如何把握及灵活运用好教学方法与技巧,怎样提升教学的艺术层次和境界?怎样让教学工作朝着科学化的方向发展,形成带有个人特色的教学风格?这些问题思考起来非常复杂,在实践当中也存在着诸多难处。但是,只要具备成为数学教育家的抱负和志向,怀着积极的态度、强烈的兴趣,拥有浓厚的自信心,坚定不移地发挥数学教育功能,将职业当作事业,脚踏实地地做好每件工作,虚心学习和借鉴他人宝贵的教学经验与财富,加强对自身教学的反思,刻苦钻研教学哲学、方法论、教育理论,参与教育实验,并整合自身个性特征,创新形成自己的教学方法,突破照抄照搬和生搬硬套的窠臼;在教学结束后总结得失,勤奋探索,开展哲学思考,加强与他人的合作互动,用研究性的态度对待数学课程，坚持不懈地做下去，就一定会看到成功和胜利的曙光。

四、数学学习心理与数学教学

数学学习应该是主动接纳的学习过程，需要转变被动的学习状态，顺利地完成知识体系的主动构建。数学知识与技能的获取并非一个迁移和继承的过程，应该将实践操作与沟通互动作为基础，利用反思总结的方式完成主动建构知识体系的过程。这实际就是建构主义数学学习观，也被称作数学学习的心理方法，在数学教育的创新发展方面起着导向性的作用。

（一）数学学习建构学说

建构主义数学学习观可以被归入宏观层面的数学方法论当中，也是一种数学学习心理方法，而该方法涵盖以下几种重要的学习观念。

1. 数学学习活动是一个"内化"的过程

数学学习心理反映的是学生学习数学进程当中的心理活动，既与数学特征相关，还和一般认知过程有着密切的关系。

第一，和数学形式化有着密切关系。数学理论知识有着明显的抽象性与概括性特征，而且数学学科当中理论的抽象与概括性明显高于其他所有学科。抽象与概括的过程，实际上也是知识内化的过程，利用符号化、同化或者顺应等方式实现。

第二，和数学的严谨性特征有着密切关系。数学的严谨性特征要求结论的获得一定要借助推理论证的方式证明才能够得到肯定，而严谨结论展示在学生面前时因为略去了发生、发现过程，变得非常突然和生疏，也因此让学生在学习方面感到困惑。所以，学生在探索和把握数学符号化与形式化的过程中，要有教师耐心细致地指导，特别要依靠教师合理设置的教学情景，让学生可以亲身经历与体验发现知识过程，从而顺利地完成内化，之后再转变成外化。"整个过程"是指导学生深入思索与理解的过程，也就是说，数学形式化教学能够帮助学生内化知识的情景，确保数学本质的还原。

2. 数学学习是一个主动建构的过程

原有的数学知识、经验是新的数学知识建构的基础。新教授的数学知识的内化与建构需要经历四个形态变化，分别是图式、同化、顺应及平衡，同时还需要学生的感知、消化与创造，最后才可以进入学生的认知结构体系当中，达到掌握的程度。整个过程主要是学生身心方面的变化，所以必须要有学生的主体参与，不能够由其他人替代。主体参与并非只是动口与动手，关键是要将思维活跃起来，将动手与动脑进行整合，主动探索数学问题，借助多元化的数学思想方法，完成总结分析，得到新的问题与成果。数学教师则需主动为学生营建有助于学生主动建构知识体系的良好环境。就学生而言，要在教师的领导及良好环境的支撑之下，发挥主体作用，掌握学习策略，收获理想的学习效果。

3. 数学建构过程是一个不断发展深化的过程

数学发展深化依靠严格的定义及严密的逻辑推理，学生依照原有图式同化或者顺应新知识，就要通过动脑加工的方式完成新图式的构建，而获得的新图式通常会带有学生自身的特色，而且获得的认知不一定是完整及准确的，极有可能出现不足与失误。利用数学练习和应用等方式找到失误，弥补不足，利用反例检验知识，加强感悟，这是建构、反思到再建构的过程，只有经历了这样的过程，才可以确保认知结构准确，促进建构活动继续推进。

4. 数学建构活动具有社会性

学生数学建构的学习过程需要学生独立完成，不能由其他人代替，尽管如此，还一定要有特定的社会环境。在社会环境当中，我们先看到的是由师生构建的学习共同体，其次，也需要看到家庭、学校、社会等领域对学生开展认知活动带来的影响。这样的影响通常是在沟通、竞争、询问等过程当中实现的。

5."建构"与"理解"

学生对教师传授或者学生从教材当中获得的知识需要经历理解或消化的发展过程。在建构学说的指引之下，理解或者消化的含义是非常深刻的，不仅是弄清教师教授或者教材当中给出的数学知识，而且要依靠学生自身的知识经验给出解释，进而和学生自身认知结构衔接起来，让新材料在学生大脑当中收获特定的意义。一旦与自身已有的知识经验建立了联系，那么学生就会产生学会和理解的感觉。这样的感觉，事实上就是理解较高层次的体现。

6."掌握"的特征

学生是否真正意义上掌握了数学知识，知识建构的效果是怎样的，主要体现在是不是可以给其他人讲得清楚明白，让他人理解。这是试金石，同时也是掌握知识、构建认知结构体系的根本特点。这就是助人者会获得更大帮助的理论根据。

（二）数学建构学说下的基本教学原则

1. 主体—主导原则

数学学习的过程是学生主动构建的过程，学生是整个学习活动的主体，所以在具体教学环节，必须确立学生的主体地位，以便更好地彰显学生的主体价值；学生想要获得数学知识技能，丰富数学思想方法，一定要经历感知、消化与改造的演变过程，最终保障这些知识和学生自身的认知结构相适应，还可以实现真正意义上的掌握与理解。但是整个过程不能让学生过于随意，必须要让学生在教师的科学引导之下开展学习活动，发挥教师的主导作用，让教师扮演好设计者、组织者、参与者、评估者等诸多角色。学生主体要借助教师指导给出的有力保障与支持，但不可以过于依赖，要充分发挥主观能动性，完成教师指导下的自主建构，实现自主学习。

2.适应—创新原则

众所周知，数学知识的学习和学生的经验及数学思维能力存在着紧密的关系，但该学习多少知识，学习怎样的知识，却不应该依据年龄"定量"分配，因为这种"相关"不是线性的。根据同化、顺应、平衡原则，数学学习内容不可以难度过小和数量过少，必须有一定难度与数量的数学新知识，只有这样才能够刺激学生产生学习好奇心和探索求新的内驱动力。就数学复习而言，不能只是单纯意义上的重复，也不可以利用煮夹生饭的方法，应该变换角度，纵横变化，让学生在复习过程当中也可以收获新鲜感，获取新感悟。过于陈旧和简单的数学学习素材会让学生产生抵触的学习情绪，难以促进学生学习意志力的提高和其他优良学习品质的培育。

3.教—学—研协调原则

结合认知建构原则的要求，教师组织的教学活动，师生与生生互动沟通的目的均是想要让学生收获丰富的感悟，帮助学生建构知识体系。给予高质量和充足数量的数学信息，调动学生的各个感官，实现各个感官优势功能的发挥，促进学生知识加工与消化的进程，合作、探究性学习等都属于教、学、研协调准则的直接体现，也是建构主体性和社会性相整合的表现，能够从宏观层面上发挥学习共同体的作用。

从一定角度上看，数学学习需要重现人类对数学的建构过程，但是运用过于简单便捷的方法，无法让学生直接获取与消化吸收，必须利用师生与生生互动的方式，利用反思、检验、创新、优化、发展等方法达到真正意义上理解和把握的程度。

4.问题—解决原则

为了提高数学建构的有效性，必须坚持问题—解决原则，要将列出问题作为起点，甚至是把思维失误当作开端，引起概念、理论和实践、必须和可能等方面的矛盾与冲突，从而获得新知识与新方法；之后，再借助学生的自主探索与创造，借助社会建构干预的方法解决问题；接下来利用反思实践的方法提出新疑问，步入下一轮的问题解决过程中，形成一种实现良性循环的良好学习局面。

5. 个体—共同体认知一致性原则

学习的过程应该是学生作为学习主体主动建构的过程，而每一个学生都是差异化的个体，他们在建构方面有着各自差异化的特点。但依照生物发展规律来看，个体认知在一定程度上重复着共同体认知的过程。所以，个人知识建构一定会有某些人类共同特点存在。换句话说，假如教师将数学教学返璞归真，也就是依照数学发生发展过程优化教学设计的话，很容易让学生轻松理解与掌握，这符合学生的建构规律，也遵循了数学发展的过程。在这个过程当中，个体和共同体存在基本一致性，但我们也不排除有变异与创新情况的存在。

6. 优化—创新原则

学习是一种发展的过程，也是观念持续演变的过程。事实上，知识就是某种观念。所以，知识是不能够传授的，而在其中传递的只是信息而已。学生对传递的数学信息进行观念上的研究整合，开展选择性的接收与加工活动。所以，将阶段性总结作为经常性的一种学习活动，厘清知识间的内在关联，压缩信息及进行信息编程，可以更好地在大脑当中储存信息，建立及优化认知体系。比方说，在解完一道数学题之后，不是立即停止，而是进行一定的反思，将有价值的数学问题及解决方法变成一种思维模块，然后在大脑当中储存起来，进而在有需要之时迅速检索和提取，让学习到的知识技巧得到有效应用。另外，认知处在发展与深化的进程当中，所以学生的认知结构也是逐步发展和重构优化的。在整个进程中，学生改变思想观念，开展创新学习，有助于优化学习质量。

第三节　微观数学方法论与数学教学

微观数学方法包括的内容非常丰富，主要有合情推理法、数学模型法、形式逻辑推理法、一般解题法、辩证推理法等。微观数学方法有很强的可控性，同时具备操作方面的优势，能够对学生的学习活动进行有效指导，可以为学生思维素质的完善提供辅助工具，也可以促进学生优良数学品质的提升。

一、观察、实验与数学教学

观察和实验在科学研究当中有着非常广泛的应用，能够为科学知识的归纳、科学研究的获得提供有效路径，同时也能够为科学理论的形成奠定坚实的基础。

数学学习的研究对象是形式化思维素材，虽然来自经验，但是经历了抽象处理的过程。非物质对象可以开展观察与实验吗？大量的教学实践和相关研究证明，该问题的结论是肯定的。这是因为数学系统符号化事实上属于物化，同时还付诸研究对象所有的信息资料，进而导致数学在研究与表述当中应用的符号、图形等形式变成了数学对象的替身，而这些可以真实看到与触摸到的东西，就是观察与实验的对象。不过，数学中的观察实验和其他科学实验的差异还是存在的。

通过对传统的数学教育模式进行研究，可以发现其存在着一个明显弊端，那就是没有注重观察和实验，而是把关注点放在了培养逻辑思维与计算等能力上。现如今，随数学研究与教学手段创新改革的推进，尤其是计算机设备和多媒体技术在数学教育领域的大范围推广，将观察和实验引入数学教学当中是至关重要的，同时通过发挥观察和实验的优势作用，能够让数学教学与学习活动更加高效。

（一）观察、实验对数学学习的意义

学习数学应该特别关注数学活动，把活动当中的观察和实验当作重点，培养站在数学视角观察事物的意识与习惯，获取个性化的活动经验，并有效借助所学知识解决实际问题，增强学习的兴趣与动力，树立强大的学习自信心。

在教学活动中指导学生不断丰富知识经验，强调的是教师除了要让学生把握数学概念，掌握数学运算方法，理解数学理论与表达方法，更为关键的是，要让学生自主投入观察和实验当中，让学生对上面的这些知识与经验拥有个人独特的见解与认知。

实际上，纵观整个数学发展史，数学家之所以能够获得成功，为数学发展做出举世瞩目的贡献，其中一个非常重要的原因就是这些数学家注重观察和实验，并在这一过程当中进行主动的发明发现。所以，最佳学习法是自主发现，观察和实验对数学学习意义重大。

（二）观察与实验在数学教学中的应用

观察、实验方法在数学中的应用可大体分为两个层次。第一个层次是利用观察和实验的方式猜想进而实现发现。第二个层次是利用观察与实验的方式探寻解决实际问题的方法。在教学环节，利用观察与实验策略，能够增强学生的知识认知，让学生更加轻松有效地获取方法。

数学观察和实验的应用领域主要体现在观察生活中的数量关系、空间结构等方面。比如，观察几何图形不同元素之间的位置，并亲自动手实验，从而领悟出数学上的结论，并将其表述成为命题。无论是数学的技术教育，还是文化教育的功能都在这个过程中有所

体现。

利用观察探寻的特点，找到解决问题的着力点和突破口；利用观察和已有方法之间的关联，或者是观察已知和未知之间的关系解决数学问题等均属于观察在数学解题当中积极作用的体现。引导学生主动利用观察和实验法投入数学素材的加工处理当中，能够激发学生的主动性。

随着现代科技的全面进步，数学实验的价值开始变得直观具体。以往只能在想象当中做到的事，如今能够在数学实验室当中轻松完成，同时很多悬而未决的难题也有可能在数学实验方法的支持下获得突破。比如，四色问题，在数学中能够被划归成1936个情况，而每个情况的证明都能够转化成数学逻辑判断，能够用计算机完成操作。不过计算机证明一直到今天，都没有得到广泛意义上的认可。

数学实验能够利用计算机给予的数据、图像、动态表现，获取更多观察试验与模拟机会，以此为根基，能够出现顿悟与直觉，构成数学猜想，之后借助演绎推理的方式完成猜想证明和真伪的判断。

（三）观察、实验与数学证明

数学证明指的是把定义、公理、定理等当作出发点，利用形式逻辑演绎推导获取结论。在数学教学当中的定理有很大一部分是利用观察与实验猜想的方法获得的，而要成为定理就要经历非常严密、严格的证明。其原因主要有以下几个方面：

第一，观察与实验对象仅是数学研究对象的替身，不是本身。第二，观察与实验一定会有误差存在。第三，观察与实验运用到的素材是非常有限的，只可以获得特殊命题，而一般命题必须利用证明方法获得。在数学当中，观察实验及实践操作不存在证明价值。

就数学教育而言，数学本身的特点决定了观察实验等数学活动，也只有启迪发现、促成猜想的作用，认为它可以代替证明的想法和做法都是错误的。

二、合情推理与数学教学

合情推理统指归纳、类比、联想等思维与推理过程。历史学家分析史料、律师分析案情、经济学家统计推理、物理学家归纳证明等都是合情推理的范畴。数学证明属于演绎推理，该推理具备可靠性和不可置辩性。合情推理则存在风险性及争议性，不具备持久性。

（一）合情推理在数学中的意义

著名数学家波利亚在对数学二重性进行说明时，陈述了自己的观点：数学常常被当作演绎科学，很多人在认识数学时只是认为数学仅包含证明的单纯演绎性的数学素材，但殊不知，这只是数学的一个侧面的体现，数学和其他知识的创造过程相同。在证明前，首先需要猜想定理；在得到完整证明前，先要对证明思路进行推测；将观察到的结果进行整合分析；之后还需不断进行重复性的尝试。数学家的创造性成果是演绎推理，就是我们所说的证明，不过这个证明是利用合情推理，借助猜想获得的。只要是数学学习过程，可以在一定程度上体现数学发明过程，就需要让合情推理占据突出地位。

从形式的角度上看，数学是由逻辑推理组成的一个完整体系，在思维进程层面上是一般到特殊的推理论证，从被确认的角度出发，利用逻辑推理确认结果，各个步骤均是可靠和毋庸置疑的，因此，这样的逻辑推理确认逻辑可靠的数学知识，还构建了严密的数学体系。事实上，这样的逻辑结构是建构之后的形式体现，在演绎科学前，数学理论的获得一定要经历探究发现过程，这个过程就是合情推理。

合情推理是数学创造性思维发展的推动力，正是因为创造面对的是前人没有论证过的数学问题，因此依照合乎情理的方向，依照个人认为的正确方向完成推理与探究可能获得的结论，探索可能应用到的方法，正是合情推理的用武之地。

学生在学习数学时，教师要求学生利用自身已有的知识解决实际问题，那么学生在体验过程中就一定会经历自我意义上的合情推理体验过程，也就是说，你选择自己认为合乎情理的推理方法及可能正确的方向，并不断地尝试，验证自己的想法是不是准确的。在这一角度上看，学生一定要掌握合情推理这一重要的学习思维。

合情推理的特征体现在：主动性、情感性、目标不确定性、理由不充分性。

在数学当中，合情推理方法多种多样，应用最为频繁与广泛的是类比推理与归纳推理，下面将简要就这两种推理方法进行说明。

（二）类比推理

1. 类比的意义

类比推理是结合不同对象某些方面的相同或相似之处，推导猜想彼此其他方面可能存在的相同或相似的思维形式。类比推理属于从特殊到特殊的一种推理方法。波利亚在对类比推理进行论述时，尤其注重对对比与类比这二者的区分进行说明：对比是比较某种类型的相似性，也就是某些方面的一致性，有模糊性的特征；类比是将相似之处转化成明确的概念。

在数学发展进程当中，大量的数学家均从类比推理中获得了丰富的营养，他们的很多重大发明与发现都是借助类比方法而获得的。开普勒曾经对类比进行了高度赞赏，他将类比当作自身最信任的老师，因为类比可以揭露自然的秘密，能够让几何学的研究更加顺畅。类比推理结论的正确性是不确定的，但类比推理产生的作用和发挥的功能远大于缺陷。

2. 类比的类型及在数学教学中的作用

类比推理能够带给人深刻的思维启迪，而这样的启示作用有着极大的能量。类比推理在数学教学中应用得非常频繁。

（1）类比类型：①简单共存类比；②因果类比；③对称类比；④协变类比；⑤综合类比。

数学当中应用比较广泛的类比体现在：低维与高维类比；数与形类比；有限与无限类比；微分法与限差分法类比等。

（2）类比在数学中的作用：①提出新问题，获取新发现。类比能够激发与锻炼学生的联想能力，促使学生掌握发现问题的技巧，增强学生的洞察能力。②可用来检验猜想。即对一般性的猜想，可以由特例的结论给予反驳。换句话说，对"个别"情形不成立的结论，"一般"也不成立。

（三）归纳推理

归纳推理属于认知事物最为基础的方法。举一个非常简单的例子：人们抬头看到某只黑色乌鸦，之后又看到一只黑色乌鸦；小孩看到的乌鸦是黑色的，大人看到的乌鸦也是黑色的；中国人看到的乌鸦是黑色的，外国的乌鸦也是黑色的，之后，人们通过归纳的方法获得天下乌鸦一般黑的结论。这个过程就是归纳推理过程。合情推理体系当中的归纳属于不完全归纳，是从特殊到一般、从经验到事实的一种真理探寻方法。

运用归纳推理能够从个别事实当中窥见真理的端倪，在得到启迪之后，给出假设与猜想。因此，在合情推理当中，归纳推理是数学发现的重要方法。

1. 归纳推理的意义

归纳推理获取的判断有真有假，其真假性是需要被进一步证明的。单纯依靠观察获取的经验，是不可以用来充分证明必然性的。尽管这样，归纳推理在人们认识与发现真理方面发挥着至关重要的作用。

人们要认识数学这门科学，先要借助观察，依靠直觉归纳与机动灵活地判断，获取有关数量关系与图形性质的感性认知，接下来朝着理性认识转化。如何实现感性到理性认知的飞跃？归纳概括是这个飞跃必须要经历的一个步骤。利用归纳与概括获得判断的整个过程，我们就称其为归纳推理。假如得到的判断被证明和检验的话，那就变成了正确命题。所以，归纳推理是科学进步必不可少的环节与策略，数学当中绝大部分正确的内容都经历了数学家归纳推理，一直到证明的过程。就拿牛顿来说，他获取的丰硕科学成果有很大一部分是将特殊事实作为出发点的，历经归纳推理，提出猜测或结论，之后引出一般和广泛结论，进而为科学进步提供动力。

在数学学习与研究活动当中，应该从特殊、个别和局部事实的角度出发，探索归纳一般性规律，之后再完成证明和检验操作。所以，在掌握观察实验的同时，必须把握归纳方法，只有这样才可以为学好数学打下基础，促使学生应用经验归纳方法，助力学生创新思维的培养。

2．归纳推理的类型

将考察对象是否具备全面性作为分类根据，我们可以把归纳法划分成以下两个类型。

（1）完全归纳法。完全归纳法是结合对某一类事物所有对象进行考查，发现它们均具有同一属性，进而获取此类事物都具这一属性的一般结论的归纳推理方法。具体又可以将其分成穷举法、类分法与数学归纳法等几类。

（2）不完全归纳法。不完全归纳法是结合对某类事物部分考查获得的此类事物具备这一属性的一般性结论的推理方法。具体可以将其分成枚举归纳法与因果关系归纳法。

3．归纳推理在数学教学中的应用

在数学教育及学生学习数学知识的环节，不完全归纳法常常被应用在发现猜测问题答案与发现猜测解决问题路径这两个方面。众所周知，完全归纳法通常在证明当中应用。

（1）用归纳法发现问题的答案（结论）。就数学问题而言，用不完全归纳法能够从特殊事实当中猜测可能的一般结论，这样的归纳方法有着抽象概括的作用，能够指引人们发现问题的结论。

在几何学领域当中，获得两点间线段最短的结论实际上是亿次、亿万次经验经过归纳获得的；正方形边长和对角线长度之比是方五斜七，是木工经过归纳获得的经验结论；矩形、圆形的面积计算公式，在最初是人们在实践经验当中归纳总结而来的。

当然，用不完全归纳法进行合情推理，获得的结论有可能在最终逻辑论证之时被认定是错误的。不过，站在数学教育层面上进行分析，学生利用合情推理得到的结论，即使被认定是错误的，学生在整个过程当中也获得了体验，经历了探究过程，这对于他们的学习和素质培养来说是很有益处的。

（2）用归纳法发现解题途径，为获得理性认识指引道路。利用归纳法能够从处理特殊问题的方法与思路当中归纳概括一般问题的处理方法或思路。费马数 $F_n=2^{2^n}+1$（$n=0$，1，2，…），经过归纳获得的结论是 $F(n)$ 是素数，后来被欧拉证明是错误的，但是费马数的形式结构有效启发了数学家高斯，使他得到了正十七边形的作图方法。

在数学几何教学环节，添加辅助线始终是解题的重点与难点，有部分学生得到两圆相切的公切线、两圆相交公共弦等方面的结论均属于归纳的产物。事实上，添加辅助线只是在绝大部分情况之下有效，并不是在所有的证明当中都是有效的。由此观之，归纳出现的认知判断并非一定是准确的，究竟是否准确需要利用理论或实践予以确定。

合情推理当中的归纳推理之所以合情，是因为矛盾的一般性寓于特殊性中。利用探索特例获取一般问题的解答方法是探索发现数学方法的一个有效路径。在合情推理体系当中，类比和归纳推理的差别是显而易见的。归纳推理是由特殊到一般，我们可以称其为纵向思维，类比推理可以被称作横向思维。在解决实际数学问题的过程中，这两个推理方法有着相辅相成的关系，并且彼此配合、互相利用。由于二者的配合利用，借助联想、推广、猜想等方法能够探索获得问题结论或解题路径，得到创新成果，因而创新思维的形成要有合情推理等诸多方法的配合。

三、数学猜想及其教育价值

数学猜想是人们结合已有知识与事实，对数学中的某些理论方法等给出猜测性的判断。因为这样的猜想判断活动不以严谨性理论根据作为基础，所以在真伪性方面也是无法进行评判的。尽管这样，数学规律发现证明法的获取通常需要经历一个不够严格的探索过程，而且这个过程对于学生学习数学知识来说是至关重要的。但正如高斯所说，在大厦建设完成之后，应该拆除脚手架，也就是说，发现证明思路是大厦的脚手架，将其拆除就相当于将证明当中的思想方法当作图纸收入档案或者全部抛弃，让结论，即这座大厦展现在我们面前。在这一节，我们探索的是怎样找到大厦的建筑图纸，怎样恢复大厦的脚手架，将凝固的东西融化，发现数学家探究的痕迹，找到数学规律发现的证明方法，进而让学生分析与解决问题的能力得到锻炼。

数学猜想是借助合情推理法对数学进行探索与研究，是数学发现发展的重要方法。数学猜想引领着数学进步的方向，因为数学猜想是在未知领域获得的判断，所以数学猜想是创造性思维的一种表现形式。很多数学家也特别表示，假如不存在大胆的数学猜测，那么就不会有伟大的数学发现。

掌握数学猜想的形成方法，分析猜想的特征，学习数学猜想当中提出与解决问题的思维策略，在学生学习数学及推进数学教育方面的作用非常显著。

（一）提出数学猜想的途径与方法

要想提出数学猜想，可以有很多不同的方法和途径，下面将对几个主要方法路径进行介绍，为学生主动地进行数学猜想奠定思维基础。

1. 由直观的、简单的事实产生数学猜想

数学和现实世界存在着非常紧密而又广泛的联系，很多数学问题实际上就直接来自我们的周围生活，与此同时，复杂性常寓于简单性中。在一定情形之下，数学猜想有的时候能够从生活中的问题引发，假如可以找到简单问题的本质，那么通常就可以获得极具价值的数学猜想，获得意想不到的收获。

2. 由归纳提出数学猜想

从某类对象中很多个别对象的属性出发，利用矛盾普遍性与特殊性的原理，猜想某类对象全体都具备这样的属性。此时不完全归纳法思维成了创造新思维至关重要的一步。事实上，许多数学基本概念和方法的建立、许多重要问题的发现和解决、许多研究成果的获得都是首先由特殊事例归纳概括，并进行数学猜想之后获得的。

3. 由类比产生的数学猜想

类比是促进数学猜想出现的一个至关重要的路径，很多数学家就是运用类比方法收获灵感、直觉，从而提出数学猜想的。很多的自然现象间有着诸多相似点，这让我们的类比方法有了用武之地，使我们能够运用类比分析策略解决很多不同，但却存在一定相似性的问题。学习并且把握类比方法，对于从一个数学体系过渡到另一个体系、对于新体系的探究、对于新结果的预测猜想都有着极为重要的价值。比如，在自然数的理论体系当中，最大公约数、最小公倍数等均是其中的重要定理，而在多项式当中，存在着最高公因式、最低公倍式等定理。自然数理论与多项式理论在证明法、逻辑结构等诸多领域都有很多显著的相似点，所以我们能够将整数性质类推到多项式性质，完成类比性的数学猜想。

类比法实际上是异中求同，体现着差异当中的统一性。假如不存在差异的话，那么类比也将不具备意义。这里所说的"同"，并非绝对意义上的相同，不然类比就不再是新颖，也不再具备推广价值了。所以，类比是求同存异，在探索新知和获取新结论方面益处多多。

4. 由数学理论引出的猜想

数学理论是人们结合实际，从数学逻辑结构中进行延伸获取的，事实上是运用确切方法对数学规律进行的概述。在庞大的数学理论体系当中，有些理论能够吸引人猜想。实际上，有很多数学家利用数学理论引发猜想，而这些猜想有很多被证明是正确的。由此观之，数学这一工具带有科学预见性的特征。

（二）数学猜想的特征

数学猜想是将少部分数学知识作为根基，提出规律、方法等的一种猜测，其特点主要体现在以下两个方面。

1. 待定性（可研究性）

因为数学猜想属于假定，没有获得数学理论的证实，所以数学猜想究竟是真是假还是有待探讨的。换言之，数学猜想让人们拥有了研究方向，也促进了数学的持续性进步。

在1900年的巴黎国际数学家大会上，德国数学家希尔伯特提出了23个问题，在20多个问题当中，有一部分是以猜想形式提出的。而他在大会上提出的问题，对20世纪数学发展与进步的影响非常深远。

"四色猜想"在1976年被计算机验证，不过数学界还没有广泛接纳这样的猜想，还需对其进行进一步的证明；

"费马大定理"在1994年被数学家维尔斯证实；

"费马小定理"由数学家欧拉推翻；

"哥德巴赫猜想""黎曼猜想"到目前为止还是待定的，没有被证明是错误的或是正确的；

"庞加莱猜想"在2006年6月由中山大学朱熹平教授和旅美数学家、清华大学兼职教授曹怀东彻底证明。

2. 创新性

数学概念、理论等内容均是明确性的逻辑结构，能够被人学习及推广应用。不过数学猜想是数学形式，有些猜想在表述上是正确的，但属于数学理论潜在的形式，所以我们认为其具备明显的创新性特征。

数学猜想在思维角度上的创新通常体现在提出新质疑、发现新规律、创立新方法等。总之，数学猜想体现出的是人们对一般性的极高洞察能力。

哥德巴赫猜想到目前为止还未解决，不过这一猜想的研究过程在数学研究当中产生了很多新的思想理论与方法，让数学这门学科变得更加完善。

费马大定理被证明是20世纪末期非常重要的一项成果，而我们也可以想象其艰辛程度，因为这个猜想是17世纪提出的，历经三个世纪，到了20世纪才真正将其证明。在创新层面上进行分析，费马大定理被证明的价值不单单体现在这个引人重视的猜想的证明，更为关键的是猜想进程当中的思想方法，它推动了数论学科的丰富与完善，甚至对整个数学学科的进步起到了极大的促进作用。

不管是提出数学猜想，还是证明猜想，都要以创新思维作为根本动力，所以创新思维是数学学科的一个灵魂。

(三)数学猜想的教育价值

数学猜想是数学研究成果,更是一种重要的研究方法,它不单单促进了数学的进步,还让数学教育获得了长效发展。之所以得到这样的认识,是由于数学是特殊的逻辑体系,数学方法是理论系统当中不可或缺的组成部分,是数学学习领域不可缺少的组成元素。

基础数学教育不可以接触数学前沿的诸多猜想,但对基础教育这样特定阶段的数学活动,数学猜想的作用是不可小觑的。其作用主要体现在利用已经掌握了的数学知识方法促使学生主动投入数学实践活动,加深数学理解,自主探究,解决实际问题的策略之中。上述活动能够让学生分析与解决实际问题的能力得到锻炼,让学生的洞察力得到极大的发展。

1. 数学猜想有利于学生参与数学活动

在基础数学教育这一重要阶段,激励学生加强对自身所获知识的应用,主动猜想数学问题可能的概念或新命题、猜想问题结论、解决方法等活动可以让学生的好奇心被充分调动起来,使得他们愿意更加深入地探索数学的奥秘。

按照现代教育理论的说法,学习过程当中需要重视智力与非智力因素,实现二者的有效整合。数学学习中的非智力因素有兴趣爱好、意志力、学习态度等诸多内容,这些在学生的学习质量与水平提升方面发挥的作用是非常显著的。这些非智力因素发挥作用,会让学生的学习内驱力得到增强,为学生投入学习活动提供动力源泉,并对学生的智力因素进行合理化的调节和优化。从这个层面上看,利用数学猜想方法激励学生主动探索和获取个性化的理解与认识,在学习当中养成主动猜测的习惯,可以让学生的兴趣得到调动与激发。显而易见的是,浓厚兴趣与积极情感会让学生的学习参与热情大幅提升。

2. 数学猜想有利于学生理解数学

从广义角度上分析,任何数学定理在被证明前均是猜想。数学家波利亚特别提倡在数学教育中既要教猜想,也要教证明。引导学生猜测解题方法与命题形式,猜测可能是怎样的,猜想会是什么样子,哪个方式方法会让问题更加简便地解决,猜测性的学习活动需要学生确定原有的方式方法、命题结构与方法行事。因为激励学生大胆提出数学猜想,能够帮助学生构建个性化理解,让学生亲身经历知识过程,让学生从结果式学习状态转化成为过程式学习状态,让学生的自主能力得到锻炼,增强学生对数学内容的理解深度,提高学生的学习效率。

激励学生开展猜想性的学习活动,是培育学生自学能力的策略。学生是独立及差异化的个体,虽然他们的能力层次及理解水平各不相同,但是利用猜测性学习方法可以让他们在各自领域获得有效提升,在最近发展区当中收获自己的硕果。

3.数学猜想有利于学生自主解决问题

随着教育现代化改革工作的全面实施,现代教育要求教师要为学生的成长与发展负责。从这一要求出发,引导学生进行猜想性学习,实际上就是要让学生在理解数学基础知识与方法的前提条件之下,得到自己对问题解决方法的一种猜想。而猜想可以是要应用怎样的公式、方法,也可以是猜测可能获得的结果。这样的学习过程不再是机械性与被动性的过程,而是基于学生自我发展和自主能力的实践过程。

数学猜想可以让学生将动手和动脑进行整合,让学生发挥自身主观能动性,竭尽所能地参与和解决实际问题。这样独立性的学习活动,会让学生对数学的认识更为深入,也可以提高学生自己对数学概念、方法及命题的认知水平。

不管是从激发学习兴趣、培养学习能力的层面出发,还是从调动学生内在潜能的视角考虑,引导学生采用猜想这个新的数学学习方法都会让学生受益匪浅,同时也会让数学教学更加富有生机。

四、思想实验与数学教学

数学是一门思维科学,其中应用非常广泛的策略就是思想实验。思想实验是一种复杂性强的思维运动,其依据是真实实验格式,它利用创造假想主体干预动态改变的假想客体形象,进而发现事物的内在规律。

从结构上看,思想实验和真实意义上的实验拥有共同的结构,前者是以后者的结构为根基的,利用假想客体的动态改变,用推理法进行阐述,因此,整个构思过程存在着想象和逻辑的对立统一关系。比方说,欧拉定理$V-E+F=2$,假设多面体是空的,接下来去掉一个面,把剩下的每个面平铺在平面上,这个过程与评出结果是思想事物,之后利用思想实验的方式完成推理及证明。

假如思想实验存在冲突矛盾,就证明猜测命题是错误的。假如思想实验不存在任何的矛盾冲突,那么判断才有可能变为现实。这样的思维在数学教学中的价值是非常突出的。

(一)思想实验是一种理性的思维方式

很多事在处理前,通常会开展可行性的论证分析,也就是说,在单纯理论情形之下,站在理论视角上确定是不是可行的,而这样的实验往往是在思维领域当中开展的,体现的是实验者的思想性。因此,我们将其命名为思想实验。现如今,数学当中有很多思想实验,常常会与计算机实验协同推进。

（二）思想实验的特征

1. 思想实验的目的性

人们利用思想实验探寻自己觉得具备价值的信息。思想实验并非随意或者盲目的，它们会受研究任务与目标的制约。为保证自身的任务顺利完成，必须有计划和有目的地投入未知事件，展开有意义的探究，因此，整个过程是动态化的思维过程。

2. 思想实验的理性特征

思想实验的理性特征，在思维抽象性与深刻性方面有着直接体现。思想实验是针对思想事物的实验活动，而思想事物已脱离事物具象，抽象成了具体事物的本质属性，深入理解与把握对象的本质，人为性地构建，有助于思想实验的开展，通常能够做到现实实践中不能实现的很多操作。

实际上，计算机的五次革命均是由数学领头的。其中图灵对计算问题的逻辑描述，就属于极具代表性的思想实验。由此观之，思想实验首先是实验，整个操作是利用思维活动开展的，其特征是把具体实验抽象及理想化。思想实验将逻辑和谐与能够构造性当作检验标准，和一般实验相比，客观存在不会受到具体条件的制约，只要"理论上"办得到（或假设能办到）即可。因此，这种实验不要求什么实验设备，不承担任何风险，且经济实惠。

3. 思想实验的理想化特征

思想实验是在理想化与纯粹条件之下开展的理论研究与计算。思想实验要有合理化的设计，要有丰富的想象力，是思维创新的结果。

数学模型法为思想实验的推进提供了重要载体，思想实验是依照实验目的，结合研究对象的活动本质，在理想化条件下实现对对象或其本质的理性再现，这在一定意义上实现了感性到理性认知的转化。

和观察实验相比，思想实验是深刻而有力的，是能够重复开展或多次再现对象的，而且能够做到反复多次观察，让人的主观能动性得到有效发挥。

（三）思想实验与数学教学

无论是数学教育还是学习，思想实验是非常广泛的，也是教学实践当中不可缺少的一部分。

思想实验能够让我们找到解题思路。思想实验是学生感兴趣的数学方法。在课堂教学中，教师结合教育内容设计思想实验，能够激发学生的好奇心与求知欲。

要想让学生在学习数学的过程当中掌握思想实验方法，教师需要从实际出发，为学生创造诸多良好的保障条件，尤其是要设置合理化的教学情境，引领学生探索新规律，找到新问题，创造新方法，促使学生把握科学策略，同时推动学生创新思维与创造力的提升。

就目前而言，数学实验已经成为很多高校数学课程体系当中的组成部分，也就是说，事实上其属于思想实验。同时，在思想实验的过程当中，还要加强对计算机的应用。

数学实验的意义主要有以下几个方面的体现。

（1）对数学的追求不单单局限在证明上，最主要的追求是理解。有理由相信，一系列图片能够与一系列的"等式"具有相同的说服力。

（2）注重发现及大胆创造。将计算机作为重要载体开展实验活动，可以切实体现出数学的本质是思想的自由，是不让智慧受到严格化的束缚，让学生的创新力及创造性思维得到充分的锻炼。

（3）追求解决问题的数学精神。数学实验供给了数学工具，让人们能够更加科学有效地处理复杂无序的对象，让自然科学达到更高的发展水平。

（4）能够发展求实精神。数学实验特别重视精密性的图像，能够让数学当中的诸多内容及思想实验被证实。

随着数学实验的进步，未来数学很有可能会被划分成理论与数学实验两个部分，假如不能达到这样的程度的话，那么至少在部分数学研究当中，数学实验不可或缺。

五、演绎推理与数学教学

数学提倡的是理性化思维，特别要求把握严谨性与抽象性的特征。严谨性强调的是：数学中所有结论只有经历具备价值的演绎推理证明后才可以被认定是正确的。数学结论只有是与非之说，要说是的话，就一定要能够证明；要说非的话，也一定要列举出反例。这决定了数学思维与其他科学的思维是不同的。数学界有这样的一个笑话：在物理学家看来，奇数可以和素数画等号，他们之所以得到这样的结论，其根据是3，5，7，9，11都是素数。当然，数学家并不会这样，这话有些言过其实。事实上，这个事例只是形象直观地点明数学家和物理学家在思维方面的本质差异。有些人认为，哥德巴赫猜想不必猜，其理由是其已经用计算机进行过验算，每个大于或等于6的偶数都能够表示成两素数的和，但有些时候表达式并非是唯一的，通常情况下，随着偶数的增大，表达式的数量也会增多。假如依照他的思维方法进行思考的话，获得的结论肯定是正确的。假如不正确，是否可以举出反例？不过数学家不会这样思考。事实上，在提出了哥德巴赫猜想之后，很多人都对其进行了验证。数学家觉得正因为找不到反例，所以才要证明猜想是正确的，而且在猜想证明的过程当中还可以推动数学的发展。

在数学当中，利用合情推理获得的猜想是真理露出端倪的表现，这表明我们在真理前进的道路上更进了一步。假如不存在证明的话，那么人通常不会相信给他的判断的真假。所以，数学作为理性思维方法，证明乃是数学灵魂之所在，正是通过证明的方式得到结果和猜想相同才会让人信服。

（一）演绎推理——数学的论证方法

什么是演绎推理？在人们得到一般原理后，以该原理为导向，对还没有研究或深入研究的、包含其中个别特殊命题开展研究，找到特殊本质，用一般原理推导特殊知识思维就可以被称作演绎推理。演绎推理的前提条件是对某类事物的一般判断。运用演绎推理解决问题的方法，称为演绎法。

演绎法能够判断想法是不是正确的，或者判断至少在怎样的条件支持之下才能够是正确的。数学提倡的是对理性精神的追逐，而这样的理性精神也是人类进化非常明显的一个体现，是文明的表现。

1. 数学证明思想的形成

数学证明思想究竟是如何形成的？要回答这个问题，需要从欧几里得几何公理体系说起。该体系是从尽可能少的不定义概念与自明公理出发，推导尽可能多的定理，将其变成具有严密逻辑的科学体系。欧几里得公理体系的创立方法是几千年来数学科学发展始终遵照的研究范式。

在整个数学发展历史当中，泰勒斯首创性地把直观几何转化成实验几何。传说，他运用的方法是实验。在他之后，柏拉图是最早设计演绎证明的人。从柏拉图时代开始，在数学领域就要求结合公认原则给出演绎性证明，这样的影响是持续性的，现如今仍是这样。亚里士多德把推理形式进行了规范化，其最为显著的贡献就是最早将推理当作研究对象，并在此基础之上构建了形式逻辑核心与三段论。三段论包括三个部分，分别是大、小前提及结论。三段论的基本模式是：

大前提——一切 M 都是 P；

小前提——S 是 M；

结论——S 是 P。

其中，P 称为大项，M 称为中项，S 称为小项。在这里，大项包含中项，中项包含小项，中项是媒介，在结论中消失了。

关于三段论，用集合论的观点，就是集合M的所有元素都具有性质P，S是M的子集，则S中的所有元素也都具有性质P。

因为演绎推理的特殊结论涵盖在一般原理中，所以其前提与结论之间存在必然关联。假如前提条件是正确的，推理与逻辑将符合，最终获得的也一定是正确的结论。演绎推理属于必然推理，在逻辑论证当中有着极大的应用价值，是数学证明当中被广泛应用的推理法。三段论的提出促进了演绎推理的标准化。

亚里士多德曾经设想将某些不可证明必然性作为出发点，将三段论作为推理工具，推出全部定理。不过最终他的设想并没有成为现实，但欧几里得却做到了，他在前人研究的基础上创编了利用演绎法叙述数学的著作，也就是《几何原本》。2000多年来，这部数学的经典著作成了利用严格逻辑推理叙述科学的经典。

2. 证明的规则

在演绎推理的进程当中，首先要达到的标准就是推理过程准确，怎么样才能够使推理过程准确呢？事实上，推理过程准确的直接表现就是推理依照规则开展。

是什么规则呢？在三段论中，大前提、小前提、结论三部分要满足下面几个规则才能保证过程的准确：

（1）两个否定前提不能推出任何结论；

（2）两个肯定前提不能推出否定结论；

（3）如果一个前提是否定的，那么结论也是否定的；

（4）如果结论是否定的，那么应该有一个前提是否定的。

（二）证明的作用与方法

1. 证明的作用

数学当中的证明属于严谨规范演绎的证明，遵照的是数学定理与形式逻辑给出的规则，而这也淋漓尽致地展现出理性思维方法的巨大能量及显著价值。数学证明的意义有以下几个表现：第一，能够确保命题正确，让理论不败；第二，展示定理间的内在关联，让数学成为严密的系统，并为数学的健全发展奠定坚实基础；第三，让数学命题具备强大的说服力，让人们对此深信不疑。

2. 证明的方法

证明有两种情况，一种是证实，另一种是证伪。前者是确定判断是正确的，而后者则是证明判断是不正确的。在很多情况下，我们常常会把证实称作证明，把证伪称作反驳，在反驳的时候，通常仅需一个反例就能完成。

数学证明会把公理作为根本出发点，开展演绎推理性的活动，进而保证目标的达成。让原本利用蛮力无法进行有效验证，或者没有验证可能性的数学命题，能够在这样思维艺术的支持之下顺利完成，这就是证明的巨大力量与无限魅力。在学习数学的生涯当中，思维是核心，而证明则是其中的灵魂。假如在数学教学当中不提及数学证明内容的话，那么我们就认为这个教学是缺少灵魂的。但是，学好证明并不是容易的，通常要利用发展概念与技巧的创新，才有可能将理想转变成为现实。

（三）数学证明与数学教学

在数学教学环节中存在着一种非常普遍的倾向，在谈及素质时，就会提到观察与猜想。确实，在教学中教授猜想是非常必要的，但是把关注点放在猜想方面，常常会忽略数学证明这个灵魂，假如数学不存在灵魂的话，那么教学价值也将不复存在。所以，我们一定要认清数学证明的作用与价值，明确其在数学教学当中不可替代的地位。

我国著名数学教育家、几何学家朱德祥对于数学证明有很多独到的见解。他表示，学校将数学教育作为学科系统当中的基础和重点，不应该只停留在教授数学知识层面，应该将知识的教学当作载体，关注学生数学能力的培养。从整体上看，对学生进行数学证明教学，有助于让学生的问题发现与解决能力得到充分锻炼。在我国的数学教育当中，存在着一个优良传统，该传统就是对学生进行逻辑思维的塑造。很多人会觉得，这样的教学会忽视问题分析与解决能力的培养。事实上，当学生拥有了坚实的逻辑思维之后，还可以从众多现成的数学素材当中利用准确的推理判断，完成再加工与再认知；能够在形式角度上对命题的真伪进行鉴别，不必利用具体实验的方法劳心费神；能够让思维更加严谨，实现条理清晰及和谐准确的缜密思索。所以，数学证明教学除了有助于培养学生的数学思维，还能够对学生分析与解决实际问题的能力进行锻炼，实现双赢。

数学学科有着很强的抽象性特征，且需要有严谨缜密的推理，以此实现多领域的普及应用。在一个完整的数学体系当中，只有把公理作为出发点证明了的命题、公式、法则等才能被称作是正确的，依靠实验获得的结论都需要进行进一步的证明。这和直接针对研究对象开展实验的物理、化学等学科在本质上是有很大差异的。在数学研究当中必须要用演绎推理的方法，才可以确保数学研究的准确。在众多的学科当中，数学可以被称作展现逻辑最为彻底的学科。

学生在数学学习当中，需要将精力放在掌握数学证明能力方面，以便不断完善逻辑思维，将数学变成常识。

在一般数学论证环节，通常不会特别要求要用三段论的演绎推理方法，不过我们也一定要清楚，演绎法必须严格遵守三段论的规则，否则无法保证演绎推理的科学性与准确性。

在对演绎法进行实践运用时，要注意以下几个问题。

第一，把握演绎法的形式化特征。在利用演绎法的过程中，针对数学命题、符号等内容，一定要站在形式化的角度上理解其内涵，这样才算是深层次理解了数学内容间存在的关联，才可以利用演绎法完成表述，不然就会让演绎法的应用出现失误和错误。

第二，演绎法必须严格遵照并且落实形式化规则。尽管在具体的论证环节，通常能够省略一些步骤，不过一定要注意每步推理、运算的前提条件是什么，不然极有可能发生逻辑或方法领域的混乱问题。

第三，在运用形式化演绎法时，需要特别关注前提条件的含义。假如只把侧重点放在演绎推理方面的话，也很有可能得到错误结论。

在有些方程的求解环节，人们常常利用多元化的变形化简方程，站在数学推理论证形式的角度去完成研究，假如运用的是同解变形，其实也可以当作演绎法的应用。正是因为前提条件存在差异，才促使我们取得了最后的结论。站在推理论证的角度上看，我们可以认定这样的变换同样也是从三段论演绎法当中获取的。

在数学命题的论证过程中，我们常常不会将三段论的形式显而易见地进行呈现，反而是自觉依照形式化演绎法行事。演绎推理是数学证明不可或缺的手段，同时在教学环节渗透全程，但非演绎思想在学生问题分析与解决能力的培养方面也有着非常显著的作用。我们常常在数学教学中要求教授证明和猜想，要求将演绎与非演绎思想进行整合。换句话说，在具体的教学环节，演绎法和合情推理法、分析法和综合法、直接与间接证明法都不能特别强调其中的一个方面，另一方面也必须关注到。不过可以从教学实际出发，在尊重学生认知和学习规律的前提条件下确定应该凸显出哪一方面。

数学证明在数学教学当中有着非常突出的价值，而这个价值不单单体现在可以判断命题真伪的方面，还在于能够启迪学生，促使学生深化命题认知，甚至是指导学生进行命题发现。非欧几何的产生就是一个鲜明的例子。

从教育价值上看，数学证明的价值主要体现在以下几个方面。

（1）有助于引导学生掌握证明方法，增强学生对于数学概念与命题的认识，锻炼学生的理解能力。

（2）有利于促使学生将获得的数学知识构建成逻辑网，让学生将数学知识理解升华到结构性理解的层次与境界。

（3）有利于培养学生的理性精神，引导学生加强理性化思考。

（4）有助于增强学生对数学本质与特点的认识，促使学生更加全面地把握数学的整体作用等。

合情推理是发现猜想数学命题、探寻证明法的根本手段。演绎推理是确认真理的主要选择。事实上，我们不应将二者对立起来看待，而应该切切实实地认识到，不管选用怎样的归纳法，都永远不可能将归纳过程弄清楚。只有对过程进行分析才可以做到，也就是归纳地演绎。就像是分析与综合一般，它们之间存在着必然性的关联，不应该牺牲一个而去凸显另一个。应该将每一个都用到特定的地方，而要真正做到的话，就必须要注意彼此的关系，并实现它们的互相补充。

综上所述，数学教学应遵循：现实是源泉，兴趣引入门，思维是核心，证明是灵魂！这对我们全面、准确地在教学环节落实创新教育、推动数学教学的改革进步是非常关键的。

第四节　数学方法论与数学教学原则

一、返璞归真原则

返璞归真是一项重要的教学原则，该原则的内涵是在教学环节回归数学形式的现实起源及历史起源，在遵照数学发展规律的前提条件之下推进教学实施。

（一）学习"形式化"的数学需要返璞归真

数学是一门具有形式化特征的学科，在表现上尤为抽象，常常让人觉得数学戴着一个冰冷面具。在数学产生与发展的整个进程当中，数学活动并不是冰冷的，反而是活泼而又生动的。在具体的教学环节，常常会显现出这样的现象：运用照本宣科的方法，难以保证教学的成功；深层次剖析教学内容，真正做到吃透内容，改革教学方法，才可以获得理想的教学效果。数学教材当中的数学内容通常以形式化特征鲜明的概括表述内容，而冰冷主要体现在数学的形式化链条被逐字逐词地印在书本上。假如数学教师创造性地恢复，或者是模拟数学家发明创新的情感，促进学术形态到教育形态的转化，让学生可以看到数学的魅力，自然可以促使学生主动投入多彩的数学活动中，激发学生的热情，让学生可以领悟数学本源，让学生通过手脑结合及互动探讨的方式，亲身经历知识的发生、发展过程，体悟探究创新的曲折及甘苦，从中掌握数学知识技能，获取数学思想方法，切实提高相关的修养及品质，则教学效果将会大不相同。

按照传统教育观的说法，数学知识是用数学术语或公式进行描述的系统性知识，形态上只有陈述性和程序性的特点，这是其"显性"特征。数学方法论引导下的教学将数学当作一个数学化的过程，整个过程很难或者无法利用语言、文字、符号的方式完成表述，是只能意会不能言传的个性化知识，这样的知识具有个性化色彩，是隐性知识。

事实上，数学从最后确定结果的角度上看，属于显性知识，拥有显形态；但是如果站在形成过程的角度上看，则有隐形态。数学知识显形态属于静态化知识，本质上是公开性与社会性的。数学知识隐形态属于动态的知识，本质上具有个性化与潜在性特征。显性知识的发明、发现乃至于创造都必须依靠过程，也就是需要隐形态作为有力支撑。但是想要对隐形态进行表达沟通的话，就需要将其转化成显形态。隐形态数学知识实际上是知识形成过程中的数学意识和数学思考，对个人的数学学习起着支配作用，也是学生获取知识的重要向导。

如果将两种形态的数学知识进行对比分析的话，形态和人的思想观念与实际活动的亲和性强，因为其融入了学生的个体学习场景当中，融入了学生个性化的心理体验，同时还渗透着不可言说或者潜在层面的个性化理解。对于广大学生而言，是生机勃勃而又亲切温暖的。显形态虽然在一定程度上偏离了人的思想观念与活动，但是因为拥有社会化与公开性的特征，更加方便实现沟通与表达。

教师对教育教学技巧进行优化，把握好教学艺术，带领学生利用数学活动的方法抓住数学本质，让学生手脑，并用亲身体验知识的生成发展过程，获得个性化知识与思想，进而转化成社会化数学，这就是返璞归真原则的真谛。

返璞归真这一教学原则，可派生出以下两条原则。

1. 抽象与具体相结合原则

数学本身就带有明显的抽象性特征，数学研究对象是抽象化的思维事物。对学生进行抽象思维的培养是数学教学的一个重要任务，从具体到抽象是认识遵循的基础，更是教学一定要落实和遵照的规律。

数学抽象还有层次化特征。在教学环节，教师需要将抽象思维和直观的教学实践活动进行高度融合，让学生在直观生动的情境中把握抽象知识，进而让学生的抽象能力得到锻炼，实现真正意义上的返璞归真。

2. 数学知识形态转化原则

就数学而言，数学知识存在着两种类型的形态，分别是学术形态和教育形态。前者包含的是数学家多年以来的数学研究成果，是在报刊上发表的凝练形式。后者包含的是数学教学中数学知识经过教学加工之后展现出来的形态。二者存在诸多一致性，能够实现彼此的转化，但因为两种形态适用的是差异化需求，所以从教育观的方面分析有着显著的差别。把它们的差异进行总结，主要有过程有无、表述顺序、语言详略等方面。究其根本，就是死和活的不同。学术形态是已然完成了的，通常是和人的思考顺序与表达方法对立着的，运用了很多数学符号，是一种复杂性和综合性的符号组合，难度很大，因而给学生的学习带来了诸多阻碍。教育形态的数学如同行云流水一般，是非常理想而又通顺的形式，形象真实的讲解是将发现发展的过程呈现给学生，这些知识是鲜活而又富有趣味的，是带有生活气息与人情味的，所以会让学生觉得特别亲近，也是他们吸收其中精华的最为合理有效的形式。与此同时，数学教育形态是对数学过程、动态、归纳面的补充强调。在某些方面，学术形态的数学也有很大的优势，为了实现更深入的研究和更广泛的应用，能读会"啃"，学会转化也是必要的。

将数学学术形态转化成教育形态是数学教师开展教学的必经之路，更是返璞归真原则的体现，而这需要教师优化教学设计，在转化方面投入更多的精力。

（二）充分发挥数学的教育功能需要返璞归真

相信有许多人都拥有这样的体验，之前学过的数学知识，假如在今后的工作学习当中不对其进行直接应用的话，过一段时间就会完全遗忘。但是不管从事的是怎样的工作，那些在大脑当中印象深刻的数学精神、数学思想方法、研究方法，甚至是学习过程当中历经的失败和挫折却能够深植于每个人的内心，并让人一生受益。让人一生受益的这些内容，不能说没有知识传授工具的存在，不过更多的是学生在学习过程当中体验、感悟与反思之后的一种境界提高及知识升华，也能够称作学生在数学活动中所获隐性知识的内化升华。所以，我们与其把数学的隐形态知识称作知识，还不如将其称作数学素养，是学生个体在数学活动当中收获的带有个性化特点的能力与理念。而在能力和理念当中，涵盖着合情推理能力、洞察能力与元认知能力等诸多内容。

数学隐性知识的产生要经历非常复杂的过程，而在这个领域也有必要开展专门的研究。尽管如此，其中有两个方面是能够肯定的：第一，必须是学生个体参与数学学习活动，他人不能代替。怎样才能让学生主动积极地参与其中呢？这需要教师科学恰当地做好教学设计工作。第二，必须是历经长时间的积累，而在这个积累的过程当中，有循序渐进，也有飞跃迁移。这要求教师提高教学引导工作的持续性和长期性，为学生提供良好的学习平台。

假如我们非常形象地将数学知识的显形态当作钓到的鱼，那么数学知识的隐形态就可以称作钓鱼中失败和成功的体验，因为这一活动是对生活习性与活动规律的掌握。假如数学家研究数学的主要原因是想要钓更多的鱼，那么学生学习数学需要将关注点放在对钓鱼方法的掌握上。返璞归真原则就是为学生提供获得钓鱼方法和机会的一个过程，因此该原则的贯彻落实能够展示数学教育功能，让数学教学活动实现"授人以鱼"与"授人以渔"。

二、"教猜想，教证明"并重的原则

严谨性是数学另一个非常显著的特点。所以，传统教学观要求学生言必有理和推必有据。不过，严谨性并非数学的全部。按照科学数学教学观的观点，结合数学发展规律、数学思维方法和数学发现创新等法则优化教学设计，就必须顾及数学的两个侧面，将证明和发现放在同等地位，也就是说，既教授数学猜想，又教授数学证明。毋庸置疑，发现带有层次性，而发明和创新也有大有小。教师需要立足学生实际，合理贯彻猜想和证明并重的原则，提高教学针对性，推动学生个性化成长。

（一）先猜后证，其乐融融

这一原则提出的根基是数学具有两重性：数学是演绎科学，同时还是归纳科学，也就是说，数学的发生发现过程是合情推理和演绎推理互动整合的结果。

当我们想要解决一个数学问题时，首先需要对结论进行猜想，之后对证明方法进行推测，然后尝试性地给出结论推理过程，在获得成功之后，才依照演绎方式进行整理。这样的数学能够让学生拥有一定的心理准备，把握结论与证明是如何出现与发现的，能够学习探究发现的方法及经验教训，在看到门道之后，自然能够感悟数学的情趣。

（二）"既教猜想，又教证明"的途径

当学生把握了某些数学定理后，适当地推陈出新，能够锻炼学生的创新力。推陈出新就是同时教授猜想和证明最为具体直接的体现。

在数学学科的教学过程中，在经历了火热而又激烈的思索过程之后，必须要有冷静深刻，同时聚敛思维的一个过程，对猜想的真假进行区分，落实证明推理的各个步骤，简单工整书写，修堵漏洞，进而追逐数学美，锻炼学生的理性精神，完善学生的意志品质，将知识与技能教学和促进学生个性化成长进行统一与整合，让学生可以真正爱上数学这门学科，并在今后的数学学习过程当中保持持久的内驱动力。

教授猜想和证明并重原则，有着较强的针对性，其针对的是整个教学过程，对于特定的内容、学生、时间段等还是要有所侧重的。从这一原则出发，可以派生出下面几项原则。

1. 严谨性与量力性相统一原则

数学的严谨性特点有相对性的表现，而且是逐渐发展的。在数学科学体系当中，每个分支都历经了漫长的过程。严谨性伴随分支发展而提高，但是提高并没有尽头，所以不存在绝对意义上的严谨性。

数学严谨性的相对性还有另一个表现，侧重理论基础的数学和侧重应用的数学在严谨性要求方面还是有非常显著的差别的。侧重理论的数学对严谨性要求高，侧重应用的数学对严谨性则有所降低。另外，从事数学专业的人员和一般工程技术方面的人员，对于数学理论方法的内容也有着不同的严谨程度的要求。

量力性主要指的是必须考虑学生的数学知识层次及接受能力，在此基础之上，确定要达到怎样水平的严谨程度。严谨程度必须是在学生力所能及范围之内，历经努力能够达到的一个标准。

2. 数学的科学性与思想性相统一原则

在数学教学中要保证诸多数学内容准确无误，确保教学内容的呈现具备全面性与逻辑性，与此同时，还必须兼顾思想性。利用数学知识产生形成过程的数学教学，对学生进行针对性思想教育，如培养学生正确的教学价值观，完善学生的数学学习品质等，让教学内容中的思想性内容得到有效的发掘与利用，促进数学教学的升华。

3. 教学数学知识与培养智能相统一原则

在数学知识教学当中，必须注重推动学生智力素质的进步，对学生的智力因素进行有效地调动，同时关注学生非智力因素功能的发挥，把握好不同教学因素之间的内在关联，让学生的创新、空间理念、思维能力、运算技能等得到培养，使得学生能够掌握知识，将知识应用到解决实际问题当中，促进智能素质的发展，实现学以致用。

从很大层面上看，数学学习是用创造方法开展的，学习猜想是一种不可多得的趣味，而发现是利用自主性学习活动收获的本领，并非他人想硬塞到手中的，所以具有自主性与主动性的特点。

三、教学、学习、研究同步协调原则

教师教学与学生的数学学习存在着非常密切的关联，而二者的关联是利用数学教材这一载体联系起来的，因为他们在同样的一个系统当中。在这样一个完整的体系当中，学生是学习主体，教师是教学主导，师生之间存在着紧密的关联活动，而且他们在教与学当中互相推动，相辅相成，协同进步。

（一）数学与数学教材

数学和数学教材不是相同的事物，我们提及的数学是数学科学，被当作学校教学内容的数学则是数学教材。二者存在关联，与此同时也有差别，把握二者的关系和差异是数学教育当中必须面临的基本问题，更是每一位数学教师需要厘清的问题。

二者的联系主要体现在：数学教材内容是数学科学当中占据基础地位的一部分；教材表述方法保持着演绎化的特点，而且会尽可能地体现数学科学的基本方法。从历史的角度进行分析，数学科学经历了数学萌芽到常量数学，之后到变量数学，最后到近现代数学的一个演变过程。人从幼儿发展到少年、青年，也就是说，中小学时代数学教材当中的内容大致是依照数学发展历史顺序完成编排的。

二者除了在深度与难度方面有很大不同，还有以下几点。

1. 任务不同

从任务上看，数学科学和数学教材的差异是非常突出的，也就是说，二者的指向是有显著差别的。数学科学的任务是揭示客观世界存在的数学现象与奥秘，发现客观事物在量方面的规律及促进数学理论健全进步，或者探究数学技术的运用，从而达到创造历史与改造世界的目标。数学教材是学校数学学科教育内容不可缺少的构成部分，其任务是给学生传授最为必要与基本的数学知识，推动学生全面发展，让学生拥有终身学习及可持续进步的能力。

数学科学进步虽受一定社会因素的影响，但是将侧重点放在解决从数学视角刻画自然与社会中的非心理因素现象上，所以独立性特征非常鲜明。数学教材则一定要服从特定的社会需求，满足学生的心理需要，将侧重点放在怎样教授或模拟活动等方面，将客观规律和人的认知规律进行统一与协调。与此同时，利用教授数学知识与教学活动，拓展数学育人价值，挖掘数学教育功能，进而促进学生科学素养的提升，不断完善学生的社会文化素质，培养学生良好的数学品质，推动学生身心健康与可持续性发展。

2. 认知主体不同

数学科学的认知主体主要是数学专业的从业人员及数学家。这个主体通常是成员自愿构建的，他们将认知结果运用学术形态进行展现，这样的形态虽带有社会性的特点，不过主要凸显出的是数学性特征。换言之，只有他们这个主体才能认知。数学教材认知主体则是广大学生，认知结果主要体现在对教材的理解、把握及应用上。前者的工作具有创造性，而后者则带有传承性与继承性。

3. 知识结构特征不同

数学科学表现为数学专著活动，其特征是科学系统性与结构严密性，同时持续不断地进行统一与集中，只需要考虑如何更好地将数学内容进行清楚、合理、严谨地表达，不必考虑读者感受。统一和集中数学教材可看成是研究数学的基本精神和方法，所以也能够反映在数学基本结构中。此外，数学教材结构不能不考虑学生的感受，所以在这一点上二者的差别是很大的。

假如数学科学表现的是数学的学术形态的话，则数学教材体现出的是学术和教育形态的整合。在数学的教学环节，教师还需将教材内容进行分析挖掘，之后制作教案，也就是科学化地推进教学设计，之后，将教学设计付诸行动，成为教学过程。教学过程是数学在简化、理想及可信的环境下的生长过程。

4. 思维方式不同

数学科学利用严密的演绎体系进行反映，将形式逻辑与抽象思维当作外部特点。这实际上就是我们常常表述的，数学是高度抽象性与逻辑严谨性的统一体。数学教材则把侧重点放在准确体现科学认知、辩证思维过程、直观归纳与类比等数学探究性思维上。假如数学科学思维关注的是结果的话，那么数学教材思维则更加关注过程。不过，数学教材一定要保留演绎科学的特点，才能够让学生真正把握数学这门学科，领略其中的精髓。

就论证而言，数学科学除了已经确认成公理的原理，全部结论都一定要经过严格推导或证明，以确保逻辑严谨。但数学教材则关注不同年龄段学生的理解能力，会根据学生的年龄特征与能力层次寻求一种相对严谨性。针对公理要求，数学科学通常需要保证公理独立。数学教材则往往应用扩大公理系统，对非独立公理使用也是非常容忍的。

（二）数学教学过程中的学生与教师

数学教学的整个活动是师生与生生间开展的多边性活动。在整个活动的进程中，教与学有着互相依存与作用的关系。教师和学生各自以对方存在为个人存在的前提条件。教与学、学与教彼此互相支持、渗透、转化，多方持续性地进行教学信息的传递与交流。伴随着计算机技术设备的普及推广，很多交流互动能够借助计算机来完成。立足现代放眼未来，教学活动最为根本的目标是促进学生学习性及全面性发展。能否实施好这一教学原则，和教师的两个观念关系紧密。

1. 学生观

学生是教学对象，还是数学学习的主体。学生主体性的发挥首先需要学生具备一定品质、精神、意识与能力。

（1）主体意识。在具体的数学教学环节，学生作为主体必须主动参与，树立主体发展的意识，教学活动需要将关注点放在增强学生主体意识上，信赖学生可以主动进行探究思索，将学生看作具备主观能动性的活生生的个体。学生在学习时可以将动手和动脑进行整合，可以主动质疑，认真探究与解决数学问题，把握数学精髓，塑造完善的数学品质。

（2）主体精神。在实际的数学教学当中，学生作为主体应该拥有独立性与自主性的品质，还应拥有团结协作意识及科学精神。所谓独立性与自主性的品质，就是学生可以立足自身实际，主动投入和建构自身的数学认知体系，收获全面发展的能力，成为自己生命的主人，做一个具有主动性的个体。团结协作意识是要让学生拥有合作精神。教育有四个支柱，分别是学会认知、做事、共同生活及生存。教师应该引导学生加强合作与互动，对学生的人际交往能力、沟通互动能力、语言表达能力、团结协作能力等方面的提升都有极大的帮助。科学精神强调的是在数学教学中，教师要鼓励学生勤思多想，拥有主动探究的勇气，不会盲从经验，发展批判精神，坚持实事求是，大胆勇敢地追寻真理。科学精神是我们的时代精神。

（3）数学教学应该致力于促进学生主人翁意识、责任感、意志力、自信心、自律等能力的提高。责任感是个体与社会发展目标和谐统一的表现，是促使个体勇于进取和自主进步的动力。让学生在面对困难时拥有强大的克服困难的勇气，拥有面对问题时的坚强意志力、直面挫折的积极态度和相信自己能够完成学习任务的信心，这些对于学生的学习和未来成长都是非常关键和必要的。

数学教学环节还要注意对学生进行学习与创造力的培养，因为创新能力和创造力在学生的持续性进步与终身学习当中是必要条件，更是学会认知的目的。

发展的核心在于创新，创新是发展的灵魂，假如不存在创新的话，就不会有发展。这样的道理在数学教学当中同样适用，注意在教学中培育学生的创新思维与创新力，这是使学生创造性地投入数学学习，完善数学品质的实际需要，更是国家、社会进步的根基，是民族复兴的重要基础。

2. 教师观

教师是教学的主导，在数学教学当中扮演着重要角色，要想让教师的职能价值得到充分发挥，除了要求教师吃透教材，还对教师提出了以下要求。

（1）有效指导。教师的指导是学生成长和发展的不竭动力，教师在引导学生加强知识学习的时候不能就此停止，还需启迪学生加强思考，指导学生进行发明与发现。教师需要把控好整个教学进程，对学生探究发现的方向进行主导，合理配置数学教学资源。我们在这里提及的几个词语：把控、调配与配置的前提条件都是以学生为中心，以满足学生的发展需求为目的的。

站在过程层面进行分析，教师的有效指导有以下几个体现：首先，营造问题情境，刺激学生产生学习动力及内驱力，确定学习目标；其次，运用多元化形式与手段引导学生探寻规律；最后，指导学生开展数学练习，加强总结归纳，提出更深层次的学习目标与努力方向。

（2）有效组织。现代数学教学过程具有混沌性的特点，而数学教师作为其中的关键角色，掌握混沌控制方法是十分重要的。数学教学组织是十分关键的活动，而教师作为教学主导担当着指挥者与组织者的责任。要结合多元因素特征，合理选取科学有效的控制方法，完善数学教育方案，提高临场应变能力，有效调动多种积极因素，消除消极因素，确保数学教育目标的实现。

（3）有效评价。优秀的学生是被夸赞出来的。在学习数学的进程中，学生是否能够长久地保持积极性与主动性，在很大程度上与教师的评价是否有效有关。教师需要特别注意对教学评价的运用，更好地发挥评价的作用，在教学评价时落实公平公正及实事求是原则，客观地评估学生的学习过程，将评价的诊断、调整、激励与导向等诸多功能展现出来。

（4）学高身正。教育是人有意识地推动个人发展与促进社会进步的过程，是人和人实现情感、态度、知识、技能等多方面传递与影响的活动。教师要注重发挥自己人格的力量，用自己的思想、态度、情感、行为影响学生。"学高为师，身正为范"，教师要"爱其生"，这样才能使学生"亲其师，信其道"。

（三）教学、学习、研究同步协调原则的具体内容

教学研究同步协调原则的基本内容是：教师的教学过程，也就是学生的学习过程，两者统一于师生共同参与的研究、探索、发现过程。教师怎样组织好、指导好这个过程，我们提出两点：①教师本身要有研究和发现的经历。因为如果一个人从未研究过数学，他怎么去指导别人去研究？一个从未发现（哪怕是再发现）过任何数学奥秘的人，他怎样引导学生去寻找发现的契机？虽然研究和发现是不容易的，但又是作为"数学教师"的人能够企及的。这里不是能不能的问题，而是为不为的问题。这就是教学科研同步协调原则对老师自身的要求：重视自身的学习、教学、研究。否则，就无法成为一个称职的数学教师。②仔细研究和体味教学研究同步协调的过程，它很难预先完全设计好，就好像一场球赛，是一个典型的混沌过程，主要靠临场发挥。在这里，控制这个过程既是科学，又是艺术，

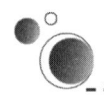

研究这样的过程，认识它的规律，是真正的挑战。

该原则体现了全新的教学观，它可派生出以下三条教学原则。

1. 教师启发诱导与学生积极参与相结合原则

教师需要用积极主动的态度投入教学活动，善于运用教学艺术，为学生营造问题情境，启迪学生独立自主地进行探究思索；学生需要乐学与善学，调动自己的各个身体感官，主动投入到数学学习活动中，开展创造性的数学学习，确保数学知识融会贯通与学以致用，与此同时，推动个人思维与创新能力的全面进步。这里有一个前提条件，那就是拥有良好的师生关系。在整个教学过程当中，不断提出与解决问题，可以有效调动教学气氛，将数学教学研究引向深入，引向发现与创造。

2. 教师合理化组织与教学方法手段相结合原则

在具体的教学环节，教师需要把握好教学内容、学生特征、教学大纲要求、根本任务、教学宗旨等诸多内容，选择有利于开展教学活动的教育组织形式，把握及运用好传统与现代的教育方法和手段，综合、灵活地运用它们，增强整体效应，打造科学高效的数学课堂。

3. 学生信息反馈与教师调节相结合原则

数学教师在教学时需要主动及有意识地利用多元化渠道获得教学和学生学习的反馈评估信息，以便对教学活动进行科学化地调整或者增强，促进教学效率与质量的提升。

第七章

高等数学教学的创新探索

第一节 高等数学教育中的创新思维

随着知识经济时代的到来，民族创新能力成为与中华民族未来命运息息相关的重大问题，对此，学校教育必须以培养学生的创新精神和实践能力为重点。我们认为，培养学生创新精神、创新能力的基础和前提，就是培养学生的创新思维。因而，深入研究创新思维的意义、作用和培养途径，具有十分重要的意义。

一、培养创新思维的重要性

所谓创新思维，是指人们通过对掌握的知识和经验的运用，以及对客观事物的观察、类比、联想、分析、综合，探索新的现象和规律，以产生新的思想、新的概念，新的理论、新的方法、新的成果的一种思维形式。培养学生创新思维的重要性主要在于以下方面。

一是社会发展的需要。世界正在进入以信息产业为主导的经济发展时期。我们要把握数字化、网络化、智能化融合发展的契机，以信息化、智能化为杠杆培育新动能。21世纪，以高新技术为核心的知识经济占主导地位，一个国家的综合国力和国际竞争能力越来越取决于其教育、科学技术和知识创新的水平，而创新是一个民族进步的灵魂，是一个国家兴旺发达的不竭动力。

二是素质教育的要求。素质教育的教育教学质量观的立足点是要充分考虑如何更好满足未来社会的发展及学生全面发展和长远发展的需要。因此，实施素质教育必须以培养学生的创新精神和实践能力为重点，必须强化学生创新思维的培养和训练。

三是由数学学科的特点决定的。发展思维能力是培养创新能力的核心，数学是锻炼思维的体操，数学教学要立足于展开学生的思维活动，从而发展他们的能力。

四是学习数学自身的需要。数学离不开运算、证明与作图，学生要学会精确而迅速地运算、正确而巧妙地证明、准确而形象地作图，必须逐步养成良好的思维习惯，尤其是具备创新思维能力。

二、培养创新思维的有效途径

中外专家学者的研究表明，人类本身包含着创新的本能，但这种本能往往是人的潜在能力，这种潜在能力需要通过开发才能变成现实的能力，教育是开发这种创新潜在能力的基本手段。通过适当的教育可以激发人们的创造性思维能力，因而从本质上讲，教育从来就负有培养创新精神的任务，数学教育由于自身的学科特点更应负有培养学生创新思维的重任。

（一）加强"双基"教学，是培养学生创新思维的良好基础

1. 创新思维的展开，必须建立在牢固掌握数学知识的基础上

这里所说的"数学知识"，包括中学数学课本中的概念系统、定理系统和符号系统三大系统的基本知识。对于基本知识的理解，数学教学中应满足以下三个方面的要求：一是理解基本知识的系统性，了解知识的来龙去脉及其在知识系统中的作用；二是认识基本知识的各种变形，了解知识间的内在联系；三是认识基本知识的诸多应用，了解知识在其他学科中的表现形式。如此深刻地理解和掌握基本知识，创新思维才有可能展开；客观事实也表明：记忆系统中的知识越丰富，思维的发散点和创新点才越多。

2. 创新思维的展开，必须建立在熟练掌握基本技能的基础上

这里所说的"基本技能"，主要包含四个方面：一是能熟练地按照一定程序和步骤进行推理或运算；二是学会使用尺规作图，使用其他工具或徒手画图；三是能运用所学知识进行一些简单的心算、估算和测量；四是能熟练地按照要求正确使用数学语言。在数学教学中，还要特别注重数学方法——主要是解题方法的培养与训练。数学解题方法是解题的基本手段，它具有三个层次：第一个层次是解题的具体方法与技巧，如换元法、配方法、待定系数法、数学归纳法等；第二个层次是数学解题的一些通法，如综合法、分析法、直

接证法和反证法、坐标和解析法等；第三个层次是数学解题中的思想原则和策略，即数学思维方法，如在解题的思维过程中应遵循的总原则——熟悉化、简单化和多途化，应遵循的总策略——转化与化归，对所要解决的问题进行变形、转化，直至把它划归为某个已经解决的问题或容易解决的问题，即划归为基本的、标准的数学题。大量实例表明：一个学生具有熟练的数学基本技能和基本方法，才能在解答某些数学问题时，使得创新思维得以展开，推理、运算才会显得巧妙、独特，具有创造性。

3. 创新思维的展开，还必须建立在总结解题经验的基础上

所谓解题经验，是某些数学知识、某种（一种或几种）数学解题方法和题中某些条件的有顺序的组合。这种组合若是有效的，则为成功经验，无效的则为失败教训。成功经验所获得的有序组合，就好像是建筑上的预制构件，遇到合适的地方，可以原封不动地把它用上。

获得了一元二次方程系数与加、减、乘、除运算构成的有序组合（用公式表示出来），这就是解题思维工程的"预制构件"，以后凡是遇到解一元二次方程问题时，便可直接利用。

解题的成功经验，又好像是围棋上的"定式"，遇到特定的情况，运用某种"定式"下棋子，会方便快捷；反之，违反定式，就有可能形成更大的障碍。可见，总结解题经验，有利于促进创新思维的发展。

（二）注重"特性"训练，是培养学生创新思维的有力举措

1. 创新思维的三大特性

创新思维具有流畅性、变通性和独特性。所谓流畅性，指的是在较短时间内能产生较多的想法，信息反映量多，心智活动畅通。所谓变通性，指的是思维灵活多变，不受旧有经验的限制和心理定式的束缚，能从不同角度想问题，能随机应变，触类旁通。所谓独特性，指的是能从前所未有的新角度、新观点、新方法去认识事物、反映事物，提出超乎寻常的独特见解。

流畅性是创新思维的量的指标，变通性和独特性是创新思维的质的指标。显然，我们在数学教学过程中，既要注重创新思维量的指标，又要注重创新思维质的指标。只有这样，才能培养出具有创新精神和创新能力的高素质人才。

2. 如何实现创新思维的三大特性

（1）在一个问题面前，尽可能地提出多种设想、多种解答，思维向多方面发散，借

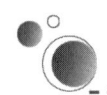

以增强或实现创新思维的流畅性。在数学中，一空多填、一式多变、一题多问、一题多思、一题多解等形式的训练，其作用便是培养学生思维的流畅性。

（2）在一个问题面前，思维在某一方面受阻时，马上转到另一方向，就可能产生新的思路，借以增强或实现创新思维的变通性。在数学中，或从不同角度求解，或用逆向思维寻求结果，其作用便是培养学生思维的变通性。

（3）在一个问题面前，我们总是千方百计地寻求最优解法，借以增强或实现创新思维的独创性。在数学中，我们通过寻找题目的简捷解法、反常解法来培养学生思维的独创性。

（三）狠抓思维开发，是培养学生创新思维的有效途径

创新思维是人人都具有的潜能，但需要开发。我们认为在开发学生创新思维的方式上，不应靠"灌输"和"传授"，而应在教师的引导、启发下，学生自我开发、自我创造、自我提高、自我完善。在开发学生创新思维的程序上，创新思维是与灵感、直觉、顿悟直接联系的，但是这些超常规思维若不与常规思维相比较，学生是难以掌握的。爱因斯坦说得好，"真正可贵的思维是直觉思维""单凭传统的逻辑思维而想有所发现是困难的，甚至是不可能的；但是，假如认为不必借助逻辑思维而想有所发现，这同样是不可思议的事情"。

1. 重视直觉思维的培养

直觉思维即灵感思维，指人们长期思考某一问题又为所思所困，一时找不到解题出路，突然遇到一个火星，出现顿悟，产生灵感（或联想），燃起智慧之光，使所思得其解。例如，我国古代建筑大师鲁班，日夜思考怎样把原木改变成所需的各种木料，但不得其解；一天上山，茅草的锯齿边缘划破了他的手指，由此灵光一闪，发明了锯子。这虽然是个传说，却可以说明直觉的本质和关键，易被学生理解。直觉思维是创新思维的导火线，在数学教学中，我们可以通过问题，让学生应用直觉思维试解。

2. 强调逻辑思维的开发

在数学教学中，除了重视培养直觉思维，注重开发学生的逻辑思维也是极为重要的，这与发展学生的创新精神和创新能力相辅相成。在当今社会，对瞬息万变的信息进行判断和选择需要逻辑思维，没有一定的逻辑思维能力，解决问题和发展创新都将成为空中楼阁；没有系统的逻辑思维能力训练，数学的思维方式不可能建立，数学的精神、思想及意义也无法体验和领悟。因而努力开发学生的逻辑思维能力至关重要：让学生能够正确运用逻辑知识，做到概念明确，判断恰当，推理有序，方法正确；有效避免学生偷换概念、循

环论证、依据不足、答非所问等逻辑性错误的发生。

3. 注重个性思维的发展

当今社会，培养学生的意志、情感等非认知因素，发展学生个性，都可以诱发学生产生创新思维。数学教育在素质教育中承担着非常独特的任务，它不仅可以培养学生发现问题、分析问题、解决问题的能力，而且现在学生所必备的素质在数学教育中都可以得到培养和落实，如坚韧不拔而又客观公正的为人品格，严谨而又周密的思维习惯，善于把握事物的主要矛盾、洞察事物的本质，把握全局、明辨是非的能力，对不断变化的现实世界的快速反应、灵活应变、有所发现、有所创新的能力等。因此，数学教育不仅要与数学的发展、教育科学的发展相适应，而且必须与社会的进步相适应，充分反映社会的要求。

4. 加强创新思维的训练

数学是与思维密切联系的科学。学习数学可以锻炼思维能力，反过来学生思维能力提高了，又能更好地学习数学。因而，加强对学生思维的全面训练，注意培养学生的创新思维和创新能力，既有利于数学教学，又有利于提高学生的全面素质。为了有效地培养学生的创新思维和创新精神，我们认为必须做到四要：一要打破创新发明的神秘感，确信普通智力的人都能产生创新思维；二要不唯师、不唯书、教学相长、努力实现主体性教育，给学生提供创新的时间和空间；三要破除对标准解法、标准答案的迷信，提倡独立思考，自我发展，自我创新；四要使学生切身体验到各种思维方法的本质、特点和关键所在，以便创造性地进行运用。

第二节 高等数学教学活动创新
——数学建模竞赛教学

近年来，高校教育改革工作如火如荼地进行着，大学数学教育为适应教育改革的浪潮，在课程安排、教材创编、教育手段改革等多个领域也进行了改革和创新。随着信息化时代的到来，大量先进科技更新换代的速度不断加快，推动了很多数学软件的研发与应用，越来越多的人开始在思想认识上进行转变，并提出数学教学不单要关注演绎、归纳、创造思维等能力的培育，还应该引导学生正确应用数学方法与先进的计算机技术解决实际问题。与此同时,国家和社会对高校创新人才的培养也变得非常迫切。所以,国家高度重视高校教育创新,也因此增加了对大学数学教育创新的期待,并开始探究有效的教改方案。在这样的背景之下,大学生数学建模竞赛模式逐步在大学中迅猛发展起来,并成为越来越多专家学者关注的焦点。

一、数学建模的定义

为保证数学建模竞赛和数学教学可以更加系统深入地实施,加大二者的研究力度,下面先从数学建模的定义出发,对其进行浅层次的探索与说明。

假如用简短的语言对数学建模进行定义说明,可以说建模就是把实际问题数学化。在对实际问题进行表述时,通常有很多方式,为了满足让表述更具逻辑性、科学性、客观性等要求,我们倾向利用严谨的语言进行精准的描述,这里用到的精准和严谨语言就是数学语言。所以,我们还可以用更加严谨的语言,对数学建模进行论述,整合特定规律,给出必要假设,之后科学地运用数学工具得到数学结构。尽管如此,专家学者也没有在数学建模的定义方面获得统一。著名的数学家本德在对数学模型进行描绘时,把数学模型叫作被抽象和数学化了的结构。此外,有些专家学者认为,数学模型是现实对象数学化的一种表现。

构建数学模型的过程就是数学建模。数学建模是利用数学化的处理方法,把实际问题进行数学方面的转换,使其变成一种简练严谨的数学表达式,在完成模型构建之后,运用数学方法或者计算机技术对模型进行求解。所以,数学建模实际上就是用数学语言描述实际现象的过程。这里提到的实际现象,包括的内容有很多,如自然现象、抽象数学现象等。此处所说的描述包含外在形态、内在机制、预测、试验等诸多内容的描述。

在整个现实世界范围内,自然与社会科学中的很多问题并不都是用数学形式展现在大众面前的,于是就需要运用数学建模的方法,以便利用数学思想方法解决这样的实际问题,降低问题的解答难度,让实际问题的突破不再是难题。我们可以形象地把数学模型叫作桥梁,桥的两边分别是数学和实际问题,在有了这个纽带之后,人们就能运用数学方法解决实际问题。正是凭借这样的优势,数学建模的应用范围逐步扩大,除了用于解决数学问题,还用于解决自然和社会科学中的问题。由于数学建模可以推动技术转化,因而其在科技进步中发挥着不可替代的价值,而这样的价值也越来越得到数学界与工程界的关注,如今已成为现代科技人员一定要具备的一项能力。多个科学领域和数学进行有机整合,让各个学科的成就也变得更加突出。例如,力学的万有引力定律、生物学的孟德尔遗传定律等，都属于数学建模在典型学科中应用的代表。

二、大学生参与数学建模竞赛对培养创新能力的意义

（一）对大学生综合运用知识能力的培养

数学建模竞赛中给定的题目来自不同领域，是对社会各领域实际问题进行简化后提出来的，不会要求学生一定要掌握特定领域的专业知识，主要考查的是学生的数学建模能力。另外，题目安排的灵活度高，与数学应用题不同，拥有数学交叉和理工结合的显著特点。所以，数学建模题目的解答不单需要学生对课堂上的知识和建模技术手段进行有效把握与应用，还要求学生掌握及获取问题的背景知识，站在整体角度探究问题，给出解决问题要使用的工具和方法，以此考查学生的综合应用素质。

（二）对大学生创新能力的培养

数学建模没有标准化的格式，也就是说，我们可以在解决实际问题的时候，运用不同的建模思路，哪怕这个问题是同一个问题，也能选取不同的解决方法。数学建模竞赛题来自自然与科学领域中被简化的问题，灵活性和开放性强，能让参赛学生的创造力得到有效的展示与发挥。在这样的建模竞赛活动中，学生开阔了视野，同时进行了创新能力的锻炼，是培养学生创造性思维的有效策略。

（三）对大学生抽象思维能力的培养

数学建模来自我们熟知的社会领域，而且这些问题经历了初步简化，因此没有恰到好处的条件，可能会缺少一定的条件或数据，也有可能会有多余的条件。这就需要学生结合对象特征与建模目的，深层次地确定问题，对给定的条件和数据进行研究，并用数学化的方法处理实际问题，发现参数和变量，把数学语言作为表述性语言。深层次明确问题的依据是对问题内在规律的认知，或对数据现象的深层次分析，或为二者的交叉。所以，想要做好这方面的工作，学生一定要发挥自身的洞察力和想象力，辨别区分问题的主次，找到主要因素。在深层次确定问题的前提条件下，利用数学语言对参数与变量实施表述，就是构建变量间关系，探究怎样让变量间关系的语言表述和表达式一致。所以，这一工作要考察的是如何完成现实问题到数学问题的具体转化。这一步骤的完成需要学生有很强的认知力与抽象思维力，可以将感性认知上升到理性层次。比如，1992年数学建模竞赛题A的建模内容是分析施肥效果。在这个问题中列举了大量观测数据，因而学生要对数据加大研究，进行必要性的简化，之后再建立三元二次多项式回归模型。

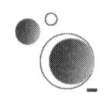

(四)对大学生使用计算机(包括选择合适的数学软件)的能力培养

求解不同的数学模型,通常用到的是各不相同的学科或知识,与此同时,很多建模求简的过程及运用的运算方法是非常复杂的,有些还需要在求解的同时了解运行趋势。现代科技的发展,尤其是计算机技术与数学软件的出现,如Mathematica、SAS、Mathcai等,为数值计算及模型求解提供了良好条件。

(五)对大学生自学能力的培养

数学建模教学通常选用的是启发式的教育模式,最终设置的课程大多是数理统计、数学软件的应用等时间短的课程,甚至是直接用知识讲座的方法进行简要教学,强调要依靠学生自主学习;在数学建模竞赛的培训环节,指导教师为学生提供的方法指导,也通常局限在一种方法、一个实例方面,学生要通过自学的方式从点到面,自行进行拓展与延伸。在数学建模的学习过程中,可以充分激发学生的主动性,同时挖掘学生的内在潜能,对学生的自主学习能力和自学意识进行培养。

三、大学生参与数学建模竞赛对高校数学教育改革的意义

开展数学建模竞赛活动,不仅有助于大学生综合素质的提高,还能够发展他们的创新素养,更为关键的是,竞赛活动的实施和大学数学教学改革存在着相辅相成的关系。本书的观点是,高校数学建模竞赛对于数学教学改革有着极大的推动作用,具体体现在以下几个方面。

(一)推动高校数学教学体系的改革

站在数学思想的层面上看,培育大学生数学素质能力需要包括以下两个方面:第一,利用分析运算或逻辑推理等方法,可以准确迅速求解已建立完整的数学模型。第二,利用数学符号语言和思想方法,抽象化地总结研究对象的规律,建立和数学对象相应的模型。几乎所有的传统数学教育都会将侧重点放在第一个方面,而在引入数学建模之后,给后者的训练提供了重要路径,同时这样的操作也是对原有教学模式的改革实验。

(二)推动高校数学教学与数学课程的融合

数学教学和课程融合发展是一种最佳的数学教育形态,也是保障学生长足进步的有利条件。结合现代教育论的认识,教学过程是师生共建课程的过程。所以,建模教学必须让师生作用得到充分的发挥,发挥教师的主导作用及学生的主体作用,保证师生互动和生生互动的开展,让交互性的学习活动在教学中占据主体,利用合作探究与交流沟通的方式

解决实际问题。在这样的教学模式下，学生可以选择自主学习、实验学习、合作学习等不同的学习方式，让学生的兴趣得到培养，同时让学生的问题发现与解决能力得到锻炼，彻底改变过去教学和学习相脱离的局面。所以，数学建模活动的实施促进了数学课程和教学融合。

（三）推动现代教学理论与实践的结合

目前，我国教育领域中的主流教学具有理论和实践脱节的情况。在引入数学建模教育活动后，能够让脱节问题得到显著缓解。首先，数学建模学习活动是促进教育理论转化成实践的最佳方式。在实际的数学教学中，在有了明确目标后，运用科学化教育方法，对学生施加积极影响，可以有效推动学生为目标的达成不懈奋斗，进而到达成功彼岸。随着国家教育事业的发展，我国在教育理论的研究方面也取得了长足进步，其中一个重要的研究结果就是明确教学的最终目的是促进学生全面发展。在此处，发展的内涵是学生的主体性发展。但是，在教学理论中，如何有效确立学生主体地位还没有一个合理有效的模式作为指导。数学建模可以有效弥补这一不足，让数学教学朝着现代化的方向改革，也为学生主观能动性的发挥打造了平台。

第三节　高等数学教学模式创新——虚拟创新教学

数学学习创新的主要内容是学生构建新认知及在建构中体现出的创造性思想理念和行为，是引导学生树立创新意识，促进创新能力发展的有效路径。虚拟创新教学模式正是在这样的大背景下提出的，下面对该模式的研究思路、操作方法及实际特点进行一定说明。

一、大学数学的虚拟创新教学

（一）虚拟创新教学的提出

《中共中央国务院关于深化教育改革全面推进素质教育的决定》中要求，教育改革是现代教育发展的必然趋势，而改革的重点应是发展创新精神及锻炼学生的实践能力。数学教学改革的真谛在于改革传统的数学教育模式，不断探寻数学教育领域的新路径。创新教育并非一种固化模式，创新教育具有开放性和创造性的特征，也是一个创造性的过程，但模式是科学操作与思维的方法，会时时刻刻对教学产生不同程度的影响。数学教学把理论和实践联系起来，让二者有了沟通的纽带。为将数学和创新教育结合起来，必须研究创新教育理论，并把该理论作为指导，打造数学教育的创新模式。

怎样促使学生在课堂上开展自主性与创新性活动呢？对于这个问题，一直到现在都没有获得肯定答案，也没有一个答案可以被广大教育人员认可。不重视教师在教育中的价值是不正确的，关键在于如何推动教师改变角色，促使教师的职能发生转变，使学生获得自主探索研究的机会，具备自主探究空间。同时，可以让学生得到教师具有针对性的引导，消除学习中的盲目与随意性，规范学习路径，提高效率，保证学习目标的实现。

在整个教育历程中，根据师生地位和发挥的职能，通常将教学模式分成以下模式：第一，以教学为中心的模式。该模式在开展教学设计时完全围绕教师的教学活动推进，其优势是能够帮助教师更好地对学生进行管控，让学生可以顺利地完成课堂知识的学习，优化教学组织；其劣势体现在，整个教学活动中学生均处于被动地位，只能被动地接受教师传输的知识。第二，以学习为中心的模式。在这一模式中，教学设计围绕学生的学习展开，其优势是能够确立学生的主体地位，保证学生在学习活动中居于核心；其劣势在于很有可能导致学生的学习活动偏离正常轨道，教师不容易约束与指导，影响教学的正常秩序，导致学生的学习效率与教学质量下降。

假如把这两种模式进行有机整合，那么最终建立起来的教育模式，不仅能够促进教师价值的发挥，促进学生学习效率的提升，还能够确立学生的主体地位，培养和发展学生的创新能力。将二者整合起来的教育模式是一种创新性的教育模式，受此影响，学生不再被动学习，而是开始积极主动地探究与思考，从已知向着未知领域探索；学生间的互动沟通合作及学生的自主学习同时实施；教师的单一化教学转变为激励和引导教学，可以有效约束课堂秩序，调动教学气氛，与学生构建和谐的师生关系；教材内容既是教师向学生传授的知识，也是学生投入构建式学习不可缺少的素材。只有这样才能保证学生完成学习任务，并将无意识创新升华发展到有意识创造的境界，真正提高学生的创新能力。在这个过程中，教师要担当的职责非常艰巨，既要激励学生主动思考，又要在学生出现疑惑或学习障碍时加强引导，使整个课堂朝着既定的方向发展，落实教育目标。虚拟创新模式就是以上述思想为引导得到的现代化教育新模式。

（二）虚拟创新的含义

"virtual"这个单词在计算机领域的应用很广，来自拉丁语"virtus""virtua-lis"，该单词本来的含义是可产生某种效果的内在力量或能力。从哲学视角分析，虚拟和实际是一对相对应的概念，但是它们在意义方面有着等效性。与客观实际相比，虚拟能够让主体在感知角度上获得效果等同的感受。要理解虚拟的概念，我们需要把人们在平时容易和虚拟弄混的概念进行分析，通过对比加深对虚拟的认识。

虚拟与可能是完全不同的概念，可能与实在事物之间有纯粹逻辑关系存在。从哲学角度上看，可能性和现实性完全相对，可能性表明在形式上已经完全被构造，但是距离到达现实性还存在差距。

虚拟与模拟是完全不同的概念，虚拟要有条件，也就是要存在原型才可以进行虚拟。在科学体系中，模拟的基础是相似理论。不同学科中的模拟基础也不相同，如物理模拟的根据是物理量的相似指标，数学模拟的基础是原型与模型的数学形式的相似性。因此，模拟与原型之间是存在内在逻辑关系的。由此可知，可能是相对现实而言的，模拟是相对原型而言的，虚拟则是相对现实而言的。从认识论角度出发，主体对现实世界的理解依赖主体的心理感觉，如果这种感觉不存在，那么在认识方面就不具备认知价值。所以，具备心理感觉是认识论意义方面存在的必要条件。虚拟创新就建立在这样的特殊意义之上。

（三）虚拟创新教学的总体思路、基本点和操作步骤

虚拟创新教育的组织形式是：教师先树立正确的教育观念，该观念的核心是培育学生的创新思维，结合教育内容，提前创编虚拟创新教育的教案，优化教学设计，列出学生要解决的问题，指导学习方法，介绍知识背景，让学生在教案和教材的支持下自主创新。学生根据教案自主学习和合作探讨，并在无法通过讨论与自学方法解决问题时，从教师方面获得指导和帮助。教师为学生提供的是学生在学习中必要的教具、课件等材料，了解学生在数学学习方面获得的进展，并观察学生的学习过程表现，适当给予引导和支持，使学生对问题的研究更加深刻和持久，抓住学习中的有用信息，创造有助于合作探讨的活跃环境等。

1. 虚拟创新教学的总体思路

虚拟创新教学的总体思路是：数学教学活动将学生作为学习实践的主体，引导学生自主学习，进行知识意义的自主构建，为学生指导学习方法和完善学习做准备。数学教学以学生主体实践为根基，落实学生自学，主动构建数学观，给学生提供学习方法上的引导及知识层面上的准备。在学生遭遇学习瓶颈时，借助生生互动与师生互动的方式，或是通过教师个别指导的方法，让学生的疑问得到解决，使学生在自学及引导的双重作用下获得发展。借助虚拟创新教学，发展学生自主学习的能力，发挥学生的主体作用，让学生掌握学习方法和创新思路，进而为学生的全面发展提供动力支持。

2. 虚拟创新教学的基本点

教师在虚拟创新教学中扮演着重要角色，在具体教学实践中，教师需要把握以下两点。

（1）认知情境的创设。虚拟创新教学要贯彻生本理念，倡导以学生为主体的探究活动。目前，高校学生因为在中小学就一直处于被动学习状态，甚至已经形成了被动学习的习惯，因此到了大学阶段还不能自发地开展自主学习。所以，教师应注重引导学生，使学生拥有认知方面的有效工具，该工具指的是教师创设的认知情境。认知情境创设包括诱发猜想、引导直觉思维、刺激反思、指导提问。

（2）学习共同体的创设。通过心理学的诸多研究发现，学生在学习中的投入包括行为、认识和情感。其中，情感因素决定了学生在学习中的主动性与积极性。情感与行为参与性作为有效载体，同时促进认知参与。在杜威看来，主体参与性活动是个人活动，也是社会共同体活动，是解决问题探究环节的经验再构建。由此观之，主动参与涉及师生关系这个主要问题。所以，为促使学生积极参与数学学习活动，必须创设学习共同体。学习共同体创设需要做到改善师生关系，和谐生生关系。

3. 虚拟创新教学的操作步骤

虚拟创新教学模式的步骤主要有以下三个阶段。

（1）自学阶段。

第一，教师需要从教育环境和条件的支撑方面入手，为虚拟创新教学的推进创造良好环境，同时辅助学生优化学习准备。比如，为推动合作学习模式的落实，教师从学生的学习能力、认知水平、兴趣爱好等方面出发，对学生进行科学分组，一个小组由5~6个学生组成。在组织小组时，教师必须严格落实"组间同质""组内异质"的原则，确保小组中的每一个成员，能够实现彼此学习及共同进步。异质小组的成员，拥有差异化的性别、能力、学习背景、成绩等，因而能够让小组成员显现出多元化的特色，促使他们在合作学习的同时，扬长避短，进一步刺激学生产生强烈的合作热情。

第二，要对虚拟创新教案进行合理化编写，必须由教师对有关信息材料进行大范围地归纳总结，同时从实际教学中总结经验，以便保证编写出的教案符合学生的学习规律，同时启迪学生的思维与行动。例如，教师在课下将自学辅导教案交到学生手中，要求学生在教案的指引下充分预习，完成课前的一系列准备任务；课上学习阶段为学生提供提问教案，其目的在于为学生设置悬念，确保教学情景新颖，能够引起学生主动动脑思考；在课后巩固学习阶段，教师为学生下发复习教案，其目的在于让学生在教案的引导下对课上学习的内容进行反思。

广大学生把教师设计的教案作为重要载体，在这样的指引下对教材进行自主学习。在虚拟创新教学的开端，教师就强调学生要敢于尝试，同时也主动赋予学生自由探索的思考时间与空间。利用这样的方式，可以让学生步入主体地位，而学生在不断学习和探究的过程中，假如遇到难题就会寻求教师的启迪与指导。在这种情况下，学习成为学生的内在需求，让每一个学生都成为"我要学"的实践者。有了积极动机的作用，学生可以有效凭借个人力量突破多个学习问题，同时丰富学生成功的学习感受，让他们在今后的数学学习中更加投入。

（2）讨论创新阶段。学生在完成自学学习任务后，会凭借自己差异化的视角与思路得到多种多样的学习成果，得到很多不同的解答方案，因而产生了合作讨论的必要性，使学生进入讨论创新的学习阶段。就合作学习者而言，在合作进程中，生生间会进行彼此意见的交换，给彼此提供必要的学习支持，也让学生想要影响他人的欲望得到一定程度的满足；借助互帮互助的方法，让学生的归属需要得到满足；利用互相激励的方法，使学生对自尊自信的需求得到满足。

合作学习不仅是虚拟创新教学大力倡导的教育模式，还是互动学习的基本形式。让学生在投入合作学习的过程中，掌握倾听策略，吸纳他人的意见，在尊重他人的前提下不断优化和补充个人的认识；在出现分歧时，指导学生进行热烈的探讨、沟通与解释，利用辩论和彼此互动的方式，让学生的主动性被调动起来，让他们进行思维的碰撞，消除各自的误解，探寻更佳的解决方案；在遇到实际困难时，鼓励学生加强协作，利用同伴的激励与支持找到共同意见，顺利地解决实际问题。在整个合作历程中，教师还需要让学生对合作成果进行交流分享，借助小组自评或教师整体评价的方式，引导学生养成反思学习的习惯，同时让学生在交流分享中收获成功的愉悦感，体验集体的力量和合作的过程，让他们在今后的学习中有更加强烈的合作欲望。

面对学生遇到的诸多疑难问题，教师可选用两种处理方法：第一种方法就是对学生进行点拨。在学生就某一问题进行热烈探讨时，教师可以适当参与，应抓住有利时机进行追问和反问，让学生的思路得到指导及启迪。第二种方法就是精讲。数学中很多问题难度和复杂度很高，而学生对于知识与技能是非常渴望的，他们急于揭开数学的神秘面纱，因此，教师必须做好精讲教学，帮助学生厘清思路，同时借助案例，从个别问题升华到一般性规律，让学生可以举一反三、触类旁通，也让学生在教师的引导下，顺利总结新旧知识间的关联，完善知识体系，增强分析综合能力，真正掌握学习策略。

在激励学生互动探讨时，教师需要关注优良的学习氛围及教学情境的营造，保证整体环境民主平等与和谐自由，使学生能够放松身心，大胆提出疑问并勇敢争辩、发表意见，让创造性思维拥有萌发的土壤。

借助小组合作学习这样的活动，教师可以从整体上把握学生的自学情况，对讨论进程进行一定的调整与把控。与此同时，教师须积极搜集不同小组给出的反馈资料，把握学生基础及思维特征。针对个别化问题，教师可要求学生在小组内自行讨论解决，面对很多学生都存在的共性问题，则可以通过全班探讨的方式解决。在有了小组学习作为推动力后，获得的问题集中性强，同时有代表性与典型性，能够让教师开展精讲活动的效果得到提升。

（3）总结检测阶段。以上两个阶段主要强调的是让学生把自己学习到的理论应用到研究和解决问题方面，检测则是强调运用测验的方法获知学生的知识掌握与应用水平究竟达到何种水准。我们所说的总结检测阶段，不是人们常规思想上的考试，尽管检测和考试的手段具有一致性，不过其目的却大相径庭。检测的目的是反馈学生学习中的诸多问题，让学生可以及时矫正，为学生的知识整理和内化提供机会。教师还要结合检测结果的反馈进行反思，对以往的教学方法进行优化改革，归纳重难点及诸多的思路方法，将知识梳理成线和网，凸显出学生的不足之处，使学生可以掌握知识基础结构和知识之间存在的关联性，实现认识的全面化与系统化。

二、虚拟创新教学模式的主要特点

将以上分析作为根据和保障，我们将虚拟创新教学模式的特征总结为如下四点。

（一）有利于培养学生创新情感和创新意志

有了虚拟创新模式的助推，数学教师不再是教材的代言人，可以因材施教，加强对学生的引导。教师的突出作用是激励学生学习动机的产生，促使学生自主学习，让学生真正成为课堂学习及创新的主人，拥有自主权、自决权与自探权。毋庸置疑，由于多种因素的影响，学生的差异是永远存在的，要促进教学效率的提升，就要为学生创造层次性知识学习的机会。教师在课堂教学中，不要在每堂课上都运用一刀切的方法，而是要花费更多时间关注学生的个体发展，使学生拥有自主学习和探究的平台，让学生朝着个性化的方向进步，达成差异化目标。也就是说，从整体角度出发，调控教学进度，设计多元化和个性化的教学活动，落实教育目标；从微观上进入学生群体，抓住有利时机，做好对学生的指导，同时吸纳学生给予的诸多反馈信息。让教师的人格魅力得到充分展示，让学生的刻苦学习精神及意志力得到锻炼，让学生特别是学困生可以得到教师的关爱，重塑信心，奋起直追，向着优等生转化。只有这样才可以完成教育任务，同时挖掘学生的内在潜力，让每个学生找到自己的最近发展区，并在他们各自的领域获得更好的发展。

（二）有利于学生体验探索知识的过程、领会创新方法

创造教育家托兰斯在其一系列研究中得出一个结论：要保证创造教育收获成功，最为基础的工作就是激发学习兴趣，调动学习激情，让学生成为学习的主人。教师在这一进程中，不但要引导学生学会，而且需要让学生会学，也就是让学生在学习知识的同时掌握学习方法，促使学生用科学化的方法与观点获得收获，运用创造性思维进行问题的思索与探究。学习是教学的根本所在，而学法是教法必不可少的根据。掌握科学化的学法，提升学习能力，远远比学习教材中的某些内容更重要。在虚拟创新的教育进程中，一方面，教案能够在一定程度上代替教师的角色，为学生参与学习活动提供指导，让教师从繁重的教学任务中解放出来，使之有更多的时间运用个别辅导方法帮助学生；另一方面，学生自主制定学习目标，结合实际安排好自己的学习进度、选择自学方式，进而让广大学生拥有独立自主权，成为真正意义上的学习者。学生可以从自己的实际情况出发，实现各自层次范围内创新素质的发展。

在现代认知心理学的研究过程中，把认知领域知识划分成三个种类，分别是陈述性知识、程序性知识及策略性知识。数学教育的核心任务在于让学生掌握策略性知识的应用方法，也就是教学生怎样获得知识，让学生能够科学高效地自学。在具体的课堂教学中，利用教师与教材传授的方式，为学生提供的绝大多数知识都属于陈述性知识，还有一部分是程序性知识。而这些内容只能为创新提供基础，无法培育学生的创新精神。教师要注意在教学中针对不同问题，带领学生归纳、总结、拓展。事实上，这正是让学生掌握学习策略的过程。学生可以在丰富问题解决技能的前提下把握学习策略，学会思维的控制与运用方法，开展创造性学习，将学习活动引向更高层次。

（三）有利于建立新型师生关系

师生关系处在不断发展变化当中，其发展历程可以分成三个阶段：第一个阶段是以教师为中心建立的师生关系，第二个阶段是以教师为主导和以学生为主体建立起来的师生关系，第三个阶段则是以学生为中心建立起来的师生关系。随着教育改革和教育新理念的产生与发展，大量教育者开始对以教师为中心的教育方法提出疑问。在提出了很多个别化教学方法之后，原有的教育秩序已经逐步被打破，教师在教学中的功能有所降低，学生不再受教师的约束与束缚，重新获得了自由自主的发展空间。教师为主导、学生为主体的观念出现在现有的教育条件下，事实上是一种折中思想，目前已然被以学生为中心的新教育观

替代。未来的教师角色应该是这样的：教师的职责更少地放在传授知识上，更多地放在引导学生自主思考上；安排好创造性实践学习活动的时间和活动设置；师生之间彼此了解，对学生实施积极影响。在查理斯和艾伦伯格看来，如今我们所处的21世纪拥有知识经济与信息化的显著特征。这些特点的存在对我国教育的改革发展提出了全面变革的诉求，而传统学习方式也在向着创新学习转变。这就需要教师能够彻底打破传统课堂的限制，不再将重点放在传授知识上，而是成为学生学习道路上的引导者与参与组织者，教师需要不断提升适应性及灵活性，更加协调有序地处理好教育工作。结合现代教育思想，教育设计不管在时空还是内容方面，抑或是学习策略方面，都必须以学生为中心，让学生不再被动式地学习，而是成为学习的主人。教师承担的任务则是把握学生个性化的学习特征，立足学生差异，提出因材施教法，引导学生学习认知方法。因此，教师要完成自身角色的转变，与学生建立新型师生关系。

数学这门学科非常严谨，知道和不知道之间存在着非常明确的界限，因为教师在知识、能力、阅历、经验等诸多方面都优于学生，因此，很多时候会在教学时产生师生之间的距离感和隔阂感。传统教育模式阻碍了学生的合作互动学习，而虚拟创新的教育模式则能够弥补这些缺陷，让师生可以建立亲密互动的良好关系。教材和教师设计的教案是教授数学知识的基础载体，发挥的是引导学生思路的作用。在这样的情形下，教师不必重新论述，学生可凭借自己的能力读懂教材，更不用替代学生自主思考。学生有了教师的耐心指导，把自学作为主要途径，同时把动手和动脑结合起来，进行独立自主的学习、练习、阅读、思考与解决实际问题，进而构建新型师生关系，适应虚拟创新教育的新环境。

不管要形成怎样的教育模式，要把正确理论作为引导，避免在实践中出现盲目性和低效性的特征，让虚拟创新的教育模式可以在落实中显现出勃勃生机。在现代教学理论体系中有很多理论，如发现式理论、建构主义理论等，这些理论都是综合教育学和心理学的重要理论成果。数学虚拟创新教学吸纳了很多现代教育理论的精髓，并结合不同理论在实践中出现的缺陷，开展的一种创新性的尝试与探究活动。

三、虚拟创新教学模式的教学焦点——问题解决

解决问题是心理学中的概念，很早就受到心理学家的关注。行为主义心理学问题解决的观点是一种低级解题活动，而认知心理学问题解决的观点则是一种高级解题心理活动。在数学教育中，问题解决是美国在20世纪80年代提出的课题，到了90年代，这个问题的讨论发展到高潮。问题解决是数学教育的一个重要目标，是探究和创新的过程，是基本技能。

(一)关于问题、问题解决者和问题解决

通过整合认知心理学的观点,问题解决属于高级学习方式。R.M.加涅在《学习的条件》初版中提出八类学习,从低到高是这样设置的:①信号学习;②刺激—反应学习;③连锁学习;④言语联想;⑤辨别学习;⑥概念学习;⑦规则学习;⑧问题解决。这些权威人士将问题解决当作高级智力实践活动,因为在这样的活动中涵盖大量的认知心理内容。

先要解决的是问题是什么。1945年,卡尔登克尔给问题下的定义是:问题出现在某一生物拥有目标,但不知怎样达到目标时。杜威指出,问题产生在人们遇到困难时。在西方心理学的研究领域得到的普遍性定义是:问题是个体想做某事,但无法立即知道做这件事所需行动的情境。现代心理学给出的观点是:某情景初始状态及目标状态间的障碍就是问题所在。这个障碍是相对主体的认知心理来说的。在深层研究过程中,纽厄尔和西蒙对问题进行了主客观方面的划分。从客观方面看,把任务叫作任务领域;从主观方面看,是问题空间。问题空间包括初始状态、目标状态和中间状态。

问题解决者是解决问题的主体,是能够有效解决问题的人的统称。如果从广义上看,问题解决者除了人和其他生物,还有智能机器。现如今,人工智能的研究正在不断深入,从中也获得了越来越多的研究成果,借助智能机器解决实际问题不再是梦想。问题解决发生在问题解决者参与解决某问题的认知活动时。波利亚对问题解决给出的定义是:发现解决困难的路径,绕过障碍的路径,达到难以瞬间达成的目标。

梅耶在问题解决定义的认识方面给出了比较深刻的思考:第一,问题解决有认知性;第二,问题解决是一个过程;第三,问题解决是可以指导的,问题解决者会尝试性地朝着不同方向努力。

皮连生认为问题解决包含以下几个重要内容:第一,问题解决过程是认知的;第二,问题解决拥有一个过程,需要解决者操作自身已有的知识经验;第三,问题解决过程具有目标性及导向性;第四,问题解决拥有个人化的特点。

(二)问题解决的过程

在心理学的研究活动中,探讨的主要是问题解决中问题空间认知操作的转换过程。人们对认知操作有很多不同的解释,源自格式塔心理学的解决观,早期认知心理学在解释时强调问题解决的心理过程是整体理解问题情景,把着力点放在问题解决顿悟性质这一方面。在这之后,奥苏伯尔与布鲁纳发展了自己的理论,认为问题解决的心理过程是认知结构的组织和再组织,把侧重点放在原有结构作用上。信息加工心理学在实际阐述方面则处

于不同角度，认为问题解决是一个信息加工的过程。现代认知心理学则认为问题解决应该把建构主义认知观作为引导，指出认知转移不是机械性的过程，而是一种能动选择与加工。R.M.加涅在《学习的条件》中给出了学习论的新体系，同时得到问题解决的新解释。这个解释是运用知识分类学习习惯进行问题解决的阐述，将问题解决当作三类知识的综合运用。这样就将认知心理学问题解决理论引向了更深层次，也为实际教学中解决问题提供了研究框架。

在面对问题解决时，我们通常会将其分成不同阶段或是分出很多不同环节。布朗斯福特与斯特恩把问题解决过程划分成五个步骤，分别是问题识别、问题表征、策略选择、策略应用及结果评估。斯滕伯格则提出了六个步骤，认为问题解决包括确认、定义、形成解决策略、表征资源分配、监督、评估。六个步骤是解决问题的循环，因为在解决完一个问题之后，就表明另外一些问题的出现。杜威也提出了问题解决的步骤：第一步是产生怀疑，认知方面的疑惑或者困难思想；第二步是在问题情境中识别问题；第三步是在情景中把命题和认知结构建立关联、激活背景及以往得到的问题解决方法；第四步是检验假设，再次阐述问题；第五步是把成功答案组合到认知结构中，将其应用于手头问题或同类问题的陌生例子中。沃拉斯站在创新角度给出了问题解决的步骤安排，分别是准备、孕育、明朗及验证，具有创造性思维的显著特点。除此之外，现代认知心理学从信息加工角度出发，描述了问题解决的过程。我国著名教学论专家高文将问题解决过程归结为五个阶段，分别是：问题的识别与问题的定义、问题的表征、策略的选择与应用、资源的分配、监控与评估。

我们可以看到，以上观点给出的问题解决过程在表述方面带有一致性的特点，不过，差异化的解释也体现出问题解决中的不同侧面。时序性特征为问题解决提供步骤；创造性特征用于启迪解题思维与方法，同时对问题解决中的思维隐性部分进行特别关注，为探究问题解决中的诸多思维打下基础；基础加工模式体现出问题解决过程中的心理要素非常复杂，也注意到当中的诸多因素，尤其是监控因素的巨大价值。人的神经系统在对信息进行加工时，会引起认知联结与图式转移程式，还会控制程式的发生方向。上述问题的解决过程主要表现了人在这个过程中的高级智力活动特性。

解决问题过程同时带有外部性的特点，这样的特点在如今的教育领域普遍存在。人们通常会将这个外部表现形式分成问题的提出、表达、求解、验证。提出问题是想要达到一定的目标，但不知用怎样的途径，对应的是心理过程中的认知困惑。问题表达是对提出的问题依照一定方式，在一定学科内容中抽象概括并进行表述，对应的是心理过程中的识别问题。问题求解是在一定的逻辑与学科方法下,找到问题解决的方法,对应的是心理过程中的认知联结与图式转移。问题验证是对结果准确性进行检验,对应的是心理过程中的反馈和回顾。

(三)数学问题解决

数学问题解决的形态各异,有学科形态,也有教育形态。本书要探讨的是教育领域中数学解决的相关问题。

首先,数学问题是什么?1+2+3+…+100是数学问题吗?针对已经掌握了四则运算的学生来说不是问题,如果强调学生要在两分钟之内得到结果,那么原本不是问题的问题就成了问题。因为在对其进行解决时要用加法逐步计算,而且要计算的数字数量很多,在两分钟之内获得答案是不可能的,于是这就挑战了学生的智力水平。所以,数学问题具有智力挑战的特点,是没有现成方法、算法、程序的未解决问题情景。数学问题的特征主要体现在:第一,有问题存在。第二,在学生已有知识经验与能力的条件下拥有诸多解法。第三,学生可找出类似问题。第四,涵盖的数据可以分类、制表、组合、分析。第五,可借助模型或数字图像予以解决。第六,学生存在兴趣或有趣的答案。第七,可让学生凭借已经具备的知识方法进行推广。上面描述的问题的特点是数学问题在主体认知方面的表现,不具备数学性。数学新特点体现在问题解决中的数学方法与知识特征上。所以,我们可能需要明确区分数学问题的外延,如传统数学习题、思考题、数学建模等。

正是因为有这样的分类,数学问题在不同侧面体现出不同的数学内涵。究竟什么才是问题解决?全美数学教师理事会给出了具备权威性的解释,指出问题解决包含把数学应用到客观世界、为当前和未来的科学理论发展和实际处理提供服务、突破数学学科前沿性问题;数学问题解决是创造性活动;问题解决能力发展的基础条件是好奇心、虚心学习及探究的学习态度等。通过对以上内容进行分析,我们发现数学问题解决有三个部分的内容:第一,数学问题解决的外部特点是数学问题解决的对象。第二,数学问题解决的性质是创造性活动,不管是哪一种类的问题解决,都有着共性,那就是能够反映主体创造性,因此问题解决中一定会有主体创造思维的表现。第三,数学问题解决的动力因素包括了对问题解决的监控与调节过程,同时反映了数学问题解决在主体的内部自理、观念上的功能取向。

纵观目前我国的数学教育,很长一段时间以来特别关注对学生进行技能训练,这样的教育模式体现出我国是一个重视培养学生基本解题技能的国家。我们必须特别认可的一个内容就是,在基础教育时期,对学生进行基础知识与能力的培养是十分关键和必要的。但是,这不能成为我国在教育领域忽视引导学生解决开放性问题的理由,因为这样的做法非常片面，会影响学生创造力的发展。所以，在我国范围内开展数学问题解决研究，应该把侧重点放在问题解决的创造性上。比如，问题解决从本质上看，倡导的是用创造性思维和创造性的方法促进问题的解决，让学生可以秉持数学观，发展思维能力，而不是单一强调题海战术。数学教育中问题解决在不同历史时期的内涵也有所不同，是不断发展变化的。将提倡问题解决的创造性作为根本要求，已经成为现代数学教育改革的必然选择，也是弥补传统数学教育的有效措施。在今后的教育中，要大力提倡创造性思维，始终让创造性思维作为问题解决的核心。

（四）数学问题解决的过程

关于问题解决过程的论述，首推波利亚给出的表述，包括了解问题、制订计划、实施计划与回顾。这是一个问题解决的过程思路，但并不是在解决问题时一定要按照这个模式，更不能用单一化的模式将解题思维固定化。之所以对解决过程中涉及的步骤进行一定的论述和说明，是因为要启迪学生在问题解决中恰当选用合理思路。波利亚认为数学解题就是借助启发教学法，诱导学生产生创新思维和创造意识，在解题过程中包含学生的意愿及学生的大胆猜测。所以，我们称这个过程为启发性策略步骤。在了解问题阶段，心理认知方面经历的是怎样表征问题过程，在外部形式上是用数学方法抽象概括和表述数学问题。制订计划主要是探索解疑，寻求与问题相关的联想。在实施计划阶段，事实上是依照一定的数学逻辑，对自身设定计划展开演绎。这个阶段还存在着反复过程，如果出现没有预见的内容，就需要推翻原有计划，重新拟定计划。回顾阶段至关重要，强调的是将问题解决阶段收获的知识、方法、经验进行整理组合，并改造和完善成知识体系。

在探究问题解决的过程中，关注内部特征表现的是在数学教学中推广认知建构理念。因此，从关注问题解决外部特点转到内部特点，可当作数学教育研究范式方面的巨大转变，而这样的转变可以刺激学习者主体作用的发挥，增强问题解决的自觉性，形成对创造性思维的培养。对问题解决过程进行研究还要在理论层面上进行深入探究，在实践策略方面加大改革力度。上面所提到的转变，并非在传统基础之上进行形式上的转变，而是要对问题解决过程规律展开研究，在理论与实践的根基之上，寻得实质性突破。从问题解决转向数学思维拥有极大的价值，在实践方面可以更好地体现改革实质，避免片面性的教育做法，让学生可以在思维领域获得飞跃，完善创造性思维品质。

（五）数学问题解决是手段而不是目的

在国内高校数学教育中，问题解决教学的效果通常不够理想与突出，其主要原因是：第一，学生早在小学阶段开始就处在被动学习模式中，现如今一跃让他们抛弃接受性的被动学习，转为主动学习，会让学生出现不知怎样支配个人思维的困惑，也会困惑于应该怎样对学习进行合理安排。第二，为了更好地应对教育中安排的各种考试，教师不愿意也不敢尝试对教学策略进行改变，因为新方法通常会让他们不顺手，不如传统方法熟练。在问题解决的公开课中，虽然注重课堂提问这一重要环节，但是大多时候都是要求背诵定理、公式或是判断正误，根本没有启迪思维的力量及探索性的特征。课堂练习主要是机械性解题与模仿，学生虽投入了题海中，但不知道这些题目反映的事实只是应用了定理。由此观之，虽然每天都在不断解决数学题，但解决的并非创造性问题，而是容易让人思维僵化和封闭的问题。

教育的最终目标是要培育和发展学生的综合素养，其中问题解决的能力是要点。但是，解决问题不是目的，而是一种达到最终教育目标必须运用的手段。通过带领学生用不同方法解决问题，可以锻炼学生的能力，让学生在进入未知问题情境时，合理运用已学知识进行解决。同时，还会锻炼学生的主动发现和探究能力，让学生养成细心观察问题和善于从不同角度探究新策略的意识。假如在传授问题解决方法时，把方法看作以往传统课堂上的理论知识，要求学生机械地背诵，让学生持续不断演练，那么解决问题就不再具有任何价值。在应试教育的影响下，不管是学生还是教师，都认为解决数学题的目的是收获更高的数学分数，于是出现了为解题而解题、为获得高分而学习的不良现状。这实际上是一种舍本逐末的表现，是无法从真正意义上锻炼学生的探究能力的。

四、虚拟创新教学模式的主要特征——探索与发现

在创新教育中，重要的并非只是解题，还在于发现问题和提出问题。只有善于在学习中发现疑问，并大胆提出疑问，才可以在工作生活中发现不足，获得一个又一个创新点，收获丰富的创新学习成果。创造理论说明每个人都拥有创造力，每件事情都能够创新，所以创新并不是某一个人的专利。要想成为一个能够创新并且善于创新的人，那么就要努力成为一个有心人，在创新方面留有一颗赤诚之心，主动发现问题。有很大一部分学生不能创新，其原因是他们缺少发现问题的能力，或者发现的问题没有很高的价值，从而影响到创新动力的产生。

（一）在数学教学中，要给学生探索和发现的机会

发现式教学法是布鲁纳最先提出和大力提倡的学习模式，主要凸显的是证明和猜想两个部分。学生需要在教师指导下，借助数学材料主动探究；教师不为学生供给现成性的数学知识，而是借助营造问题情境的方式，刺激学生产生兴趣，调动学生积极学习的情感，培养学生自主探究的动力与积极性。布鲁纳指出，发现法有四个重要优势，分别是激发思

维潜能、培育内驱动力、掌握发现技巧和促进记忆保持。

布鲁纳提出的发现式教学法，强调以推动学生探索能力为主线，开展一系列的教学活动，同时要求学生在教师指导下，如同科学家发现真理一般利用个人探究与学习，发现事物的因果关联与内在关联，进而构成概念，收获知识。接受式学习方式是一种传统方法，要求学生通过教师的传输获得定论，而发现式学习则彻底转变了以上情况，可以让学生利用个人努力探究发现知识。发现式学习不以定论的方式为学生呈现学习内容，要求学生主动参与和开展某些心理活动。从发现式学习的过程来看，课题学习并不是占据重要地位的内容，重要的是学生的探究和发现，是学生的整个学习过程，也是学生在整个过程中的思维飞跃。在发现式学习过程中，学生需要不断尝试，即使在尝试过程中出现错误，也要持续不断地进行尝试与改正，让知识探究更加丰富而深入。

布鲁纳特别指出，要将发现式学习应用到教学中，教师必须对学科结构进行熟悉和把握，掌握科学家发现原理的过程，同时还需要有灵活性等综合素养。一般情况下，发现式学习根本没有现成方案，而是需要考虑不同学生及学习内容等实际情况，灵活自主地进行设置；要求教师营造有利于推动学生自主探究的学习环境，为学生提供大量探究发现的机会，确保提问的启迪性及诱导性；让学生可以主动猜想，在数学体验中获得深刻而丰富的数学感知，体会数学的不确定性；让学生在自主探究资料与归纳总结中获得结论。

这样的教育模式能够彰显学生的主体作用，同时能够发展学生的发现知识策略，更好地将多种思维进行有机整合。我们也需要注意，激励学生自主发现和探索，虽然提升了学生自主学习能力、自觉性、自我调控与管理能力，甚至远远超出一般学生的心理能力，但通常会造成教师地位不突出，没有一个准确的目标作为方向导向的问题，因而易变成费时耗力而又无法获得高效率的学习模式。发现式学习理论给我国的教育事业发展提供了良好的方向，也启发了大量的学者，并得到了尝试教学理论。尝试教学理论，就是先让学生在教材指导辅助下尝试进行自主发现，必要时由教师给予指导。传统教学是一种传输、存储、发展到再现的过程，而尝试教学经历的是从尝试到研讨再到创新的过程。教师在教授知识时给予学生的并非现成的，而是事先提出疑问，让学生在尝试情境中学习。因为不存在现成性答案，也没有固化思维作为约束，于是能够让学生进行各种不同的尝试，使学生的学习热情被激发出来，也拓展了创新空间。

（二）发现和提出问题是培养创新能力的关键

创新能力应该涵盖四个方面的能力，分别是发现、分析、解决与深化问题的能力。发现问题能力是发现结论、解决方法和提出问题的能力。分析和解决问题能力是洞察事物本质，用数学观点方法解决实际问题的能力。深化问题能力是一种重要的反思性学习习惯。

思考问题的实质或内在关联，从中获得启发，并从纵、横两个方面进行深层次的拓展，实现命题的推广与引申。

不管是哪种数学问题，若想出色地解决它，就一定要开展探索，这个探索的过程在本质上属于知识发生的过程。而数学教材通常会延续这个过程，只是给出结论与综合证明，这样是不利于学生探索创新能力的发展的。教师应该加强对知识发生发展过程的研究，并把这些内容进行分解，变成多个问题，逐层地探索发现，让学生在循序渐进的过程中，增强问题意识，学会多问为什么。例如，这样的解题方法，自己怎么没想到呢？自己在解题时出了什么问题？自己忽视了哪些知识点？这一知识点在其他新问题中是否还能够应用？

总而言之，问题提出及解决都强调的是过程，要想达到这样的教育效果，必须突出学生的主体作用，让学生进行自主学习和发现，鼓励学生大胆提出疑问。虚拟创新模式的基本落实方法，就是让学生在自学中领悟用怎样的思维和方法解决问题，最终让学生窥得尝试和创新的精髓。

五、虚拟创新教学模式的基本组织形式——自主创新学习

（一）对自主创新学习的认识

建构主义的思想观点是：认识是在认知主体与客体互相作用的过程中形成的；认识发展是从认知结构持续不断的意义构建中获取的；建构过程呈螺旋上升的状态。建构主义教学观重视的学习法是以教师为引导，以学生为主体的学习模式。在这个模式中，教师是教学组织者，学生是主体。和这个模式相匹配的学习环境包括四个要素，分别是创设情境、组织协作、加强会话和意义建构。从一定程度上看，建构学说是继承扬弃传统学习理论的学说。建构学说秉持的根本精神是：数学学习不是一个接受性和被动性的过程，这个过程是具有主动建构性的。数学知识不能从一个人的大脑迁移到另一个人的大脑中，想要获得知识，就必须利用实践操作、交流、互动、反思等方法达到目的，利用主动构建的方式掌握新知识。换句话说，教师在对学生进行数学教学时，需要经过学生主体认知消化及加工处理，使学生有效适应教学结构，进而促进学生的深层次理解与把握。之后，还需要通过反思和环境沟通的方式，健全知识结构。

在几千年前，我国就已经进行与学生主观能动性有关的研究活动。孟子强调，教不是教学的开端，必须落实学而后教，让学生可以自学、自求和自得。朱熹强调，学习是学生自己的事，任何人都不能代替他们，最优质的学习是自己读书与思考，他特别反对他人将内容领悟之后直接被动地传输给自己。蔡元培认为，良好的教育是学生自主探索的教育，即使在这一过程中，教师不讲授，在学生用尽不同办法实在无法解决问题的时候，再去给

予学生启发指导也是可取的。叶圣陶则强调,要激励学生通过发挥自己的主观能动性尝试着学习和理解,不管这个尝试是不是成功,都会受益匪浅。

但是很长一段时间以来,教师始终将侧重点放在怎样将数学结论准确地传输给学生,学生只要认真听讲和记录,并在考试时把自己背诵的知识直接写在考卷上,就算完成了一个周期的学习。

现在教学注重的不是直接传输,想要真正在学习方面为学生提供帮助和指导,促进学生全面发展,保证教学法服务于学生的学习,在教学过程中拥有和谐的师生互动交流、共同进步与彰显个性的动态化过程,那么,教师需要创新教学法,机动灵活地采取不同组织形式,让学生主动学习,积极收获。

(二)自主创新学习的特点

自主创新是创新教育最基本的特点,其中自主是创新的前提。对广大学生而言,不管收获的知识和方法是多么的浅显,甚至不值一提,但只要这些内容是学生用自主探究学习收获的,那么对学生来说就完成了一次创新。假如知识方法非常新颖独特,但不是自主探索获得的,而是从教师教授中获得的,则不可以称其为创新,学生也丧失了一次创新体验的机会。

1. 提倡学生自主作用的发挥

倡导将教师教学作为指导,将学生学习作为主体,实现二者的辩证统一,彻底打破传统教育,改革应试教育。教师在实际教学中,只要学生能够凭借个人的力量解决,就不能替代学生,让学生拥有自主学习的机会。如果学生遇到了无法解决的障碍,则让学生组成学习小组,在组内进行生生互动探讨,实现智力启发及互补协作,碰撞出思维的火花。教师通常不急于给出个人观点,而是先提出关键问题,让学生的思维进行碰撞,刺激灵感的产生,抑或开展拓展性的数学训练活动,调动学生的创新思维。

2. 提倡指导学生学习法

推动教学法与学习法的统一,促使学生运用自主建构的方式,建立自身的知识体系。教师在教学时,要打破填鸭式教学的桎梏,关注知识发生发展的过程,扮演搭桥铺路的角色,加强对学生的指导,让学生大胆尝试,学会概括归纳、逐个击破问题,完成知识的内化与迁移,建立系统性的知识网,让学生的认知水平获得整体性提升。

3. 自主创新学习需要激发学生积极的学习情感

调动学习兴趣,培育主体参与性的学习意识,保证每个学生都可以投入数学学习活动中。

第四节 高等数学教学模式创新——翻转课堂教学

一、翻转课堂的兴起

翻转课堂起源于美国。早期的翻转课堂实践和研究，主要是在高校中进行的。最早开展翻转课堂研究工作的，是哈佛大学的物理教授埃里克·马祖尔。为了让学生的学习更具活力，他在20世纪90年代创立了同伴教学法（Peer Instruction）。埃里克·马祖尔认为，学习可以分为两个步骤，第一个步骤是知识的传递，第二个步骤是知识的吸收内化。传统的教学重视知识的传递，却通常忽视了知识的吸收内化。实验证明，同伴教学法恰好可以促进知识的吸收内化。在传统的讲授式教学过程中，知识信息的流动是单向的，既缺乏师生之间的互动，又缺乏学生与学生之间的交流。而同伴教学法讲究的是同类人，即学生之间的学习互助，马祖尔将此法应用于物理教学，通过小组内学生对物理概念意义的讨论，使学生参与到教学之中，成为积极的思考者，以此促进学生对基本概念的理解及问题解决能力的提高。随着信息技术的发展，出现了计算机辅助教学形式，知识传递的问题已经很容易解决了，所以马祖尔认为，教师的角色完全可以从演讲者变成教练，从传授者变为指导者，教师的作用在于侧重指导学生的互助学习，促进学生对知识的吸收内化。

2000年，莫林拉赫、格伦·普拉特和迈克尔·特雷格拉发表了论文《颠倒课堂：建立一个包容性学习环境的途径》。文中谈到了美国迈阿密大学在开设"经济学入门"课程时采用翻转教学（当时称为"颠倒教学"或"颠倒课堂"）模式的情况，并着重谈到了如何使用翻转教学激活差异化教学，以适应不同学生的学习风格。不过，文中并未正式引出"翻转教学"和"差异化教学"这些概念。

韦斯利·贝克在2000年第十一届大学教与学国际会议上提交了论文《课堂翻转：使用网络课程管理工具（让教师）成为身边的指导者》，文中提出了让教师成为"身边的指导者"，替代以前"讲台上的圣人"，一时之间这成为大学课堂翻转运动的口号。教师使用网络工具和课程管理系统以在线形式呈现教学内容，将其布置给学生学习作为家庭作业，然后在课堂上，教师更多地深入参与到学生的主动学习活动和协作中——这便是贝克在论文中提出的"翻转课堂模型"。

2007年，杰里米·斯特雷耶在博士论文《翻转课堂在学习环境中的效果：传统课堂和翻转课堂使用智能辅导系统开展学习活动的比较研究》中论述了翻转课堂在大学的设置情况。作者在自己讲授的统计和微积分课程中，把教学内容录制为视频作为家庭作业分发给学生观看，课堂上再利用在线课程系统Blackboard的交互技术，组织学生参与到项目工作中。杰里米·斯特雷耶在论文中谈到学生们会控制正在观看的视频，因此能保持机敏地接收新信息。

我们可以看出，早期的翻转课堂实践，是在高等教育阶段的某一学科开展的初步尝试，希望借助视频帮助学生学习知识内容。从另一个侧面来说，早期的翻转课堂实践尝试更多的是一种计算机辅助教学形式。其蕴含着的教育理念——促进学生之间互助互学、增加师生交流互动、促进学生对知识的吸收内化，这等和以后发展的翻转课堂的教育理念之间是一脉相承的。

正当这种全新的教学模式在大学里不断被创新和实践时，有一名"业余教师"，竟在辅导表妹的数学功课的时候，无意间掀起了一场轰动世界的翻转课堂革命。

二、翻转课堂的发展

2004年，为了给表妹纳迪亚辅导数学作业，萨尔曼·可汗在无意中创建了一种新的教学模式。当年的可汗只有28岁，数学是他的强项。他有美国麻省理工学院数学学士、计算机科学和电机工程硕士及哈佛大学工商管理硕士学位，毕业后一直在波士顿的一家对冲基金公司担任基金分析师。

在可汗帮表妹解决数学难题的过程中，通过叫作雅虎涂鸦的程序，他们可以看到对方在电脑上所写的内容。他们通过电话交流，制定好学习的课程，决定从令纳迪亚烦恼的单位换算开始辅导。可汗会编写代码，他列出一些练习题，让纳迪亚在网上练习，以检查她的学习效果。在可汗的帮助下，纳迪亚的数学进步神速。纳迪亚在重新参加的数学摸底考试中取得了优异的成绩。后来，纳迪亚的两个弟弟阿尔曼和阿里也要求可汗做他们的家教辅导。再后来，不少亲戚和朋友听说此事，他们又带来了一些朋友，因此，可汗拥有近10名学生。

为了跟踪了解每一个孩子的学习进展情况，萨尔曼·可汗开始将很多概念做成"模块"，并建立了数据库。由于雅虎涂鸦无法让很多学习者同时观看，于是可汗开始制作教学视频，并上传到YouTube网站给大家共享。可汗制作的视频都很短，只有10分钟左右，包含两个方面的内容——黑板上的草图和画外音，并将其结合起来对一些概念进行讲解。

在他发布的视频中，孩子们只能看见可汗的一双手在书写、绘图，听到他的讲解，却看不见他这个人的样子，这样就减少了许多不必要的干扰因素。如果在视频中加入人的面部图像，学生就很容易分神，无法集中注意力在视频讲授的知识内容上，而是更多倾向于观察讲课教师的特征和面部表情的变化。所以，可汗决定在录制视频时不出镜。

可汗的第一段视频是在2006年11月16日上传到YouTube网站的，接下来便一发而不可收拾。就在他的视频发布不久，有人在一个有关微积分的视频下开始评论："这是我第一次笑着做导数题""我也是，我真的是度过了高兴和兴奋的一天。我原来看过课本上的矩阵内容，但我更喜欢这里的，好像我学会了武功"……此后，可汗每天都能收到感谢信。由于受到如此好评，于是，可汗于2006年创办了"可汗学院"（Kham Arademy），他又招募了艺术和历史专业的两位讲师。可汗学院的视频数量日益浩大，从数学的基础核心课程，如算数、几何、代数、微积分等，到物理、生物、化学、金融……内容非常广泛。如今，可汗止在添加更多领域的教学视频。比如会计、信贷危机、SAT和CMAT考试等。为此，他必须先自己掌握这些知识，然后传授给他人。可汗希望以自己的努力来改变人们学习的方式，"让任何人，在任何地方，都得到世界一流的教育"。令人感叹的是，可汗学院的所有视频课程均是免费的，世界各地的人们都可以免费观看，这也正是可汗学院得到广泛支持的关键所在，是它打败传统教育机构的独门法宝。可汗学院的使命，就是让地球上的任何人都能随时随地享受世界一流的免费教育。

可汗成为美国业余教育的精英，受到人们的热捧。2011年3月，可汗在加州长滩举行的TED大会上应邀发表演讲，全体听众起立鼓掌。比尔·盖茨当场上台，就可汗的项目与之交流。可汗的免费网站得到了越来越多的科技领袖们的财力支持，这成为它发展壮大的坚强后盾。如今，可汗学院的教学已经通过网络走进世界各地的实体教室。在一些地方，它甚至已经取代了教科书。

2011年11月，加州洛斯拉图斯学区的学校正式与萨尔曼·可汗合作，率先在五年级和七年级引入了可汗学院的课程，并在可汗的帮助下开启了一套崭新的教学系统。学生和教师共同使用可汗学院的网站，学生登陆网站观看视频并做练习题，教师作为"教练"在后台查看全班学生的学习数据："蓝色"代表这个学生正在学习，"绿色"代表他已经掌握了知识点，"红色"代表他的学习存在问题。教师能通过数据知道学生的真实水平，了解他们每天花多长时间看视频，在什么地方暂停或完全停止观看，以便为学生提供更有效的学习指导。当学生观看视频发现不懂的地方时，学生可以随时发邮件提出问题，可汗学院会在线回答问题，每秒可以回答15个问题。可汗还在网站上设计了一种基于自动生成问题的Java软件：只有当学生全部答对1套（10道）题后，Java软件才会提供更高一级的题目；

做到某一步，奖励学生一枚勋章。这种"满10分前进"的模式让孩子们能够循序渐进地快乐学习。改进后的练习系统还能生成一个知识地图，帮助学生做出学情分析，并用图表的方式反馈给学生，让学生知道自己哪里薄弱、哪里需要进一步学习和改进。卡温顿小学的校长埃林·格林说："许多学生都热衷于学习数学，这种现象我以前在学校里从未见过，即使在初中也很罕见。他们很投入、很兴奋，这真是令人激动。视频课程与学生的学习进度完全合拍。"

从参与可汗学院教学试点项目的学生中，我们惊喜地看到了成果：学生的学习成绩没有下降，反而有了显著的提升。从学习成果看，与前一年相比，七年级学生的平均分增长了106%，七年级顺利毕业的学生人数增长到了原来的两倍，有的学生成绩等级连跳两级。可汗学院的教学方式也改变了学生的性格，学生更加刻苦努力地学习，开始承担属于自己的学习责任。其他新试点项目也取得了类似的结果。在美国的其他地方，一些一线教师直接把可汗学院的视频加入自己的翻转课堂中，省去了自己录制教学视频的技能困扰——毕竟录制高质量的教学视频除了需要熟悉技术操作，更需要有高超的教学讲解技能。

可汗的免费在线教学视频迅速推动了翻转课堂的进一步普及。我们可以这样说，翻转课堂是伴随着可汗学院蹿红全世界而被更多教育工作者了解的。现在已经有包括中国在内的越来越多的国家和地区的教师开始了翻转课堂教育教学实践。

三、翻转课堂的作用

（一）为学生自由学习提供便利

在大学阶段，学生拥有更多的自主时间，且学校安排课程较少，学生空闲时间较多。但是，部分学生除了学习，空闲时间奔走于各种社团活动、学生会工作、兼职、义工等，有些优秀学子还要参加各类比赛、考试等，如此种种，部分学生不仅无空余时间，甚至错过上课。在大学数学教育中，面对难度较高的知识，若学生无法全程参与课堂教学、全身心投入，将很难保障学习效率。翻转课堂的应用，使学生拥有更多的自由时间，能够自主规划，学生可在不放弃其他活动的同时，灵活安排大学数学的学习时间，翻转课堂中的教学视频时间较短，基本上只有几分钟的时间，每一个视频只针对一个知识点进行讲解，或只回答一个问题，学生可以根据自己的学习习惯进行学习，短视频能够集中学生的注意力，帮助学生在短时间内掌握视频中的知识点，学生可以在空闲时间观看教育视频、在班级平台上讨论和教师一对一讨论等，根据自己的时间安排进行自主学习，实现学习、活动两不误。视频有暂停、回放等功能，学生能够自己控制，如此，即使学生错过课堂，也能保障学生的学习质量。

（二）为学生巩固学习成果提供帮助

在传统大学的数学教育中，因排课较少，教师想要在有限时间内完成教育任务，必须加快进度。然而，部分接受能力不足的学生很难快速掌握知识并融会贯通，这影响了学生对高等数学的把控。而翻转课堂的应用，让学生能够利用更多空余时间观看微视频，通过放慢熟读、不停重复等方式，逐步理解视频内容，了解重难点并灵活运用。并且，当学生在学习中遇到困难时，可直接通过网络寻求教师、同学的帮助，在一对一的帮扶中，学生逐渐跟上课堂进度，保障了高等数学的教学效果。大学数学难度较大，教师讲课速度较快，部分学生即便每节课都认真听课也无法凭借课堂时间将数学内容完全掌握。而通过翻转教学，学生可以根据自己能够接受的学习速度来进行课下学习，针对自己听不懂的问题进行针对性地训练。通过自主学习，学生对知识的掌握更加扎实，通过克服自己不会的难点，可以给学生更高的成就感，增加学生对大学数学的学习兴趣，促进学生自觉完成数学学习计划。

（三）为师生角色转换创造便利

在传统高等数学教育中，教师作为课堂主导，担任着向学生传播知识的角色，教师把控着课堂节奏与教学环节，学生更多是被动接受知识，教学效率不佳。而翻转课堂在大学数学教育中的落实，使学生成为课堂主体，教师成了秩序的组织人、学生的引导者，学生在学习高等数学时，能够自主决定知识点学习的形式，自主安排时间学习，保障了所学内容符合自身发展，带动了学生学习水平的整体性提升。并且，翻转课堂促使师生角色互换，学生主体地位的凸显，使师生处于平等地位，推动了师生间的交流，提高了学生的学习效率。以学生为主体的课堂中，学生可以将自己的见解发表出来，以供学生之间互相交流，学生在发言过后，可以对自己的表现作出判断，研究应该怎样表述更为合适，这样不仅能够有效地拓展思维，更能够培养大学生的语言表达能力和自信心，有利于大学生自我能力的培养。通过翻转课堂，学生在遇到自己无法回答或研究不明白的题时，可以随时询问教师，教师站在学生的角度上，一对一地进行讲解，能够帮助学生更快地掌握知识难点。也可以与学生进行探讨，寻找题目的多种解决方法，加强对知识点记忆的同时引起了对数学的兴趣。

大学数学是大学公共基础课程中的重要组成部分，其对于学生的学习起着至关重要的作用，但是由于大学数学具有较强的抽象性和复杂性，大多数学生在对这门课程进行学习时都感到难度非常大。再加上传统大学数学教学模式主要以讲师的理论讲解为主，学生只能够被动接受，进而使其课堂教学的效率普遍偏低。而随着信息时代到来，微课、翻转课堂等现代化教学手段应运而生，大学数学教学的现状得到了明显改善。翻转课堂教学模式的出现弥补了传统课堂教学模式效率低下的缺陷。在该教学模式中，教师需要结合教学内容，搜集或制作相应的微课视频，然后在课前通过在线网络将微课视频提供给学生，让学生进行自主学习，并将自己在学习中遇到的问题记录下来，带到课堂上和教师、同学进行讨论。在翻转课堂教学模式中教师和学生的角色发生了很大的变化，学生在学习中占据着绝对的主导地位，而教师只需要对他们进行适当的引导即可。目前，学术界对于翻转课堂的研究已经非常成熟了，这也使得翻转课堂在教育教学领域中得到了广泛应用。微课的出现也为翻转课堂的开展提供了更加广阔的发展平台。

四、翻转课堂的各个阶段

（一）课前准备阶段

大学数学教师在课前应当要对教学内容进行全面分析，找出其中的重点、难点知识，并借助课件设计软件及多媒体资源将其制作成微课视频，设计相应的基础测试题。然后将这些微课视频及基础测试题打包发送到班级微信群或QQ群里，让学生在课前自主学习相关知识。例如，在对"微积分"中不定积分和部分积分这一高数知识进行教学时，为了帮助学生更好地理解和掌握不定积分的技巧，并能够正确运用部分积分公式。教师就可以将"导数公式两侧同时积分"这一部分的内容制成微课视频，在课前将微课视频上传到班级微信群或QQ群里，让学生进行自主学习，在课前对教学内容形成初步理解，为接下来的课堂教学奠定基础。

（二）课中指导阶段

虽然在翻转课堂中，学生已经通过微课视频对教学内容进行了自主学习，但是课堂教学仍是大学数学教师实施数学教学的主要环节，该环节的主要任务就是帮助学生将自学内容进行内化。为此，教师应该加强对这一环节的重视。同样以"微积分"中不定积分和分部积分这一部分的教学为例，在课堂教学中，教师可以对分部积分这一重难点为学生进行详细讲解。当学生通过自主学习和教师讲解后，了解到在对复杂积分进行求解时，需要先将其转变为一个比较容易求解的简单积分，然后分别得到结果。在此基础上，教师可以为学生设计相应的例题，然后引导学生通过小组合作的方式对该例题的解题思路和方法进行讨论，以此来帮助学生更好地对知识进行内化。

（三）课后反思阶段

课后反思阶段能够帮助学生对课堂所学知识进行巩固和实现自我提高。因此，学生在课后应当要自觉反思，对课堂讨论结果进行分析，对自己整个学习过程进行总结，并自行完成课后作业，以此来实现理论与实践的有效结合，提升自身的学习效果。另外，大学数学教师也应当对学生的作业及时进行批改，并在批改的过程中适当批注，以此来帮助学生对知识进行更加深刻的理解。同时，教师还需要对学生作业完成情况进行分析，及时掌握学生对教学内容的掌握程度，并对本节内容的重难点知识进行简单梳理，形成课前预习资源库，为自己之后的微课视频的制作及课后练习题的设计提供参考依据，以此来提升自身的教学水平。

第五节　高等数学教学模式创新
——"三疑三探"教学

一、"三疑三探"教学模式产生的背景

"三疑三探"教学模式是河南省西峡县第一高级中学在教学实践中产生的一种良性的教学模式，已经获得全国教学的优秀示范荣誉。"三疑三探"教学模式的基本思想，主要是从建设创新型国家需要培养具有创新能力的合格公民出发，从学生终身发展的需要出发，依据新课标的要求和学生的认知规律，让学生学会主动发现问题，学会独立思考问题，学会合作探究问题，学会归纳创新问题，同时养成敢于质疑、善于表达、认真倾听、勇于评价和不断反思的良好品质和习惯，让每一位学生都能在民主和谐的氛围中想学、会学、学好，全面体现学生在学习过程中的主体地位，真切感悟生命的价值和创新的快乐。

二、"三疑三探"教学模式下的教学环节

"三疑三探"教学模式有4个教学环节：设疑自探——解疑合探——质疑再探——拓展运用。"三疑三探"的好处就在于紧扣了一个"疑"字和一个"探"字。"疑问，有疑

便问",有了疑问才会思考,才会探索,所以课堂的开始首先要提出问题,用问题来激发学生学习的动力和兴趣。当然,问题也不是一次提出的,在课堂教学中要不断地提出问题、解决问题,一波刚落,一波又起,环环相扣,持续推进课堂教学的进展。

(一)设疑自探

设疑自探是课堂的首要环节,即围绕教学目标,创设问题情境,设置具体问题,放手让学生自学自探。这一环节主要涉及三个步骤:一是创设问题情境。二是设置具体自探问题。根据学科特点,自探问题可以由教师围绕学习目标直接出示,也可以先由学生发散性提出,然后师生一起进行归纳梳理,如果问题还没有达到目标的要求,教师再补充提出。自探问题的"主干"就是本节课的学习目标。三是学生自探。这里的"自探"是学生完全独立意义上的自探。在自探前,教师一般要适当进行方法的提示、信心的鼓励和时间的要求。在自探中,要让每一位学生都能感到教师对自己的热切关注和期望。无论关注的形式怎样变,有一个底线不能变,那就是不能打断或干扰学生独立学习的思路。

这一环节容易出现以下误区:一是设置自探问题层次不清,不能紧紧围绕学习目标,问题太碎、太杂,或太大、太空。要么一看就会,课本上有直观的答案,要么思维跨度太大,缺乏递进性,学生难以接受。二是自探走过场,时间安排不足。三是在学生自探过程中,教师出现两个极端,要么唠唠叨叨,使学生不能专心思考,要么漠然视之,认为学生自称与己无关。

(二)解疑合探

解疑合探是指通过师生或生生互动的方式检查自探情况,共同解决自探难以解决的问题。合探的形式包括三种:一是提问与评价。操作的办法是学困生回答,中等生补充或中、优等生评价。让学生学会表达、学会倾听、学会思辨、学会评价。二是讨论。如果中等生也难以解决,则需要讨论,教师在学生自探过程中巡视发现的学生易混易错的问题也需要讨论。讨论要在学生充分自探的基础上进行,难度小的问题同桌讨论,难度大的问题小组讨论。三是讲解。如果通过讨论仍解决不了问题,教师则予以讲解。讲解的原则是"三讲三不讲"。"三讲",即讲学生自学和讨论后还不理解的问题,讲知识缺陷和易混易错的问题,讲学生质疑后其他学生仍解决不了的问题;"三不讲",即学生不探究不讲,学生会的不讲,学生讲之前不讲。

这一环节容易出现以下误区:一是抛开设疑自探中的问题,重新设置几个所谓难度较大的问题,在学生没有思考的情况下,直接让学生讨论。二是教师怕学生自学解决不了问题,按自探提纲从头到尾重新讲解一遍,换汤不换药。三是提问回避学困生,怕浪费课堂时间，仅让中等以上举手要求发言的学生回答一遍了事，掩盖学情。四是试图烘托气氛，搞形式主义，很简单的问题也要进行讨论。五是小组讨论人员不固定，发言无序，时间没有保证。

（三）质疑再探

质疑再探就是让不同学生针对所学知识，再提出新的、更高层次的疑难问题，诱发学生深入探究。在具体的实践中，对于中等以下学生质疑的问题，有可能还是本节课学习目标的范畴，只是从不同侧面去提，这时让其他学生回答，实际上是起到了深化学习目标的作用。对于优等生质疑的问题，有可能超出书本知识，但教师还应先让其他学生思考解答，提出种种不同的解决办法，然后教师再解答。如果连教师也解答不了，应坦诚说出，师生课后通过查资料等其他途径共同解决。如果开始学生不会质疑，教师可以根据课程的完成情况进行示范引领性质疑，启发引导学生提出有价值的问题。待学生养成习惯之后，教师考虑更多的应是如何应对学生可能提出的各种稀奇古怪的问题，而不是给学生预设问题。

这一环节容易出现以下误区：一是学生无疑可"质"，那么教师即转入下个环节。二是教师质疑代替学生质疑。三是学生一问，教师一答。四是教师课前对学生可能质疑的问题没有充分地估计和预测。

（四）拓展运用

拓展运用就是针对本节课的所学知识，教师分别编拟基础性和拓展性习题，让学生训练运用。在此基础上，师生共同对所学内容予以反思和归纳。

拓展运用环节主要包括三个层次：一是教师拟题训练运用。教师首先编拟一些基础性习题，重点考查学生对基础知识的运用情况。检查反馈的原则是学困生展示，中等生评价。如果发现错误，还要让学困生本人说出错误的原因并纠正。基础性习题解决之后，教师再出示带有拓展性质的习题。检查反馈原则是中等生展示，中、优等生评价。如果发现错误，还要让答错者本人说出错误的原因并纠正。二是学生拟题训练运用。如果学生所编习题达不到学习目标的要求，教师则需要进行必要的补充。三是反思和归纳，具体操作是学生先说，教师后评。

这一环节容易出现以下误区：一是编拟的习题不能牢牢把握学习目标的"底线"，关注拔高题，忽视基础题。二是怕学生编题编不到"点子"上，浪费时间，干脆不让学生编。三是不给学生反思的时间和充分表达的机会，反思归纳都是教师"一言堂"。

另外，根据不同学科和同一学科的不同课型，还可以增删或调换某个具体环节，进行灵活运用。

三、"三疑三探"教学模式的一般操作流程

（一）设疑自探

【操作】

（1）设置问题情景，导入新课。

（2）根据学生年龄特征及学科特点，决定是否出示教学目标。

（3）出示自学指导提纲，让学生通过自学课本或演练，独立探究。

（4）教师巡视。

【目的意义】

（1）设情激趣，使学生开始上课就产生强烈的求知欲望，创造良好的学习氛围。

（2）让学生带着明确的任务、掌握恰当的自学方法进行探究，使自学更扎实有效。

（3）教师巡视，能及时了解学生自学的情况，同时以适当的语言或动作暗示进一步激发学生学习的积极性。

【注意点】

（1）教师在课前要将心态调整到平静愉悦的状态，理性地克服因其他事件而致的心境不佳或过度兴奋，将激情、微笑、爱心、趣味带进课堂，通过生活实例、社会热点、音像资料、实验操作等途径，迅速点燃学生思维的"火花"。

（2）自学指导要根据学生当前的实际水平设置问题的难易程度。如果学生整体水平高，则问题的设置跨度要大一些，留足思考的空间；反之，学困生较多，则必须把一个问题当作两步或三步来问，减缓"坡度"，让学生跳一跳就能摘到"桃子"。

（3）自学指导要层次分明，让学生看后做到三个明确：一是明确本次自学内容或范围（有的一节课需要通过几次自学，因为每次自学内容较多，学生容易产生厌倦情绪）。二是明确自学的方法。例如看书，是边看书边类比回忆，还是边看书边练习（操作），总之什么方法好就用什么方法。三是明确自学的要求。即用多长时间，应达到什么要求，届时如何检测等。

（4）学生在自学时，教师要加强督查，及时表扬自学速度快、效果好的学生，激励他们更加认真地自学，同时要重点巡视中差生，可以拍拍肩、说几句悄悄话，帮助其端正学习态度，但一般不宜同其商讨问题，以免影响其充分地自学。

（5）自学指导在一节课中根据教学内容和学生水平状况可能出现多次。

（二）解疑合探

【操作】

（1）检查自学情况。原则是学困生回答，中等生补充，优等生评判。

（2）针对自学中不能很好解决的典型问题，要引导学生进行讨论交流，让人人都敢于发表自己的意见，同时能虚心倾听别人的意见，尽量做到表述清楚，观点明确。

（3）引导学生归纳，并上升为理论，以指导今后的运用。

（4）特别难以理解的抽象问题，教师要精讲、有重点地讲。

【目的意义】

（1）检查自学情况，首先关注学困生，这样才能最大限度地暴露学生自学后存在的疑难问题，同时，如果学困生做对了，说明全班学生都对了，就不需教师再教了，便节约了课堂时间。

（2）学困生解决不了的问题，需要中等生补充，如果中等生仍难以解决的问题则需要讨论，这样，什么问题需要采取什么样的合探形式，教师就能准确地把握。

【注意点】

（1）要解放思想，真正让学困生回答或演示操作，千万不要搞形式主义，叫优等生演练，表面上正确率高，实际上则掩盖矛盾，不能最大限度地暴露自学后存在的疑难问题。

（2）讨论不要滥用。学生讨论的问题，一定是学生通过自学仍难以解决的共性问题，或者是教师在巡视中发现的虽属个性，但带有普遍指导意义、学生易错易混的问题。如果在学生没有独立思考的前提下，教师直接把一些难度较大的问题展示给学生，并且让学生开始讨论，最终只能是个别优等生讲讲，小组内其他学生听听而已，同教师讲全体学生听，实在没有什么两样。因此，小组合探应该建立在充分自探的基础之上，换句话说，没有自探就不要合探。个别课堂因知识较容易，根本不需要讨论。

（3）学困生在回答问题或板演时，要注意提醒其他学生认真聆听或观察，随时准备补充、评判和纠错。

（4）教师的"三讲三不讲"。"三讲"，即讲学生自学和讨论后还不理解的问题，讲知识缺陷和易混易错的问题，讲学生质疑后其他学生仍解决不了的问题；"三不讲"，即学生不探究不讲，学生会的不讲，学生讲之前不讲。

（三）质疑再探

【操作】

学生根据本节内容，提出新的疑难问题，教师引导其他学生共同解决。教师也可根据课堂生成情况向学生再次提出深层次的疑难问题，起到画龙点睛的作用。

【目的意义】

"质疑"有利于培养学生的问题意识，是对本节所学知识的进一步深化。

【注意点】

（1）要创设民主、平等与自由的氛围，鼓励学生大胆质疑，敢于向书本和教师的所谓权威观点挑战，尽量引导学生提出有价值的深层次问题。

（2）学生提出的问题，最好引导学生自己解决。

（3）有的问题可能千奇百怪，超出教材的知识范围，要允许学生表达自己的见解和感受。教师课前应充分做好思想上和知识上的准备，不能指责学生，更不能不懂装懂，搪塞应付。

第八章

高等数学教学与文化融合及教育技术整合

第一节 数学教育形态的构建

从19世纪的下半叶开始，数学的呈现方式沿着形式化的方向发展，数学中的定义、定理、证明等的陈述显现出简洁和抽象的特征。这一时期的书中提到的一些数学过程是一种严谨的学术形态，体现出的是一种冰冷的美。数学教师承担着重要的教学任务，那就是使数学当中的冰冷美变得生动直观、简单清晰，从而降低学生理解的难度，让数学不再冰冷。虽然一些数学成绩优秀的学生可以轻易跨越"抽象"的门槛，严格遵循形式叙事来理解数学的含义，但是很大一部分学生还是无法在抽象数学学习中获得理想效果。这部分学生在学习过程当中常常会认为抽象、复杂的数学知识如同天书，根本不能沉浸在数学知识的领悟过程中。所以，教师必须打破这样的数学教学状态，引导学生构建完善的数学思维，以便让学生能够将抽象、复杂的数学知识进行思维解构，将其进行转化，进而在数学学习方面有所建树。

人性化的数学不应该是冰冷的。人性化的数学教学应该以培养学生的数学思维作为重要任务，特别是要调动学生的人文情绪，为学生营造良好的学习情境，使学生能够得到一种豁然开朗的感觉，以便其发现和探寻数学的本质。目前的问题是，并非每个数学问题都有现实生活情境的支持，以把数字与学生日常生活相联系，也不是越具体、越生活化越好。

数学有5000多年的发展历史，现在已经渗透到了社会的各个方面。它可以是一个发人深省的数学思想、一种奇妙的数学方法和一种引人入胜的数学命题，也可以广泛应用于政治、经济、文学、艺术等多个领域，改变人们的实际生活。然而，其内容是复杂而混乱的，是没有组织结构的，我们必须通过教学和处理技术，才能把它们转化为"教育"的数学文化。一般而言，我们可以从以下几个方面着手对数学与文化教育进行解读。

一、科学教育维度

在陈省身看来，"好数学"很容易理解，却难以运用。它确实吓退了许多人，但很多人迎难而上，接受了挑战并最终成为知识大家。这给人们以深刻的启示：考虑到培养学生数学学习兴趣及创新意识的要求，在数学教育的过程中要把侧重点放在引导学生深入探索和研究上。与此同时，数学是人类文化当中不可或缺的组成要素，拥有永恒的主题，在帮助人们解读宇宙和认识自身方面的作用是不可忽视的。数学研究比其他学科更抽象，如数学模型源于抽象的塑造及模拟原型，具有形式化及符号性的特征。

在对学生进行数学学习引导时，教师要对自己进行正确的角色定位，担当好教学的组织者、培训者和合作者等角色，用丰富的案例和背景材料来解决数学问题，而不是替换学生和提问。特别是应鼓励学生独立发现和提问，要求学生利用小组合作的方法，发现和解决数学学习当中的疑惑，促使学生主动通过多元化的渠道收集资料信息，尤其是从计算机网络平台上获取材料和拓展学习内容。应该激励学生独立自主地进行学习与思考，增强学生面对数学难题时的勇气和坚韧不拔的精神，并在学生对问题进行独立思考之后，为学生提供一定的帮助和启发，帮助学生渡过数学学习难关。

教学内容的组织也有一定的延伸。首先要延伸教科书当中的文化要素。毋庸置疑，教科书是学生接触数学知识和开展数学学习的重要载体与基础。只有妥善处理，扩充和增加教科书的相关内容，才能振兴文化。例如，概念教学中的背景综述充分揭示了创造和发展数学知识的过程，使学生感到数学知识是事出有因、有根有底的，是特定文化背景的产物。又如，在培养学生解决数学问题能力的过程中，除了要加强对学生问题解决能力的练习和专门训练，非常重要的一项内容就是要感知解决问题环节所蕴含的数学思想方法。其次是对经典数学进行延伸。数学学科有着悠久的发展历史，从古至今，在数学领域存在着大量多元化和趣味性的数学问题，也蕴含着深刻的数学思想与方法，所以我们完全可以从经典数学方面着手，对其进行多角度的拓展和延伸。最后，在科学领域进行数学应用的拓展。数学在科学领域发挥着至关重要的作用，如万有引力、相对论等重要科学学说的形成都和数学有着密不可分的关系。

二、应用教育维度

数学应用意识是数学教育当中的重要组成部分，这需要我们在生活当中加强发现和分析，从中获得更多的数学思想方法，同时把课堂上学习到的数学知识应用到生活当中，促使学生学以致用，并教会学生如何在日常生活和其他学科中运用数学知识解决实际问题，如通信费用、概率和统计、交通路线、彩票游戏、信贷、细胞分裂、人口增长等。假如学生在解决数学应用问题时能够深刻理解应用的性质，同时能够认识数学与实际生活间的关联，那么学生就能够在数学学习的过程当中形成正确的数学观，有效发现和解决问题。

三、人文教育维度

数学教育具有培养人文精神，促进心灵成长，使学生达到完美人格的人文价值。学习数学的学生，除了要在知识学习方面提高能力，还需要树立正确的数学观，对数学学习有着强烈的热情，并且掌握一定的数学鉴赏方法，更好地领会数学当中蕴含的人文价值。事实上，在数学发展建设的整个历史当中，包括大量的人文内容，其中最具代表性的就是数学史。数学史是人类在数学发展领域所获文明的凝练，有愤怒悲伤，也有喜悦幸福。这些都是在数学领域当中获取的巨大成就，而这样的成就在发展过程当中正在从幼稚迈向成熟，为人类社会的发展提供了巨大的帮助。另外，数学史当中包括大量与数学家相关的故事，通过对他们的故事进行分析和阅读，可以看到他们的科学追求精神，看到他们高尚的品格。所以，通过引导学生对数学史的知识进行学习，能够加深学生对数学人文价值的认识，激发学生的民族自尊心与自豪感，让学生生出传承民族数学的责任和意识。数学和思考之间存在着密不可分的关系，理性化的思考在数学领域广泛存在，教师可以通过"《几何原本》与人类理性""微积分与极端思维""电子计算机与数学技术"等讲座，加深学生对数学知识的认识，促使学生通过这些学习内容明确数学的内涵，更好地推动数学的发展。

四、审美教育维度

数学是一种精彩且不可或缺的科学工具，它可以将秘密转化为常识，将复杂变得简单，从而减少数学学习和理解方面的难度。化繁为简是一个重要的发展目标，也是解决数学问题的重要方法，其中需要运用数学思维。比如，在数学领域存在着一个重要的思维方法，那就是把大化小，也就是将困难的事物分成尽可能多的小部分，这样每个小部分都是显而易见的，那么问题便很容易被解决。

数学在审美教育当中发挥着重要的作用，数学是美的，"好的数学"简单而美丽。这实际上是一个美学的规律。例如，欧拉公式$v-e+f=2$就是一个简单的例子。通过对这个公式进行认真分析，我们能够从中领悟很多深刻的道理，而这个公式在现代数学发展当中也发挥着重要作用，是拓扑学和图论的基本公式。

每个复杂问题背后都有一个简单的方法和规律。数学教育与审美教育之间存在着非常紧密的关联，而数学因为存在着简洁之美，能够刺激学生对数学学习产生好奇心，增强他们的学习动力。假如学生在接受数学教育的过程中，能够获得大量的美学体验，就能够发现数学的魅力，进而刺激他们产生强烈的学习动力。教师在数学教育引导当中，要引导学生认真领悟数学的简单美，从而培养学生的创新思维，锻炼学生的特殊思维能力，如类比思维、联想力、想象力等。另外，数学的简单美也可以根据客观规律，促进学生个性化的发展，满足人性化数学教育的要求。当学生在数学学习和体验当中发现了数学所包含的美的元素之后，便会积极主动地投入数学学习的活动中，用更加积极的心态完成数学学习任务。

站在学生层面进行分析，我们应该在数学教材当中加强分析和探索，充分挖掘教材内容当中包含的数学美的要素，为审美教育的推进打下基础。在找到教材当中的审美教育元素后，教师可以着重对其进行诠释，引导学生主动欣赏数学美，增强学生数学学习的适应能力。数学审美教育内容大致可以划分成四个层次，即美丽、美观、精彩与完美。另外，为了更好地满足学生的学习需要，教师还可以借助计算机网络技术为学生创造和描绘利用其他方式难以发现的数学美。比如，可以利用几何画板及三维数学动画等技术手段，进行数学美的挖掘和呈现。还可以加强数学学科和其他审美学科的融合，如在学生学习音乐、美术、文学等的过程当中融入数学元素，让学生可以从不同的角度欣赏及创造美，增强学生的审美素质。由此可见，数学拥有非常广阔的天地，数学当中包括多种多样的审美要素。要想真正畅游于数学世界，在这个世界当中尽情领略数学之美，就需要摒除功利性的目的，保证自身的全身心融入。

第二节　优化数学课堂教学的策略

一、教学过程的含义

教学过程是根据一定的教育目标和任务，在教师有计划、有目的的指导下，通过教和学的双边活动，组织和引导学生积极主动地学习系统的文化科学知识和基本技能技巧，并在此基础上，提高能力，增强体质，完善心理个性，培养思想品德，使学生德、智、体、美诸方面得到全面发展的过程。教学过程是教师教的过程，又是学生学的过程。教学过程是由两个相对应的系统过程组成的。

二、优化教学过程，全面推进新课程实施

（一）优化教学要素

教学过程是教师、学生、教材（知识内容）、教学方法和教学手段几大要素运行的过程。各要素之间相互联系、相互制约、相互作用。优化教学要素，一方面不能单纯地抓一两个教学要素，也不能只抓某一要素中的某一因素，而是要有机结合，形成最佳效果；另一方面，要抓各要素构成的六对矛盾中的主要矛盾，其主要矛盾是学生（认知水平）与教材（教学内容）之间的矛盾。为此，教师要过好两关：

第一是过好"学生关"。过好这一关，要做到"五清"，即知识底数清、认知心理清、学习态度清、可接受程度清、环境影响清。概括起来就是：了解学生的学习意向；体察学生的学习情绪；诊断学生的学习障碍；确定科学有效的教学对策。

第二是过好"教材关"。过好这一关，要做到以下几个方面：①吃透教材所占的地位和作用，知识的整体结构、主要线索、纵横联系，把握好知识点，形成知识链，构成知识网。②吃透教材的编写意图、知识体系、重组、加工教学内容，把握住教材的重点、难点、训练点。③吃透教材中适应多层次需求的内涵，把握教学的深度、广度和密度。④吃透教材中的育人因素，把握知识目标、情感目标、德育目标、能力目标。⑤吃透素质教育对课堂教学的要求，把握知识的停靠点，解决"学会"问题；把握情感激发点，解决"乐学"问题；把握思维展开点，解决"会学"问题。

（二）优化教学目标

教学目标是完成教学任务的出发点和归宿，是确立教学内容的依据。所谓优化教学目标，首先，要突出目标组成的全面性，要面向所有学生，面向学生发展的所有方面，完整全面地确定教学目标。它要兼顾知识、技能、智力和思想教育诸方面。我们要求教师确定的教学目标应包括知识目标、能力目标、德育目标、心理情感目标。其次，要突出目标的层次性，使用知道、了解、运用、判断等行为动词及有关术语，可以比较准确地描述达到目标的程度。再次，要突出目标的规范性。目标规范着教师的教学内容和方式，使其克服教学中的盲目性和随意性；目标也规范学生的学习活动，是规范学生行为变化发展方式的

变化效果的度量。最后，要突出实际目标的操作性，即定标—展标—达标—测标。

（三）优化教学策略

所谓教学策略，就是在教学思想的指导下，为完成一定教学目标所采取的方法、途径和措施。教无定法，教学有法。教学策略具体要体现出"五个原则"。

1. 激情引趣原则

激情引趣原则就是指教学策略要以情励学、以趣激学。其中，情是纽带，要把教材之情、教师之情、学生之情水乳交融地贯穿于整个教学过程中，让学生学得有兴趣，不断体验成功的乐趣，培养高尚的志趣。教师创设新奇、宜人的情境，可以激起学生的好奇心、求知欲，这是课堂情绪的"兴奋剂"。

2. 设疑置难原则

设疑置难原则是指教学策略要使学生自学生疑、尝试排疑、启发释疑、练习解疑、创造设疑。课始，教师要鼓励学生在预习的基础上对所学的内容质疑、问难；课中，激励学生对重点、难点深思质疑；课尾，引导学生回顾学习过程进行反思，做到引疑探究、质疑回授、求异扩展。在课堂教学中，变教师教为"诱"，变教为"导"，变学生学为"思"，变学为"悟"。

3. 民主参与原则

民主参与原则是指教学过程的优化程度取决于学生参与教学的程度。

衡量学生有效参与教学的标志是：①从调动学生积极的学习情感程度看参与的有效性；②从组织学生开展的学习活动的广度和深度看参与的有效性；③从激发学生思维活动的广度和深度看参与的有效性。

教师要尽量让学生独立观察，尽量让学生动脑思考，尽量让学生动手操作，尽量让学生动口表述，尽量让学生发现问题、质疑问难，尽量引导学生标新立异，以培养他们的创造性思维；让学生读一读、想一想、听一听、问一问、议一议、讲一讲、做一做、写一写；使学生能够全身心地投入学习活动，完整地经历学习知识的过程。

4. 鼓励成功原则

鼓励成功原则主张人人都可以获得成功，都可以成为成功者；主张成功应是多方面的，不应局限在个别方面；教师帮助学生成功；教师创造条件，学生尝试成功；学生自己争取成功；强调以鼓励、表扬为主的鼓励性评价。

5. 差异教育原则

差异教育原则指面对有差异的学生实施差异教育，教学应以中等水平学生为立足点，以不同学习层次的学生都有提高为目标，使学习有困难的学生有进步，中等生有提高，优等生有发展，上、中、下学习层次的学生的目标和设计要在教学中认真落实。

（四）优化教学评价

优化教学评价要做到以下两点：信息及时反馈，以及补救与矫正。

教学过程是由教师、学生、教学内容、教学方法和教学手段等因素构成的一个信息交互的系统。教师只有依据教学目标，不断进行反馈矫正，才能有效地控制教学过程，及时消除教学过程中的失误，完成预定的教学目标，最终让学生能清楚地了解学习过程中的成功与不足，及时调整、完善自己的知识和方法。

三、优化教学过程的措施

（一）数学教学必须提高数学素质教育的思想

1. 制定好能被全体学生接受的教学目标

要想使所有学生都喜欢数学、学习数学，就要使学生能听得懂、学得会所学知识。这就需要从符合学生的实际出发，明确学生的学习内容，制订切实可行的"数学教学目标"。"数学教学目标"大到每个章节、每个单元的内容，小到每一小节的内容。从总体来说，"数学教学目标"可分为知识目标、能力目标和德育目标。数学教学目标的制定，反映了学习由简单到复杂的层次递进，要求认识水平层次也由低水平上升到高水平；它使教学目的、教学要求的细化符合学生的认知规律，有利于学生数学素质的形成；它使数学教学成为以确定教学目标为起点，以绝大多数学生都能达到的预期教学目标为终点的教学管理过程；它是树立"为一切学生学好数学"的教学思想的基础。

2. 注重教学效果的回授

所谓"教学效果的回授"，就是及时了解教学效果的信息，随时进行教学调节的一个动态教学过程。通过反馈和矫正，每个学生的数学学习都能达到教学要求。教师及时收集、了解教学效果信息的途径有很多，如观察交谈、提问分析、课内巡视、课堂板演、作业批改等；并将收集和掌握的学生的学习态度、学习行为和认知效果等方面的第一手资料，作为分析学生的学习态度及其变化的客观基础，从而进行及时矫正和补救。这样做就能达到使基础好的学生保持稳定或稳定上升，基础差的学生成绩明显提高，全体学生在数学学习中都有所进步的目的。

3. 不断改进教法和学法

兴趣是学习的动力。"没有丝毫兴趣的强制性学习，将会扼杀学生探求真理的精神。"数学能不能学好，完全取决于学生学习数学的兴趣高不高，而学生的兴趣又与教师的教学方法和教学艺术有关。学习有法、教无定法，无论采取哪一种教学方法，有两点是必须强调的：一是"引趣"，激发学生的求知欲，可采用多样化的教学手段，激发学生的学习兴趣，使学生在学习过程中产生愉快的情绪，并随着这种情绪体验的深化，产生进一步学习的需要。二是让学生"会学"，进行学法指导，教给学生学习的方法和规律。教师要引导学生自觉参与，学会思考，学会尝试，学会发现，为学生主动参与教学全过程架桥铺路，变"要我学"为"我要学"，"要我会"为"我要会"。

（二）数学教学要强化数学的德育功能

1. 通过讲授数学史向学生进行爱国主义教育

爱国主义教育是德育的基本内容，它贯穿于整个中小学教育的全过程，渗透在各学科的教学之中。我国数学有辉煌的历史，成就卓著。结合中学数学教学的内容，不失时机地向学生进行爱国主义教育，是发挥数学德育功能的途径之一。例如，《周易》的排列法、《墨经》的几何学、十进制记数法、负数与正负数、开方术、方程术、方程的数值解法、勾股术、比率算法、圆周率、极限思想方法、明清代数学等，在世界上都处于领先地位，而且是当之无愧的东方数学的理论体系代表，这些都是向学生进行爱国主义教育的生动教材。

2. 教学哲学本身的辩证唯物主义教育

数学学科充满了辩证唯物主义的思想方法。辩证法的核心是对立统一规律，即矛盾是普遍存在的，在一定条件下是可以互相转化的。我们可以通过揭示数学内容的实践性和数学内容的辩证关系，向学生进行辩证唯物主义教育，这有利于学生确立正确的世界观，也是发挥数学德育功能的一个重要途径。寓德育于数学教学之中具有一定的难度，难就难在"寓"字上。"寓"要求水乳交融，自然渗透，隐而不露，做到"随风潜入夜，润物细无声"。要想做到这一点，教师首先需要弄清数学教学与德育的关系；在此基础上，对中学数学教材进行逐章逐节地梳理剖析，明确知识传授点和德育渗透点，并找到最佳结合点，使可渗透的内容具体化；同时，编写示范性教案，进行教学实践。这就给数学教师提出了更高的要求。教师要具有较高的政治素质和业务素质，除了精通教材、熟悉教学方法，还应具有一定的政治、哲学、教育学、心理学、逻辑学、数学史和其他相关学科的知识，并能融会贯通，具有串联迁移和感化的能力。

（三）强化数学的社会功能，增强应用数学的意识

一个人的数学素质的优劣，不在其掌握数学知识、数学理论的多少，也不在其能解决多少数学难题，主要是看他能否运用数学的思维方式去处理现实生活中的问题，以及是否能拥有学习新知识的能力和适应社会发展的需要。这就给数学教学带来了更加深刻的思考，那就是如何增强应用数学的意识。

（四）培养思维能力，优化数学思维品质

数学是思维的体操。数学学习的本质就是一种思维活动。因此，在各项能力中，数学思维能力又占有突出的地位。但无论数学思维能力本身的提高还是一般思维品质的优化，数学学习所能起到的独特作用是其他学科无法替代的。这正是应该引起我们足够重视的重要课题。数学思维包括求同思维、求异思维、联想思维、逆向思维等。

（五）全面提高数学教师的素质势在必行

数学课堂教学的关键是教师的素质。首先，是对数学教师政治思想素质的要求更高了。数学课堂教学要求教师能坚定正确的政治方向，有高尚的道德品质和崇高的精神境界。也就是说，数学教师要具有良好的师德。其次，是对数学教师专业知识素养的要求更高了。数学教师需要不断夯实数学专业知识的功底，使其更加深厚和扎实，不断更新知识，拓宽加深，形成系统。再次，是对数学教师各种能力素质的要求更高了，包括教学能力、教育能力、科研能力、自学能力、开拓创新能力等。最后，是对数学教师的身心素质的要求更高了。使之身心健康，适应快节奏的繁重工作，具有较强的耐受力，精神昂扬振奋，心胸豁达开朗，意志坚忍不拔，具有抗挫折与失败的耐力，调节情绪的控制能力及自我批评、自我完善的心理品质。

四、确立为学生终身学习和终身发展奠定坚实数学素养的教学理念

教师的教学思想、教学观念，制约着他的教学行为和教学活动。确立全新的素质教育理念，是我们能够适应教材调整步伐、迎接新的课程标准挑战的关键环节。

数学教学的培养目标应该定位在提高国民素质上。数学教学应立足于培养学生终身学习的能力，为学生的终身生存和发展奠定坚实的数学基础。教师要树立"人人学习有用的数学""学习不同水平的数学""学数学、做数学、用数学"的观念，把数学作为人们日常生活交流的手段和工具。

数学教学应该是一个不断重组、加工数学内容的过程。其中，包括挖掘教材中的育人因素，全面把握教学中的知识目标、德育目标、情感目标和能力目标，找准知识的停靠点、思维的激发点、参与的切入点、有力的生长点。数学学习应大力倡导学生主动参与、体现选择、探究发现、交流合作的学习方式。教师是学习的组织者、引导者与合作者。

数学教学应以教育科研为先导，把数学课题研究作为提高教学质量的"第一生产力"，努力实现数学教学课题化，课题成果课程化；应以数学教学的热点和焦点问题为突破口，积极开展教改实验研究，注重成果转化，使数学教学充满生机和活力。

五、构建引导学生积极参与和主动选择的教学模式

教学过程是课程实施的基本途径，是师生交往、共同发展的互动过程。教师的教学过程，不只是传播知识的过程，更重要的是发挥其育人的功能，培养学生掌握和利用知识的素质和能力，发现并激发学生潜能的过程。在这一过程中，教师要强调学生自学能力的形成，重视信息素养的培养，帮助学生学会在实践中学，在合作中学，为终身学习奠定基础。为此，我们要在全新的教学理念的引导下，让学生感受知识发生、发展的全过程，进行教学设计的策划，构建"尝试发现—探究形成—联想应用"的教学模式。

所谓"尝试发现"，就是指让学生在观察、实验、操作、猜想、假说、推理等活动中，自我发现知识，获得成功的体验。

所谓"探究形成"，就是指在知识的形成过程中，让学生从不同的角度，用不同的方法，通过不同的途径去研究、探索知识的来龙去脉、内涵外延。师生之间相互提问、交流与讨论，使教学在合作式的民主、互动、和谐氛围中进行，有利于创新思维和实践能力的培养。

所谓"联想应用"，就是指让学生在求异联想中应用知识，培养学生应用数学的意识。教师可以通过课内外的研究性活动，联系周围的日常生活、生产和其他学科相关的内容，发现并提出数学问题，把它们抽象成数学模型，然后运用数学知识予以解决；在解决问题的过程中，使学生掌握一种积极的、生动的、自主合作探究的学习方式。

六、抢占数学教学与现代信息技术教育整合研究的制高点

作为数学教育工作者，我们要高度重视信息技术对教学过程产生的深刻影响。信息技术的发展及其在教学中的普遍应用，必将引起教学内容呈现方式的多样化，引起教师的角色、教学方式和学生的学习方式、师生互动方式的变革。因此，我们必须积极学习并主动适应这一变革，在教学设计中充分挖掘信息技术的潜在优势，为学生的学习和发展提供丰

富多彩的教育和有力的学习工具，抢占提高学生的信息素养及数学教育与信息技术教育整合研究的制高点。为此，数学教师主要要解决好以下几个问题：

第一，全面掌握信息技术的理论知识及其操作应用，并竭力使其成为自己学习和教学的工具。教师可以利用网络收集数学教育改革和科技发展的前沿动态信息，并将其作为数学教学的背景；可以应用已掌握的技术制作图声并茂的多媒体教学软件，使数学教学更加直观、形象，易于激发学生的联想和思考。

第二，努力寻求培养学生的数学素养与信息素养的最佳结合点，使信息技术成为学习数学的工具；鼓励学生在几何作图、函数图像的描绘、数字统计、乘方、开方、三角函数的计算等方面广泛应用计算机技术，不断拓展学生学习的时间和空间。

第三，教师要努力开展信息技术环境下数学模式的探索，要对教学内容、教学角色、教学方式上发生的变化，进行深入的研究和探讨，不断总结适应信息技术发展的教学模式。

第四，利用现代信息技术的介入，对数学教学方式的改变寻求新的切入点。现代信息技术的运用，不仅改变了数学的研究方法、学习方式，也改变了数学教学内容，也影响了教师的教学模式与学生的学习方式。正如二期课改所关注的，"让学生体验、经历教学的发生、发展过程；使课堂成为一个更有利于学生群体交流活动的场所，师生互动的活动式教学将成为重要的教学方式"。而实验、探索与发现则将成为重要的学习方式，现代信息技术将成为联结基础知识、基本技能与"创造性"的桥梁，通过对现象、数据的观察、实验，归纳产生猜想、估计，进一步验证或是演绎、证明，充分体现以学生发展为本的原则。为此，我们在区级、校级等不同层面开设了数学实验课，主要借助"几何画板"、IT技术等进行数学实验探究。

第五，凭借现代信息技术的作用，促进与扩展对数学的理解与掌握。数学的本质是理解，而信息技术将有力地加强数学教学与现实生活各种现象的直接联系，使学生扩大直观形象的视野，模拟微观世界，构造数学的多种表现形式，从而加强学生对抽象数学概念的理解，为数学教学提供探究与创新的空间。在教学实践中，我们能够体会到，现代信息技术不仅可以提高学生的思维能力和解决问题的能力，还可以为培养学生的创新思维能力，以及在信息社会中的生活、生存与自我表现能力，打下更扎实的基础。

第六，依靠现代信息技术的帮助，可以设计不同层次的学习平台。在课件设计时，教师努力通过图、文、声等多种功能，丰富学生的直观感受；在数学教学过程中，运用多媒体技术中的图形移动、定格、闪烁、同步切换、色彩变化等表述教学内容；在拓展练习时，可利用多媒体的视频、单频技术对有关教学内容进行分层、分步显示，引导学生层层深入，从而拓展学习空间；在创设问题情境中，运用多媒体技术中图文并茂、及时调控等特点，创设体验情景，让学生在愉快教学中参与并主动发现问题，增强教学效果。

第七，运用现代信息技术，实现教学资源共享。通过网络，与同学科、同年级、同进度的教师共享备课资料、课件、教案、教学手段等内容，在教学上取长补短、互相学习、互相促进、互相提高，实现教学资源一体化、共享化，运用现代化信息技术增强教学效果。总之，现代化信息技术与数学教学全过程的有机结合，是数学教学改革中的一种新型手段，它可以有效地调动学生的学习积极性，强化学生的内心体验。

第三节　数学教学与现代教育技术整合

在数学教育中应用现代技术是必然的趋势。而且，如今计算机技术已成为数学模型、数学运算和教学方法的重要组成部分。面对这样的教育现状，改革教学方法和手段已势在必行。而数学课程教学方法改革的一个突破口，就是加强现代教育技术的整合与应用，在新技术和数学融合的过程当中为学生拓展和营造一个全新的学习环境，突破传统的教育模式，将以教师为中心的教育体系转化为以学生为中心的教育体系。然后，培养学生的创新思维和精神的实践能力，为满足社会发展新需求提供人才。这类课程的改革主要是教学方法的改变，即用更先进的技术为学生服务。多媒体技术的出现为我们提供了改进教学方法的新方法。

计算机科学与数学的结合主要是用现代的技术让课堂更加多样化，让学生对知识更感兴趣、更想学习，更想吸收知识，这才是真正有意义的学习活动。在全面提倡计算机技术与数学课程整合的教育背景下，通过对现代教育技术的合理化应用，将会在很大程度上提高学生的创新能力，增强学生发现和解决实际问题的能力，为大学生的长远发展创造良好条件。

一、现代教育技术的内涵

我国的"现代教育技术"（Modem Education Technology）等同于国外的"教育技术"（Education Technology），指的是"有效运用现代技术和心理学，对已有的知识和工具进行整合，用最好的方法实现教学的最好的成果"。其主要包括以下内容。

（1）利用现代科技成果进行教育资源的开发和利用。现在的教学中使用了很多高科技手段（主要是投影和计算机），这些科技的发展让教学越来越多样化，使教学有了更丰厚的物质基础。基于传播媒介理论和视听教育理论，教育技术将视听媒体应用于教育，促进教育技术和资源的进步和发展。

（2）使用系统方法和教与学理论来探索和设计学习过程。教育技术有助于提高教学效率，为学生的学习奠定理论根基。

（3）有效运用现代教育科技及信息技术，获取丰富的学习资源，同时对学生的学习进行管理与评价。在教育信息化程度逐步加深的背景下，大量的现代科技成果开始在教育领域广泛应用，这有效拓展了学习资源，同时让教育资源的管理与应用拥有了技术手段的支撑。通过将计算机辅助信息处理技术进行合理应用，能够对学生的学习过程进行优化管理和科学化评估，为教学方法的改进创造良好的条件。

在教育领域应用的现代教育技术主要包括多媒体和网络技术两个方面，能够促进传统教育模式的转变，特别是能够为学生创造一个信息化的学习环境，使学生可以在优质的学习氛围当中进行观察、思考，有效开发及利用网络技术资源和软件资源，培育具备创新精神的学生和教学团队。

二、整合的必要性

教育技术的广泛应用推动着教育理念的转变与创新。通过对具有先进性和实用性强的教育技术进行应用，是否可以有效地促进教育目标的达成，更多地取决于人的素质。只有把教育技术真正和教育系统融为一体，才能够让教育技术显现出更大的价值。只有在使用"思想和创新"教育时，教育才能体现出具有新思想的人的价值。所以，要想让新技术和数学教学活动进行紧密整合，就要在教学实践当中树立正确的思想观念，如终身学习理念、开放式互动理念等。

教育观念的转变是现代教育技术与数学教育相结合的重要前提。在传统教育中，现代教育技术课程只向学生提供信息，没有和其他学科产生关联。在教学改革的过程中，教师需要不断地改变自己的思维，跟上社会的发展，不能只想着教学而脱离实际，并有效地运用数学知识，将现代教育技术融入课堂，促进教学和学习效率的有效提升。

如何将现代教育技术手段与传统教育模式进行整合，让课堂的效率最高，这是值得教师探讨的问题。比如，在板书和屏幕显示之间要怎么权衡？把计算机作为高端幻灯机不仅浪费资源，还带来了许多学习问题。在上海数学研讨会的小组讨论中，胡仲威先生指出，电脑屏幕有朝一日会取代黑板粉笔，这样的说法是错误和天真的。数学知识有着很强的逻辑性，如果用板书的话，学生可以前后联系，获得思考的空间。但是，如果用PPT的话，学生还没记住就过去了，根本没有办法理解要学习的东西，导致上课的效果很不好。每个学生的思维水平是不一样的，所以教师可以根据师生讨论过程，在黑板上对整个问题分析的过程进行书写，同时在这一过程当中不断地增加和改变有关内容。教师将教学内容写在黑板上可以给学生留下时间和空间来思考问题，让学生有时间和机会思考、提问，这远远优于计算机屏幕的统一视图。

现代教育技术作为数学教学的工具，在课堂教学当中进行应用，是想让现代技术和数学教育融为一体，就如同在传统教学当中运用黑板、粉笔一样自然顺畅。现代教育技术在课程教学当中起到一种辅助作用。但需要强调的一点是，辅助教育面对的并非教师的教学，而是辅助学生完成复杂数学知识的学习。教师在运用现代教育技术的过程中，必须考虑到课堂内容，同时要评估学生的实际学习状况，合理组织课程内容，使课堂教学与现代教育技术进行最大化的互动整合，使其转化成为学生的学习资源。教育技术能够为信息获取、问题调查和问题解决提供必不可少的认知工具支持。受此影响，现代教育技术与数学教育的整合不仅能够让教师为学生拓展学习内容，还能够促进学生知识体系的建立和知识内容的创造。现代教育技术在高校教育应用当中的优势作用主要体现在以下几个方面。

（1）提供理想的教学环境。现代教育技术创造了一个互动、开放和动态的学习环境，将多媒体、网络和人工智能结合在一起，用于大学的数学教育。课堂环境不仅仅限于学校的建筑、教室、图书馆、实验室和家庭学习领域，还包括学习资源、课程模式、教学策略、学习氛围、人际关系等。学生在这样一个理想的教学环境当中能更好地完成知识的学习与消化，动态化地完成课程知识的学习。

（2）提供理想的操作平台。现代教育技术能够有效拓展教学信息，丰富信息的呈现形式，如文本、声音、图形、视频、动画等，为数学教育的开展提供理想平台。①现代教育技术等的完善及应用，能够让以往的教学内容彻底摆脱教材的束缚，实现教材和教学内容的多元化。②现代教育技术的再现功能可以让我们利用仿真分析的方法把握动态化的学习过程。③现代教育技术的虚拟功能使教育内容呈现文本化的叙事模式，使学生能够步入微观世界和宏观领域。④教育技术还能够为学生创设多元化的学习情境，刺激学生的各个感官，让学生产生身临其境的学习感受，帮助学生掌握和运用知识。⑤先进的超文本功能可以实现教育技术的优化，表达大量信息。通过对现代教育技术的应用，以往人们无法想象的教育课程都可以被轻松地制作出来。⑥现代教育技术有着强大的互动功能，能够强化人际互动，实现"人—机—人"的相互交流和互动学习。科技的发展让数学建模发展得更快，也让数学家存在于意识领域的数学实验转变成为现实可感的成果。

（3）构建了一种新型的教学关系。现代教育技术的辅助支持，让原本的教育关系发生了极大的转变，尤其是改变了师生关系，优化了师生之间的和谐互动。教与学之间的界限变得模糊，师生关系变得更加平等。在如今的教育模式之下，教师不再是课堂的主宰者，而是学生的指导者、协作者，还是学生亲密的朋友。在日常的教育教学当中，教师可以和学生进行实时和无障碍的沟通交流，让教学和学习可以更加有序地开展。

（4）更好地实现了教学的互动与合作。实际课程应该是教育主体（教师）和学习主体（学生）之间的互动过程。教师、学生、媒体和学习环境构成了复杂的教学关系，只有实现师生之间的紧密合作，才可以真正达到教学目标。现代教育技术在课堂教学中的融入为教学互动与合作提供了可能及必不可少的支持。在这样的情况下，不管是教师还是学生，都是信息的接收者和传播者。双重身份使教育者和受教育者能够建立互动，互相激励，互相指导。

（5）有利于学习形式的个性化。现代技术对于学生寻找自己的学习方法很有帮助。学校越来越计算机化，教师和课本都不再是固定的，每个学生都可以根据自己的情况选择不同的学习目标，建立自己的学习进度，可以更好地实现自我价值。这样，每一个学生都可以拥有个性化的学习空间，充分满足自己的学习需要，彰显了学生的主体价值。

现代教育技术的普及与应用，为高校数学教育提供了大量的数学素材，而这些材料具有超文本性的特征，更加符合人们的联想思维。在技术的支撑之下，每个学生都能够获取丰富多样的学习资源，使学生可以高效率地完成学习任务，也让学生的主体价值得到发挥。而教师则扮演协助者和组织者的角色，能够从多个角度强化对学生的指导，为教学质量和效率的提升创造条件。网络资源让教材不再成为数学教学的限制，因为这些多样的网络资源可以拓展和补充教学内容，使其成为学生获取数学知识的重要来源，彻底打破以往封闭孤立的课程体系，扩大教学范围。

第九章

高等数学的教学改革策略

第一节 高等数学的教学思想改革策略

一、现代教育思想的含义

教育是人类特有的一种有目的地培养人的社会实践活动。为了实现教育的目的和理想，也为了使教育活动更符合客观的教育规律，人们对教育现象进行观察、思考和分析，并开展交流、讨论和辩驳等，从而形成了具有普遍性、系统性和深刻性的教育思想。从广义上说，人们对教育现象的各种各样的认识，无论是零散的、个别的、肤浅的，还是系统的、普遍的、深刻的，都属于教育思想的范畴。在狭义上，教育思想主要是指经过人们理论加工而形成的，具有思维深刻性、抽象概括性、逻辑系统性和现实普遍性的教育认识。

（一）关于教育思想的一般理解

1. 教育思想在其形成的现实基础上，具有与人们的教育活动相联系的现实性和实践性特征

通常，人们认为教育思想具有抽象概括性、深奥莫测性，是远离教育的实践、生活和现实的东西。其实，教育思想与人们的教育实践和生活存在着根本性的联系，它产生于教育实践活动，是适应教育实践的需要而出现的，教育实践构成了教育思想的现实基础。概括起来说，可以分为以下几点：

（1）教育实践是教育思想的来源，当教育实践没有产生对某种教育思想的需要时，这种教育思想就不可能在社会上流行和发展。

（2）教育实践是教育思想的对象，教育思想是对教育实践过程的反思，是对教育实践的活动规律的某种揭示和说明。

（3）教育实践是教育思想的动力，历史上教育思想的兴衰更替和变革发展，都是教育实践促动的结果。

（4）教育实践是教育思想的真理性标准，某种教育思想是否具有真理性，在根本上取决于教育实践的检验。

（5）教育实践是教育思想的目的，教育思想正是为了满足教育实践的需要而产生的，教育实践规定了教育思想的方向。

2. 教育思想在其存在的观念形态上，具有超越日常经验的抽象概括性和理论普遍性特征

毫无疑问，教育思想在广义上也包括人们在教育实践中获得的各种教育经验、体会、感想、观念等，但是在狭义上仅仅是指经过理论加工而具有抽象概括性和社会普遍性的教育认识。我们在本书中所分析和概括的就是狭义上的教育思想。教育经验是现实的、鲜活的，同时也是宝贵的；但是它往往具有个别性、零散性和表面性，很难概括教育过程的普遍规律和一般本质。教育工作者从事教育实践，固然需要教育经验，但是更需要教育思想或教育理论的指导。教育思想以它的抽象概括性、逻辑系统性和现实普遍性，比教育经验更能够阐明教育过程的一般原理，揭示教育事务的普遍规律。教育工作者需要教育理论的指导，需要有深刻的教育思想、明确的教育信念、丰富的教育见识，这些正是教育思想的理论价值所在，也正是教育思想的实践意义所在。

3. 教育思想在其存在的社会空间上，具有与社会经济政治文化的条件及背景相联系的社会性和时代性特征

人们的教育实践及教育认识都是在一定的经济政治文化思想条件下展开的，所以教育思想内在地体现着社会发展的现状及要求，具有社会性特征。另外，人们的教育实践及教育认识也是在一定历史时代的条件及背景下进行的，所以教育思想既与人们所处的历史时代相联系，又反映着这个时代的状况及要求，具有时代性特征。我们在本书中学习和研究的教育思想，不仅与我国社会主义改革开放和现代化建设相联系，反映着我国教育事业的改革及发展的要求，而且与世界当代的经济、政治、科技、文化的发展相联系，反映着世界当代教育变革的现状及其思想动向，具有我们今天的社会性和时代性特征。

4. 教育思想在其存在的历史向度上，具有面向未来教育发展及其实践的前瞻性和预见性特征

教育思想源于教育实践，又服务于教育实践，而教育是面向未来培养人才的社会实践，所以教育思想具有前瞻性和预见性。特别是在当代，人类历史正在加速进步和发展，教育事业的发展更具有超前性和未来性，而发挥指导作用的教育思想的前瞻性和预见性日益明显。当然，教育思想还具有历史的继承性，它总要总结以往教育实践的历史经验，承继以往教育思想的精神成果，但是，教育思想在根本目的上是要服务和指导当前及未来的教育实践的。所以，教育思想在历史向度上具有更突出的前瞻性和预见性特征。

（二）关于现代教育思想的概念

我们所知的现代教育思想，确切地说，是指以我国进入新时期以来的改革开放和社会主义现代化建设为社会背景，以近代以来，特别是20世纪中叶以来世界现代化的历史进程及人类的教育理论与实践为时代背景，研究我国当前教育改革的现实问题，以阐明我国教育现代化进程的重要规律的教育思想。当然，学术界对"什么是现代教育"和"什么是现代教育思想"，有着各种各样的理解和看法。另外，现代教育思想有着丰富的内容，我们只是就其中的一些内容进行了分析。目的在于使大家了解对我国教育改革实践比较有影响的思想及观点，从而使大家提高教育理论素养，树立现代教育观念。

1. 现代教育思想是以我国社会主义教育现代化为研究对象的教育思想

任何教育思想都有它特定的研究对象，或者说特定的教育问题。本书所说的现代教育思想，是以我国社会主义教育现代化中的教育改革和发展问题为对象的，是关于我国社会主义教育改革和发展的教育思想。教育现代化是我国当前教育改革和发展的目标和主题，我们的一切教育实践活动都是在这个总的目标和主题下展开的，所以，我们的教育实践是现代教育实践，我们探讨的教育问题是现代教育问题，我们概括的教育思想是现代教育思想。邓小平明确指出，"教育要面向现代化"。这说明我国正处于迈向教育现代化的历史进程中，我们的目标是实现社会主义的教育现代化。从人类历史发展的角度看，我们处于现代教育发展的历史阶段。根据这一点，我们可以把以我国社会主义教育现代化为研究对象的教育思想称作现代教育思想。

2. 现代教育思想是以我国新时期以来社会主义改革开放和现代化建设为社会基础的

本书所分析的现代教育思想，不仅以我国社会主义教育现代化为研究对象，而且以我国新时期以来社会主义改革开放和现代化建设为社会背景。大家知道，社会主义教育改革实践是和我国整个改革开放事业联系在一起的，社会主义教育现代化是我国社会主义现代化事业的有机组成部分。所以，我们所说的现代教育思想，是以我国的改革开放和现代化建设为社会基础的；我们所分析的教育思想及观念，是以我国社会主义经济、政治、科技、文化的发展为背景的。教育是一项社会事业，是为社会的进步和发展服务的，社会经济、政治、文化、科技不仅为教育发展提供了客观条件，而且决定着教育发展的现实需求。我国教育事业的改革和发展及教育现代化的目标，从根本上说反映着我国新时期社会主义改革开放和现代化建设的要求，正是改革开放和现代化建设对人才和知识的巨大需求，推动了教育事业的改革和发展。从这种意义上说，大家所要学习的现代教育思想，实际上就是我国改革开放和现代化建设所要求的教育思想。

3. 现代教育思想是以近代以来，特别是20世纪中叶以来世界现代化进程及教育理论和实践的发展为时代背景的

虽然，本书概括的教育思想是立足于中国社会现实和实际的，但是又是与近代以来特别是20世纪中叶以来世界现代化进程及教育理论和实践的发展相联系的。中国的发展离不开世界，中国的现代化是世界现代化的一部分。我国当前的教育改革和发展不仅要以世界现代教育的历史进程为参照系，而且要与世界各国加强教育交往和联系，学习和借鉴世界先进的教育经验和成果。从历史上看，随着现代工业生产、市场经济和科学技术的发展，世界各国的教育交往和联系日益增多，关起门来发展教育事业变得越发不现实。事实上，我国当前的教育改革与发展和世界当代教育的改革实践及思潮演变有着密切的联系。我们需要研究世界当代教育发展的普遍规律，需要把握世界教育发展的普遍趋势。例如，我国实施的科教兴国战略就是在总结世界各国现代化实践经验的过程中提出来的，它反映了近代以来人类现代化进程的普遍规律。又如，本书所要分析的科学教育思想和人文教育思想，就不仅体现着我国当前教育改革实践的要求，而且也是近代以来世界教育发展进程中的重要观念和思潮。现代人的全面发展，不仅需要接受现代科学教育，而且应当接受现代人文教育，两者不能偏废。现代教育的历史经验表明，无论是忽视科学教育还是偏废人文教育，都是十分有害的。总之，本书所分析的教育思想是以世界现代化历史，特别是当代的进程为背景的，是与人类现代教育的理论和实践联系在一起的，也可以说是人类现代教育思想的一个组成部分。

二、现代教育思想的结构和功能

学习现代教育思想，需要了解它的结构和功能。教育思想是一个系统，系统的内部有着多样的结构。教育思想在现实上发挥着重要的作用，即教育思想具有一定的功能。研究教育思想的结构和功能，能帮助我们深化对教育思想的认识和理解，使我们弄清楚教育思想的不同形式和类型，以及它们各自发挥着什么样的作用，从而更好地建构我们的教育思想，指导我们的教育实践。

（一）现代教育思想的结构

对于教育思想的结构，不同的人有不同的理解，也会做出不同的概括。在这里，我们根据我国教育思想与实践的现实关系状况，将教育思想划分成理论型的教育思想、政策型的教育思想和实践型的教育思想三个部分。这三个部分既相互区别又相互联系，形成了我国教育思想的一种结构。当然，这种结构分析只具有相对的意义，是本书的一种概括，现代教育思想的结构还可以从其他视角进行分析。

1. 理论型的教育思想

理论型的教育思想，是指由教育理论工作者研究的教育思想，这是一种以抽象的理论形式存在的教育思想。在当代，教育思想的形成和发展，离不开教育理论工作者对教育问题的科学研究，离不开他们对教育经验的总结和概括。在我国，活跃在高等院校和各种教育研究机构的教育理论工作者，是一支专门从事教育理论研究的队伍，他们虽然不能长期从事教育教学第一线的工作实践，但是对我国教育思想的研究和教育科学的发展起着重要的作用。教育思想源于教育实践及教育经验，但是又必须高于教育实践及教育经验。教育经验经过理论上的抽象和概括，虽然少了一些直接感受性和现实鲜活性，但是却将教育经验上升到理论的高度，获得了一种普遍的真理价值和特殊的实践意义。理论型的教育思想有着一张严肃的"面孔"，学起来感到很晦涩、很费解，不容易领会和掌握，但是它却以理论的抽象概括性，揭示着教育过程的普遍规律和教育实践的根本原理。我们今天的教育实践不同于古人的教育实践，它越来越需要现代教育思想的指导，越来越需要教育工作者具有专门的教育理论意识和素养，越来越需要在教育理论指导下的自觉教育实践。理论型教育思想的形成既是现代教育发展的一种客观趋势，也是我国当前教育改革和发展及教育现代化的迫切需要。

2. 政策型的教育思想

政策型的教育思想，是指体现于教育的法律、法规和政策中的教育思想，这是国家及其政府在管理和发展教育事业的过程中，以教育法律、法规和政策等表达的教育思想。例如，我国颁布实施的《中华人民共和国教育法》明确规定："教育必须为社会主义现代化建设服务，必须与生产劳动相结合，培养德、智、体等方面全面发展的社会主义事业的建设者和接班人。"这是我国以法律的形式颁布实施的教育方针，它从总体上规定了我国教育事业发展的根本指导思想，培养人才的一般规格，以及实现教育目的的基本途径。毫无疑问，这一教育方针的表述体现着党和政府的教育主张，代表着广大人民群众的利益和要求，是对我国现阶段教育事业的性质、地位、作用、任务，人才培养的质量、规格、标准，以及人才培养的基本途径的科学分析和认识。广大教育工作者需要认真学习这一教育方针，领会它的教育思想及主张，把握它的实践规范及要求。政策型教育思想是一个国家或民族教育思想体系的重要组成部分，在人类教育思想和实践的历史发展中占有重要的地位。

3. 实践型的教育思想

实践型教育思想，是指由教育理论工作者或实际工作者面向教育实践进行理论思考而形成的以解决现实教育实践问题的教育思想。这类教育思想区别于理论型教育思想。如果说理论型教育思想着重探索和回答"教育是什么"的问题，那么实践型教育思想则旨在思考和解决"如何教育"的问题。这类教育思想也区别于政策型教育思想。虽说政策型教育思想和实践型教育思想都面向教育实践，但是政策型教育思想是关于国家教育实践的教育思想，实践型教育思想是关于教育者实践的教育思想。实践型教育思想不同于教育经验。教育经验是人们在教育实践中自发形成的零散的教育体验、体会及认识，而实践型教育思想是人们对教育实践进行自觉思考而获得的系统的理论认识。实践型教育思想是整个教育思想系统的有机组成部分，是教育思想发挥指导和服务教育实践的功能与作用的基本形式和环节。教育思想是为教育实践服务的，是用来指导教育实践的。不过，如果教育思想仅仅回答"什么是教育"，从而告诉人们"什么是教育的本质和规律"，那是不够的。教育思想应当帮助人们解决如何开展教育活动的技术、技能和方法等问题，从而实现教育的合目的性与合规律性的统一，以提高教育的质量和效益。实践型教育思想以它对教育实践问题的研究，解决教育活动的技术、技能和方法等问题，从而实现教育思想指导和服务教育实践的功能。实践型教育思想是教育思想的重要类型，是不可缺少的组成部分。

这三类教育思想各有各的理论价值和实践意义，共同促进了现代教育的科学化和专业化发展。长期以来，人们比较忽视实践型教育思想的研究与开发，认为它的理论层次低、科学性不强、缺少普遍意义，事实上它却是促进教育实践科学化的重要因素和力量。没有对现实教育实践问题的关注和思考，何谈现代教育技术、技能和方法，促进现代教育的科学化发展也只能是纸上谈兵。当前，为了促进我国教育改革和发展，我们必须面向教育教学第一线，大力研究和开发实践型教育思想，以此武装广大教育工作者，使每一位教育工作者都成为拥有教育思想和教育智慧的实践者。

（二）现代教育思想的功能

教育思想的产生和发展并非凭空的和偶然的，它是适应人们的教育需要而出现的，我们把教育思想适应人们的教育需要而对教育实践和教育事业的发展所发挥的作用称作教育思想的功能。具体地说，教育思想具有认识功能、预见功能、导向功能、调控功能、评价功能、反思功能；概括起来说，就是教育思想对教育实践的理论指导功能。

1. 教育思想的认识功能

教育思想最基本的功能是对教育事务的认识功能。通常，我们说教育认识产生于教育实践，教育实践是教育认识的基础。但是从另外的角度说，教育实践也需要教育认识的指导，教育认识是教育实践的向导。教育思想之所以具有指导教育实践的作用，原因在于它能够帮助人们深刻地认识教育事务，把握教育事务的本质和规律。人们一旦掌握了教育的本质和规律，就可以改变教育实践中的某种被动状态，获得教育实践的自由。教育思想的指导功能就体现在指导人们认识教育本质和规律的过程中。美国教育家杜威曾说过，"为什么教师要研究心理学、教育史、各科教学法一类的科目呢？有两个理由：第一，有了这类知识，他能够观察和解释儿童心智的反应——否则便易于忽略。第二，懂得了别人用过的有效的方法，他能够给予儿童以正当的指导。"应当说，教育思想旨在促进我们对教育事务的观察、思考、理解、判断和解释，从而超越教育经验的限制，进入对教育事务更深层次的认识。当然，这里需要指出，他人的教育思想并不能现成地构成人们的教育智慧，教育智慧是不能奉送的。教育思想的认识功能，只是在于启发人们的观察和思考，提高人们的认识能力，形成人们自己的教育思想和观点，从而使人们成为拥有教育智慧的人。在历史上，教育家们的教育思想是各种各样的，这些教育思想之间也常常是相互冲突的。如果我们以为能够从前人那里获得现成的教育真理，那就势必陷入各种教育观念的矛盾之中。我们学习前人的教育思想，只是接受教育思想的启迪，不断充实自己的教育思想，提高认识水平，切忌照抄照搬。这才是教育思想的认识功能的本义所在。

2. 教育思想的预见功能

教育思想的预见功能，是说教育思想能够超越现实、前瞻未来，告诉人们现实教育的未来发展前景和趋势，从而帮助人们以战略思维和眼光指导当前的教育实践。教育思想之所以具有预见功能，是因为教育思想能够认识和把握教育过程的本质和规律，能够揭示教育发展和变化的未来趋势。教育现象和其他社会现象一样，是有规律的演变过程，现实的教育发展既存在着与整个社会发展的系统联系，又存在着与它的过去及未来相互依存的历史联系。正因为这一点，那些把握了教育规律的教育思想就可以预见未来，显示其预见功能。

尊重学生的主体地位，重视学生的自我教育，正在成为中外教育人士的普遍共识和实践信条。随着信息革命的蓬勃发展和知识经济时代的到来，以及网络教育的发展，学生自我教育呈现出不可阻挡的发展趋势。在知识经济和终身教育时代，一个完全依靠教师获取知识的人是难以生存的，学会自我教育是每个人的立身之本。这说明，教育思想可以预见未来，而我们学习和研究教育思想的一个重要目的，就是开阔视野，前瞻未来，以超前的思想意识指导今天的教育实践。

3. 教育思想的导向功能

无论是一个国家或民族教育事业的发展，还是一个学校或班级的教育活动，都离不开一定的教育目的和培养目标，这种教育目的和培养目标对于整个教育事业的发展和教育活动的开展都起着根本的导向作用。教育目的和培养目标是教育思想的重要内容和形式，教育思想通过论证教育目的和培养目标而指导人们的教育实践，从而发挥导向功能。教育学把这种教育思想称为教育价值论和教育目的论。古往今来，人类的教育实践始终面临着"培养什么样的人""为什么培养这样的人"和"怎样培养这样的人"等基本问题，这些问题都需要进行价值分析和理论思考，于是就形成了关于教育目的和培养目标的教育思想。在历史上，每个教育家都有他自成一体的特色鲜明的教育思想，而在他的教育思想体系中又都有关于教育目的和培养目标的思考和论述。也正是教育家们对于"培养什么样的人"等问题的深入思考和精辟分析，启发并引导人们从自发的教育实践走向自觉的教育实践。当前，党和政府做出全面推进素质教育的决定，实际上是基于新的历史条件而作出的有关教育目的和培养目标的新的思考和规定。其中，所强调的培养学生的创新精神和实践能力，就是对我国未来人才培养提出的新的要求和规定。毫无疑问，素质教育思想将发挥导向功能，指引我国未来教育事业的改革和发展，指导学校教育、家庭教育和社会教育等各种教育活动的开展。总之，教育思想内在地包含着关于教育目的和培养目标的思考，而由于这一点，教育思想对于人们的教育实践具有导向功能。

4. 教育思想的调控功能

通常，我们说教育是人们有目的、有计划和有组织地培养人才的实践活动，但是这并非说教育工作者的所有活动和行为都是自觉的和理性的。这就是说，在现实的教育实践过程中，教育工作者由于主观或客观的原因，也常会做出偏离教育目的和培养目标的事情。就一所学校乃至一个国家的教育事业来说，由于现实的或历史的原因，人们也会制定出错误的政策，做出违背教育规律的事情。那么，人们依靠什么来纠正自己的教育失误和调控自己的教育行为呢？这就是教育思想。教育思想具有调控教育活动及行为的功能。因为教育思想可以超越现实，超越经验，能够以客观和理性的态度去认识和把握教育的本质和规律。当然，这并不是说所有的教育思想都毫无例外、毫无偏见地认识和把握了教育的本质和规律。不是这样的，也是不可能的。然而，只要人们以理性的精神、科学的态度和民主的方法，去倾听不同的教育思想、主张、意见，并且及时地调控自己的教育活动及行为，就可以少犯错误、少走弯路、少受挫折，从而科学合理地开展教育活动，保证教育事业的健康发展。若是如此，教育思想就发挥和显示了它的调控功能。在当前，我国教育改革和发展正面临着新的历史条件和机遇，也面临着新的问题和挑战。我们应当努力学习和研究教育思想，充分发挥教育思想的调控功能，从而科学地进行教育决策，凝聚各种教育力量，促进教育事业沿着正确的方向和目标发展。如果我们每个教育工作者都能坚持学习和研究教育思想，就可以不断地调控和规范我们的教育行为和活动，从而提高教育实践的质量和效益。

5. 教育思想的评价功能

对于教育活动过程的结果，人们需要进行质量的、效率的和效益的评价。近代以来，随着教育规模的扩大和投入的增加，教育的经济和社会效益日益多样化和显著化，以及教育管理的科学化和规范化，教育评价越来越受到人们的重视。通常来说，人们以教育方针和教育目的作为评价人才培养的质量标准，而教育的经济和社会效益还要接受经济和社会实际需要的检验。但是，我们也要看到，教育思想也具有教育评价的功能。教育思想之所以具有评价的功能，是因为教育思想能够把握教育与人的发展及社会发展的关系，揭示教育与人及社会之间相互作用的规律性，从而为评价教育活动的结果提供理论的依据和尺度。事实上，人们在教育实践的过程中，经常以教育价值观、教育功能观、教育质量观、教育效益观等作为依据和尺度，对教育过程的结果进行评价，以此指导或引导我们的教育行为过程。在当前的教育改革和育人实践中，我们不仅需要接受事后的和客观的社会评价，而且应当以先进而科学的教育思想经常评价和指导我们的教育实践，从而促进教育过程的科学化、规范化，以提高教育的质量、效率和效益。现在，人们学习和研究教育思想的一个重要任务，就是要提高自己的教育理论素养，用科学的教育思想，包括教育价值观、质量观、人才观等，自觉地分析、评价和指导我们的教育行为及活动。用科学的教育思想分析和评价自己的教育实践活动，这是提高每一个教育工作者的教育教学水平、管理水平及质量的有效方法和重要途径。

6. 教育思想的反思功能

对于广大教育工作者及其教育实践活动来说，教育思想的一个重要作用，就是促进人们进行自我观照、自我分析、自我评价、自我总结等，使教育者客观而理性地分析和评价自己的教育行为及结果，从而增强自己的自我教育意识，学会自我调整教育目标、改进教育策略、完善教育技能等，最终由一个自发的教育者变成一个自觉而成熟的教育者。大量事实表明，一个人由教育外行变成教育行家，都需要一种自我反思的意识、能力和素养，这是教师成长和发展的内在根据和必要条件。我国古代思想家老子曾说过，"知人者智，自知者明。胜人者有力，自胜者强"。这告诉我们，人贵有自知之明，真正的教育智慧是自省、自知、自明、自强，在自我反思中学会教育和教学。不过，一个人能够进行自我反思是有条件的，条件之一就是学会教育思维，形成教育思想，拥有教育素养，人们正是在学习和研究教育思想的过程中，深化了教育思维，开阔了教育视野，增强了自我教育反思的意识和能力。应当说，日常工作经验也能够促进人们的教育反思，但是教育经验的狭隘性和笼统性往往限制了这种反思能力和素质的提高与发展。教育思想比起教育经验来说，有着视野开阔、认识深刻等优越性，所以更有利于人们增强自己的教育反思能力和素质。为什么我们说教育工作者有必要学习和研究教育思想？原因在于它能够增强人们教育反思的意识和能力，提高综合素质，从根本上促进教育工作者的成长和发展。

三、现代教育思想的建设和创新

在我国教育现代化的进程中，学校教育教学和整个教育事业的改革和发展，都面临着教育思想的建设和创新问题。随着我国改革开放和现代化建设事业的深入发展，以及世界科技经济信息化、网络化、全球化浪潮的涌动，我国教育事业及教育实践将持续面临新的形势、新的挑战、新的环境、新的条件。在这样的时代背景下，教育工作者墨守成规和迷信经验，无论如何是不行的，必须加强教育思想的建设和创新，必须用新的教育思想武装和壮大自己，这是使我们成为一个新型的教育工作者的重要保证。

（一）教育思想的建设

一般说来，一个国家、一个地区或一所学校，在教育建设上应当包括教育设施建设、教育制度建设和教育思想建设三个基本方面。实现教育现代化，必须致力于教育设施现代化、教育制度现代化和教育思想现代化，其中，教育思想现代化是教育现代化的观念条件、心理基础和精神支柱。有人将教育思想建设比作计算机的"软件"部分，整个教育建设没有"硬件"建设不行，没有"软件"建设同样不行。因此，在当前教育改革和教育现代化的过程中，我们应当高度重视并大力加强教育思想建设，以教育思想建设引导和促进教育设施建设及教育制度建设。

教育思想是人才培养过程中最重要的因素和力量。说到育人的因素，人们想到的往往是教师、课程、教材、方法、设施、手段、制度、环境、管理等，其实教育思想才是人才培养的最重要的因素和力量。教育过程在根本上是教育者与受教育者之间的心理交往、心灵对话、情感沟通、视界融合、精神共体、思想同构的过程。在这个过程中，教育者正是以深刻而厚重的教育思想、明确而坚定的教育信念、丰富而多彩的教育情感、民主而平实的教育作风等，搭起与受教育者交往、交流、沟通、对话、理解、融合的教育"平台"。现在人们都知道一个朴素的教育真理，教师应当既作"经师"，又作"人师"，从而将"教书"和"育人"统一起来。一个人只拥有向学生传授文化知识和某些教育教学的技能，还不能算是一个理想的、优秀的教师；理想的、优秀的教师必须拥有自己的教育思想，能够以此统率文化知识的传授、驾驭教育教学技能和方法，实际上就是能够用教育思想感召人、启发人、激励人、引导人、升华人。缺乏教育思想，教育活动就成了没有灵魂、没有内涵、没有精神、没有人格、没有价值的过程，也就很难说是真正的人的教育。广大教师应当重视自己教育思想的建设和教育理念的升华，使自己成为教育家式的教育工作者。

教育思想也是学校教育管理的最重要的因素和力量。说到学校管理，许多人认为，这是校长用上级领导赋予的行政权力和权威，对学校教育事务和资源进行组织、领导和管理的过程，如制订计划、进行决策、组织活动、检查工作、评价绩效等。并且认为，校长领导和管理学校及教育，最重要的资源和力量是国家的教育方针政策和上级赋予的行政权力和权威，有了这一切，就可以组织、领导和管理好一所学校。然而，著名教育家苏霍姆林斯基并不这样看，他的一个重要思想是：所谓"校长"，绝不是习惯上所认为的"行政干部"，而应是教育思想家、教学论研究家，是全校教师的教育科学和教育实践的中介人。校长对学校的领导首先是教育思想的领导，而后才是行政的领导。校长是依靠对学校教育的规律性认识来领导学校的，是依靠形成教师集体的共同"教育信念"来领导学校工作的。苏霍姆林斯基的这一观点是教育管理上的真知灼见和至理名言，揭示了教育思想在教育管理上的根本地位和独特价值。大量的事例说明，缺乏教育思想的教育权力只能给学校带来混乱或专制，不能将教育方针转化为自己的教育思想的校长，只能办一所平庸的学校，而不可能办出高质量、有特色的优秀学校。学校的建设，固然需要增加教育投入，改善办学条件，建立和健全学校各项规章制度，但是必须加强学校的教育思想建设，必须构建学校自己的特色教育思想和理念。这是学校教育的灵魂所在，也是办好学校的根本所在。

教育思想还是一个民族或国家教育事业发展的重要因素和力量。在国家教育事业的建设中，不仅要重视教育设施的建设和教育制度的建设，还要重视教育思想的建设。从历史上看，无论世界文明古国还是近代民族国家，在发展教育事业的过程中，都十分重视教育思想的建设，在形成民族教育传统及特色的过程中，不仅发展了具有民族特点的教育制度、设施、内容和形式，而且以具有鲜明的民族个性的教育思想而著称于世。在一个民族或国家的教育体系及个性中，处于核心地位的和具有灵魂意义的就是教育思想。当我们说到欧美教育传统的时候，那就必然提及古希腊和古罗马时代的一些著名教育家及其教育思想，如苏格拉底、柏拉图、亚里士多德、昆体良等。当我们说到中华民族教育传统的时候，那就必须提及孔子、墨子、老子、孟子、荀子，以及他们的教育思想。历史上许许多多这样的大教育家，正是以他们博大精深的教育思想，播下了民族教育传统的种子，奠立了民族教育大厦的基石。在致力于教育现代化的今天，虽然各国的教育建设和发展，由于科技、经济国际化和全球化的影响而表现出越来越多的共同点和共同性，但是它们正是通过具有民族传统和个性的教育思想建设，而继承并发展了自己民族的教育事业。教育思想是民族教育的传统之魂，教育思想又是国家教育的事业之根。大力加强教育思想建设，是一个民族或国家教育事业发展的基础和灵魂，只有搞好教育思想建设，才能为教育设施建设和教育制度建设提供思想蓝图和价值导向。

教育思想建设是一项复杂的系统工程，它包括许多方面或领域，因此与其他教育建设紧密地联系在一起，需要做大量工作。教育思想建设对于教育者个人、学校系统和国家教育事业来说，有着不同的目标、任务、领域、内容、形式和方法，但是大体上都包括经验总结、理论创新、观念更新等过程和环节。

教育思想建设，需要对现实和以往的教育经验进行总结，这是一个不可缺少的环节。无论教育者个人、学校系统还是整个国家的教育事业，在进行教育思想建设的过程中，都离不开总结现实和以往的教育经验。教育经验既是对教育现实的直接反映和认识，又是对以往教育实践的历史延续和积淀，它是教育思想建设的历史前提和现实基础。教育经验具有直接现实性，它与广大教育工作者的教育实践直接联系；教育经验又具有历史继承性，它是过去教育传统在今天教育实践中的继续和发展。它的现实性保证了教育思想建设与教育现实的联系，它的历史性又保证了教育思想建设与教育传统的联系。在我们进行教育思想建设的过程中，千万不能贬低和忽视教育经验，要善于从教育经验中了解现实和贴近现实，从教育经验中总结历史和继承传统，让教育思想建设扎根于现实实践和历史传统，有一个坚实的基础。总结教育经验，是教育思想建设的前提和基础，是教育思想建设工作的重要内容之一。

教育思想建设离不开教育理论的创新，没有教育理论的创新就谈不上教育思想建设。所谓教育理论的创新，就是面向未来研究教育的新形势、新趋势、新情况、新问题，提出教育的新理论、新学说、新主张、新观念。教育思想建设是一个面向未来、前瞻未来和把握未来，从而确立指导当前教育实践和教育事业改革和发展的教育理论、理念、观念体系的过程。教育思想建设需要总结教育经验，但是更需要进行教育理论的创新。教育事业是面向未来的事业，教育实践是面向未来的实践，教育实践本质上需要具有未来性和创新性的教育理论来指导。在科技经济社会迅速变革和发展的今天，现代教育思想建设越来越需要面向未来进行教育理论的创新和观念创新。教育理论创新可以给教育思想建设开阔视野、指明方向、深化基础、丰富内容、增添活力，使教育思想建设具有创新性、前瞻性、预见性、导向性等，从而能够指引现实教育实践及整个教育事业成功地走向未来。在我国大力推进教育改革和教育现代化的今天，我们应当高举邓小平理论伟大旗帜，解放思想，实事求是，面向未来进行教育理论创新。只有坚持进行教育理论的创新，用现代教育思想指导教育实践，我们才能够不断地深化教育改革，扎实地推进我国教育现代化的伟大事业。

教育思想建设还需要进行教育理论的普及和教育观念的更新。教育改革和发展，不仅是人们教育实践及行为不断改变、改进、改善的过程，还是人们教育理念及观念不断求新、创新、更新的过程。教育思想建设，无论是一个国家还是一所学校，都需要面向教育工作者个人进行教育理论的普及和教育观念的更新。一方面，要用科学的教育理论和先进的教育思想武装人们的头脑，让广大教育工作者学习和研究新的教育理论思想；另一方面，要推动广大教育工作者转变过时的教育思想和观念，形成适应时代和面向未来的新的教育观念和理念。教育思想建设，只有将科学的教育理论和先进的教育思想转变为广大教育工作者的教育观念和行动理念，才能树立扎根于现实并指导教育实践的教育思想大厦，才能变成推动教育实践和教育事业发展的强大物质力量。校长和教师要在学习和研究现代教育理论和思想的过程中，不断地建构自己的教育思想，形成自己的教育理念、观念和信念，这既是校长和教师成为教育家式的教育工作者的要求，也是教育思想建设的根本目的。推动现代教育思想的普及，促进广大教育工作者的观念更新和创新，是教育思想建设的重要任务和目的。

（二）关于教育思想的创新

在科学技术突飞猛进，知识经济已见端倪，国力竞争日趋激烈的今天，我们必须实施素质教育，致力于发展创新教育，重点培养学生的创新精神和实践能力。在这种形势下，我们也必须致力于教育思想创新和教育观念更新，没有教育思想创新和教育观念更新，就不可能创造性地实施素质教育，建立创新教育体系，培养创造性的人才。前面已经提到，在教育者个人、学校和国家的教育思想建设中，教育思想创新都处于十分突出的位置，是教育思想建设的一个重要环节。今天，无论从教育思想建设还是从教育实践发展上说，教育思想创新都应受到高度重视，并得到加强，且应成为每一个教育理论工作者和教育实践工作者追求的目标。

教育思想创新是一个基于新的时代、新的背景、新的形势，以新的方法、新的视角、新的视野，研究教育改革和发展过程中的新情况、新事实、新问题，探索教育实践的新观念、新体制、新机制、新模式、新内容和新方法的过程。首先，教育思想创新是新的时代、新的背景、新的形势的客观要求。现代科技经济社会的发展和进步，正在使教育面临着前所未有的时代背景和外部环境，教育事业的发展和人们的教育实践必须面对新的形势，把握新的时代，适应新的要求。人们只有通过教育理论创新才能迎接时代的挑战，更好地从事教育教学实践，促进教育事业的改革和发展。其次，教育思想创新是对教育事业发展和人们教育实践中的新情况、新事实、新问题进行探索的过程。随着科技、经济社会的发展和进步，教育发展正在出现大量新的情况、新的事实、新的问题，如网络教育、虚拟大学、科教兴国、素质教育、主题教育、生态教育、校本课程、潜在课程，等等，这些都是几十年前还不存在的新名词、新术语、新概念，当然也是教育改革和发展中的新情况、新事实、新问题。如果我们不研究这些教育的新情况、新事实、新问题，不发展教育的新思想、新观点、新看法，怎么能够做一个现代教育工作者呢？再次，教育思想创新表现为以新的教育观和方法论，即思想认识的新方法、新视角、新视野，研究教育改革和发展及教育实践中的矛盾和问题的过程。能否用新的思想方法、新的观察视角和新的理论视野探索和回答教育现实问题，是教育思想创新的关键所在。教育思想创新最主要的就是理论视野的创新、观察视角的创新和思想方法的创新。没有这些创新就不可能有教育实践的新思路、新办法、新措施。最后，教育思想创新应体现在探索教育改革和发展及教育实践的新思路、新办法、新措施上，着眼于解决教育改革和发展中的战略、策略、体制、机制、内容、方法等现实问题。教育思想创新是为教育实践服务的，目的是解决教育实践中的矛盾和问题，从而推动教育事业的改革和发展。所以，教育思想创新要面向实践、面向实际、面向教育第一线，探索和解决教育改革和发展中的各种现实问题，为教育改革和教育实践提供新思路、新方案、新办法、新措施。教育思想创新是一个复杂的过程，涉及理论和实践的方方面面，我们只有认识其内在规律才能搞好这项工作。

教育思想创新包括多个方面的内容，可以说涉及教育的所有领域，也就是说，各个教育领域都有思想创新问题。但是，按照本书对教育思想的类型划分，可以概括为理论型的教育思想创新、政策型的教育思想创新和实践型的教育思想创新。理论型的教育思想创新是教育基本理论层面的思想创新，涉及教育的本质论、价值论、方法论、认识论、等等，涵盖教育哲学、教育经济学、教育社会学、教育人类学、教育政治学、教育法学等各学科领域。在教育基本理论层面上进行思想创新，有着重要的理论和实践意义，它通过对教育基本问题的理论创新，深化对教育基本问题的认识，而为教育事业和教育实践提供新的理论基础。政策型的教育思想创新是宏观教育政策层面的思想创新，涉及政府在教育改革和发展上的方针政策和指导思想。制定和推行各项教育政策，不仅需要面对国家教育事业改革和发展现状及其存在的矛盾和问题，而且需要以一定的教育思想作为理论依据。通过政策型的教育思想创新，可以促进教育决策及其政策的理性化和科学化，使教育决策及其政策适应迅速变化的形势，越来越符合教育发展的客观规律。改革开放以来，党和政府制定的一系列教育政策（如科教兴国战略等）就是政策型教育思想创新的结果，这是新时期我国教育事业迅速发展的重要原因。实践型的教育思想创新针对的是教育教学实践的思想创新，涵盖学校教育、家庭教育和社会教育等领域，涉及学校的运营和管理、班级教育教学，以及德育、智育、体育和美育等教育实践问题。教育教学实践，不仅涉及操作原则、规则、方法、技能等问题，而且涵盖实践的思想、理念、观念、信念等问题。只有不断对教育教学实践进行思想创新，才能逐步优化教育教学的原则和规则，改进教育教学的方法和技能。实践型的教育思想创新对于提高教育教学质量和水平，具有特别重要的意义。

对于教育的思想创新，我们要高度重视、认真研究并加以实践，但是不能把它神秘化、抽象化。不能以为，只有教育家或教育理论工作者才能进行教育思想创新，而广大中小学校长、教师及学生家长是不配搞教育思想创新的。其实，教育思想创新涵盖教育的所有领域，每一个教育领域及活动都需要思想创新，而每一个教育者都是教育思想的创新主体。我们处在科技经济社会迅速发展和急剧变革的时代，教育的环境在变，教育的过程在变，教育的对象在变，教育的要求也在变。无论教育理论工作者还是教育实际工作者都不能墨守成规，只靠以往取得的理论、经验、方法、技能等，去从事新的形势和条件下的教育教学实践。知识经济时代赋予教育事业新的历史使命，我国社会主义改革开放和现代化建设赋予教育事业新的社会地位，党和人民群众赋予广大教育工作者新的教育职责。我们必须认真学习和研究现代教育思想，提高现代教育理论素养，致力于教育观念的更新和教育思想的创新；紧跟时代、把握形势、面向实际，以新思想、新观念和新理念研究教育教学实践问题，提出有创意、有特点、有实效的教育教学改革的办法和措施，从而推动我国教育事业向着现代化目标加速前进。

总之，我国教育事业的改革和发展要求我们加强教育思想建设和教育思想创新，要求我们广大教育工作者成为有思想、有智慧、会创新的教育者，要求我们的学校在教育思想建设和创新中办出特色和个性来。我们应该无愧于教育事业，无愧于改革时代，不断加强教育思想建设和教育思想创新，用科学的教育思想育人，用高尚的教育精神育人，为全面推进素质教育做出贡献。

第二节　高等数学的教学目标改革策略

一、学习数学知识

将必要的数学知识传授给不同专业的学生是高校高等数学教学的基本目标和基本任务。在教学中，要根据高校人才的培养目标、学生的学习状况和专业需要来确定教学内容，要根据行业、企业的发展需要和完成职业岗位实际工作任务所需的知识、能力要求选取教学内容，并为学生可持续发展奠定基础，要按照"必需、够用"的原则把握好教学内容的广度、深度。

广度就是指与专业联系紧密的、必要的数学知识范围。在选取教学内容时，要把学好专业必须具备的数学知识作为教学重点。深度就是指这些数学知识点的深浅程度足以满足专业课学习的需要。在确定教学内容时，要根据专业需求明确数学概念、定理和数学方法应掌握的程度。

（一）高等数学知识与中学数学知识的有效衔接

近年来，随着中学课程改革的不断加深，中学数学教材的内容不断调整，把有些原来在大学讲授的高等数学内容放到中学讲授，使得中学数学教材内容增加，却对某些学习高等数学所必需的基础知识点做了删减与调节，或者由于高考考纲不作要求而没有实际讲解。同时，由于高考的改革，各省的考试大纲不统一，以及文理科的区别，造成大学新生入学时数学基础知识和能力水平不统一。而另外一方面，现行使用的高等数学教材虽然也在不停地改版，但都是在20世纪90年代初的教材基础上进行修改的，它们都比较注重对某些重点、难点知识点及其应用的补充和调节，而普遍没有重视对一些重点、难点的基础知识进行补充。这两个方面造成了中学、大学教材改革各自为政的混乱局面，致使高等数学中有些知识前后断层，而有些教学内容又重复较多，这些给来自不同地域的大学新生学习高等数学带来了不同程度的困难和不便，也让很多高等数学老师难以适从，阻碍了高等学校学科的发展。更有甚者，由于现阶段众多高校都在考虑转型发展，这就越发需要各高校重视理工科专业的发展，而高等数学是众多理工科专业的必修课程，高等数学学习的好坏，将直接影响到理工科学生的后续学业和理工类专业的长远发展。

关于高等数学与中学数学的知识断层、重叠的问题，已有一些学者做了部分调查研究，在这些学者的著作中，一些研究者从中学数学的高考大纲、高等数学的教法、高等数学教师的自我发展、高等数学教材的编写、高校与中学数学教法的差异及高校与中学学生学习方法的差异等角度做了探讨。针对这些断层、重叠现象，众多学者也先后以发表研究论文的形式提出了一些相应的解决措施，在政策上，提倡改革教学评价制度；在教学方法上，主张高等数学教师注意查漏补缺、分层次教学、多方面引导、多角度考核；在培养学生学习上，引导学生养成正确的学习方法和良好的心理素质，在增强学习自立性、自主性、探索性的过程中，提高学生的自学能力。

基于上述背景，结合现有的中学数学教材，对若干高等数学的教材和部分刚入校的大一新生进行系统的调查，并且提出一些建议，以促进高等数学教学的效果。

1. 高等数学与中学数学知识衔接性现状调查

（1）知识重叠。通过调查部分刚入学的大一新生，结合中学数学教材和部分高等数学教材，可以发现大部分学生已经对知识点有了初步的学习和了解，已经具有了模仿学习的能力。但是，他们只是对极限有了一个非常浅显的认识而已，对于极限的严格数学含义，一些特殊函数的极限，特别是分母趋向于0的函数极限，还无法顺利求解。一些知识重叠的内容列举如下：

导数的定义、几何意义、几个基本函数的导数公式等。对于这一部分的知识点，大部分同学表示比较熟悉，因此，在学习高等数学时，有一种似曾相识的感觉，学起来相对轻松一些。

导数的应用，包括求曲线的切线、费马引理、求极大值和最大值、判断函数的单调性，以及生活中的一些最优问题。对该部分内容，在中学数学教材和大部分高等数学教材中，都给予了详细的叙述，学生对此的掌握程度也比较理想。

空间解析几何部分，主要包括空间向量的定义和坐标表示，特殊向量，向量的加、减、数乘、数量积，向量的夹角，向量的位置关系等。这一些知识点，也同时是中学数学教材和高等数学教材中的重点章节。

（2）知识断层。除了上述的知识重叠，中学数学教材与大部分高等数学之间存在的、更值得我们关注的问题就是知识断层现象。通过考察一些高等数学教材和对高校新生的调查，我们发现如下几类知识点是一些大一新生的薄弱环节：

一是三角函数中的积化和差、和差化积、万能公式及正割、余割函数。对此类函数和公式的掌握程度将直接影响对求导数和不定积分、定积分的学习。

二是反三角函数。大多数同学表示在中学阶段没有学习过反三角函数，而这一类函数却在导数、积分的计算中大量出现。

三是极坐标、球坐标、柱坐标的变换。这几种变换虽然在中学数学教材中有所包含，可是很多同学却对此掌握得很少，不足以应付多元函数积分的学习。

四是双曲函数、反双曲函数。关于这两类函数，目前的中学数学教材没有涉及，而这些是物理学专业学生在学习专业课程时必需要掌握的函数，在学习高等数学时必须要掌握关于它们的图像、导数、积分等知识。

五是二项式展开定理。二项式展开定理虽然被包含在高中数学教材中，然而，经过调查我们发现，很多同学对此定理掌握得并不好。甚至有一些高中时学习文科的同学连二项式系数的计算都没有掌握。

六是数学归纳法。这个知识点虽然思想非常简单，可是对于一部分学生来说，在具体应用时，将第k步的情形推广到第$k+1$步还是比较困难，这反映了学生缺乏灵活多变的思想。

2. 对策与建议

鉴于上述调查情况，我们可以从如下几个方面给出建议，以提高高等数学教学的效果，激发学生学习高等数学的积极性。

（1）对于高校教学管理部门，应加强对于以上各种问题的认识，及时地了解中学数学教材和教学改革的情况，并与一些最新版的高等数学教材作对比，以便了解两类教材之间的知识衔接情况，同时，多开展对高等数学教学活动的指导和对教学效果的调查，督促高等数学教师及时调整教学大纲，把握知识讲解的重点。

（2）作为整个教与学的主导者，高等数学教师应该发挥其主要的作用，指导学生学习好高等数学。

第一，在正式介绍高等数学的知识之前，可以考虑进行短期的学前知识培训，对上述各知识点进行查漏补缺；

第二，及时地了解中学数学教材的内容，调查大一新生对数学方面各个知识点的掌握情况，结合不同专业学生的专业课程需求，制定教学方案，因材施教，因人施教；

第三，介绍合适的参考资料，引导学生自主学习；

第四，在施教的过程中，多帮助学生进行知识点的梳理、归纳、总结，这一点对于刚刚脱离中学学习的学生来说，会更好地提升其学习效果。

（3）对于学生管理工作者，应多加强学生引导与管理，促使其养成良好的学习习惯。

（4）作为学习的主体，学生应该主动把握自己的学习状况，制订合理的学习计划。

一是要树立正确的学习观念，不要因为一时的学习困难就产生气馁、厌学，甚至恐惧的情绪。

二是主动寻求多个方面的教学资源。可以借助图书馆、网络等资源，从多个角度学习高等数学。

三是加强高等数学各个知识点的练习。

四是寻找与自己专业课程的结合点，以从中发现高等数学的用途，发现高等数学的实际用途，找到学习高等数学的动力。

通过比较中学数学教材和若干高等数学教材，以及对一些大学新生的调查，我们比较系统地列出了上述两种教材之间的知识点的重叠和断层现象，并且从多个角度，有针对性地提出了一些建议，以促进高等学校中高等数学的教学效果，为理工科类的学生更好地学习高等数学提供了一些指导意见。关于如何改进高等数学的教学效果，将是我们进一步研究的目标。

（二）构建高等数学知识群的实践与思考

所谓高等数学知识群的构建，我们将其定义为：人们通过类比、对比或其他方式的联想，而将一系列数学知识、数学方法聚合在一起，并集中学习的做法。由此可见，高等数学知识群的构建是人们的心理活动对数学知识和数学方法内在的关联性的一个自然反应，是人们心理活动的结果。因此，高等数学知识群可能因人而异，它是开放的、发展的、不断完善的。在教学中可以依学情等因素由教师自主组合。

例如对于导数和偏导数知识群，现有的教材均把一元函数求导和二元函数求偏导分在上、下两册，但在教学实践中作贯通，将其作为一个知识群处理，可以收到很好效果。具体处理方法为：在讲完一元函数求导后，很自然地引出一系列问题：二元函数有导数吗？——偏导的概念——求偏导的方法——其实质就是一元函数求导。

然后，我们将一元函数求导和二元函数求偏导一起让学生练习，实践表明：学生不仅能提早接触多元函数的偏导数，而且对求一元函数的导数也掌握得更好。高等数学上册的期末考试成绩明显较高。当然也不难理解，该届学生学习高等数学下册时，对偏导数的掌握也更好。还有一个方面的好处：学习上册时多用了2个课时左右，但学习下册时节省了大约6个课时。

高等数学知识群是开放的、发展的、不断变化的，可依学情等因素由教师自主组合。在组合过程中，可以打破大的模块限制，甚至是上、下册内容的限制。教学实践表明，适当利用，可以极大地提高学生学习高等数学的积极性，从而有效扭转当前高等数学教学枯燥、乏味的现状。

二、掌握数学技术

数学技术分为软技术和硬技术，软技术是指数学原理、数学思想、数学方法和数学模型，软技术提供的是论证方法和计算方法，它有助于人们分析信息，寻找方法，建立模型，进而解决问题，为社会创造价值；硬技术是指各种数表、计算器和数学软件，如图形计算器、几何画板等，硬技术提供的是数学应用工具，它有助于人们更好、更快、更便利地解决问题。

在高等数学教学中，要根据专业需要让学生掌握一定的数学技术。

一是注重数学思想和方法的教学，要根据教学内容及时总结提炼数学思想和方法的精髓，让学生明白这些思想和方法的作用，为学生今后从事专业工作储备必要的方法技术。

二是重视数学建模的教学，在每章节学习结束后，教师可选择一些与专业有关的问题进行建模示范，激发学生学习数学的热情，为学生以后解决专业问题、建立数学模型奠定良好的基础。

三是注重使用数表、计算器和数学软件，把学生从繁杂的计算中解脱出来，让学生把更多的时间用在猜想、实验、推理、建模、应用上。

四是注重数学实验教学，让学生借助计算机体会数学原理，发现数学规律，体验解决问题的过程。

三、培养数学能力

数学能力是保证数学活动顺利进行的个性心理特征。数学能力包括数学运算能力、逻辑思维能力和空间想象能力，合称为"数学三大能力"，这些能力是职业能力的重要组成部分。

数学运算能力是指根据一定的数学概念、法则和定理，由一些已知量得出确定结果的能力，运算能力是职业能力的核心能力之一。逻辑思维能力是指正确、合理思考的能力，即对事物进行观察、比较、分析、综合、抽象、概括、判断、推理的能力，这不仅是学好数学必须具备的能力，也是学好其他学科、处理日常生活问题所必需的能力。空间想象能力是指大脑通过观察得到的一种能思考物体形状、位置的能力，是对事物空间关系的感知能力，它是一种既有严密的逻辑性，又能高度概括和洞察事物的能力。

在高等数学的教学中，要注重培养学生的数学能力。要对解题方法和解题技巧进行科学、系统的训练，培养学生的数学运算能力。要通过观察与实验、分析与综合、一般与特殊等数学思维方法，培养学生的逻辑思维能力。要通过数学模型观察、几何图形变换、数学问题直观化等手段培养学生的空间想象能力。

四、强化数学素养

数学素养是指人们通过数学教育所获得的数学品质，它也是一种文化素养。南开大学的顾沛教授说："很多年的数学学习后，那些数学公式、定理、解题方法也许都会被忘记，但是形成的数学素养却终身受用。"数学素养就是把所学的数学知识都排除或忘掉后剩下的东西，即数学素养是一种数学习惯，是一种积久养成的具有数学悟性、数学意识和数学思维的处理问题的方式。

一个具有良好数学素养的人在解决问题时，比他人具有更强的优势和能力。他们善于把问题概念化、抽象化、模式化，在讨论问题、观察问题、认识问题和解决问题的过程中，善于抓住本质，厘清关系，找出办法并推广应用。所以，在高等数学教学中，应注重强化学生的数学素养，这对提高学生职业能力和解决专业实际问题的能力大有益处。在教学中，一是注重数学文化的熏陶，结合数学史、数学家的故事、数学美等内容，激发学生学习数学的兴趣，感悟数学文化的魅力。二是通过严格的训练，逐步领会数学的精神实质和思想方法，在潜移默化中积累优良的数学修养。三是结合专业知识开展多样化的数学活动，提高解决实际问题的能力，培养自己的数学意识和数学悟性。

第十章

思维创新在高等数学学习中的融合

第一节 理性思维在高等数学学习中的应用

理性思维是一种有明确的思维方向与充分的思维依据，能对事物或问题进行观察、比较、分析、综合、抽象与概括的一种思维形式。理性思维就是一种建立在客观与真实的基础上，有证据和逻辑推理的思维方式。理性思维是人类思维的高级形式，是人们把握客观事物本质和规律的能动活动，是人们探求客观规律的重要工具。理性思维能力就是以抽象的概念、判断和推理作为思维的基本形式，以分析、综合、比较、抽象、概括和具体化作为思维的基本过程，从而揭露事物的本质特征和规律性联系而表达认识现实的结果的能力。理性思维的产生，依赖于客观真实的世界，能够为主体快速适应环境、为认识快速发展的物质世界找到一条出路。数学中的理性思维能力是以数学概念、原理、法则等为思维形式，以判断和数学推理等为思维手段，以分析、综合、比较、抽象、概括为思维过程，来揭示数学知识的内在特征和本质属性，来认识数学规律并表达规律结果的逻辑思维能力。

理性思维能力是数学思维品质和性格的反映，数学理性思维能力是利用概念、命题来实现对数学内在关系控制的逻辑能力。其表现形式是用原有知识发展新知识，用原有命题演绎新命题，用知识的内在价值结合思维的功能创造新的数学关系，用原有的知识经验和方法发现问题、提出问题和解决问题。数学理性思维的表现是，先用原有的知识关系主动与数学问题加强联系，接下来是将数学问题的宏观信息"主动"与数学的相关模式进行对接。前者是概括的认识，后者是保证目的性的实现。只有原有经验对问题有了正确的认识，才有可能提升认识经验，从而对数学问题提出解决的办法，并注意对解决问题的过程进行控制。数学理性思维的格式是逻辑的、合情的、深刻的。学生的理性思维能力需要在教师的指导下通过适当的训练来培养，具体可以从经验性思维、语言能力和推理能力做起。

一、经验性思维

数学学习过程与事物发展的过程一样，都是相对变化的统一。学生学习数学的内部矛盾是学生原有认知水平与新的需要之间的矛盾，这里的原有认知水平就是已形成的学习数学的经验，这个经验既含有对具体知识的掌握，又包括感悟具体知识所用方法的认识。原有认识水平对于新学习的掌握就是学习意义上的经验性思维成果。具有经验性学习水平的人把新的学习看作一种需要，这种需要不仅铺平了学习活动的道路，而且还引导和调节人的活动动机、促进新的学习的成功。经验性思维是指掌握了必备的数学基础，基本懂得数学学习方法，且具有必备的解决数学问题的基础所形成的、随时可以取用的思维模式。这个思维模式是特定的、符合个体特色的、具有个体学习意义的模式，这种模式对掌握数学内部各种关系，进行判断、推理、综合、概括起着奠基作用。因此，经验性思维对于稳定数学学习兴趣，增强数学学习信念，提高数学学习效果发挥着积极作用。

经验性思维水平是建立在对已掌握知识和方法的基础之上的，同样遵循着知识和方法建构的逻辑性，符合数学发现的一般规则，也符合个体自身的认识规律。系统化的知识和数学理论凝聚着人类认识活动所特有的思维经验，任何有意义的认识都是按照一定的记忆规则加以系统化的，体现着思维逻辑的一般规则。掌握它们，就意味着获得了一定水平的经验性思维。原有经验的获得过程，是指知识掌握的认识规律和思维方法形成的认识体验。这种获得过程所形成的经验概括远比知识和方法本身丰富、实用得多，对个体对新的需要学习的知识的获得过程有较深刻的指导作用。这是经验性思维对提高学习获得的贡献。

数学知识经验系统是经验性思维水平的具体表现，这个经验系统是学生头脑中已有的数学知识、经验及其组织，包括数学基础知识和数学基本技能。数学基础知识是学生头脑中已有的数学知识、结论性知识及其组织特征，它是学生经过数学学习后形成的经验系统，包括数学概念、数学语言、数学公式与符号、数学命题和数学方法及它们的组织网络。数学基本技能是在数学基础知识发生、发展和应用过程中产生的，是完成数学活动任务的复杂的动作系统。学生的数学知识经验越丰富、知识组织越合理，就越容易内化外界输入的信息，并把它吸收为自己知识体系的一部分。

（一）强调经验性思维具有确定的含义

一是更要关注那些带有一般性的认知技能和方法的掌握，经验内部的结构需要形成有支配、调节认知加工过程并进行合理组织的技能。

二是更要关注那些形成新知识的一般性认识活动方式，尤其是进行创造性活动的方法和技能。经验内部结构是一个合理、有序、完善的整体，内部活动结构需要不断引进获取知识的有效方式，形成更强大的认知操作系统。数学认知操作是在已有的经验系统基础上，运用知觉、想象、思维等对数学信息进行组织、处理的较为稳定的个性认知特征，可以形成数学能力和数学思维能力。

基于以上分析，数学经验性思维具有以下功能：当受到数学新信息刺激时，经验性思维就会自觉对已有的知识经验过滤、外化，以找出与新信息有联系的知识经验，这是选择性功能。在没有外来环境的影响下，经验系统是静态的，隐含于数学知识体系和活动规则之中，体现在活动方式的选择之中；当经验系统被外界打破，经验的活动方式就会展开，随之就会用选择的经验去说明、解释和容纳这个外来的信息，这是同化功能。如果原有认识不能接受新信息，经验性思维就会对原有结构进行改造，实现新信息的同化，这是顺应功能。容纳新的信息后，主体会从整体上把握数学事实或结论，从而产生数学直觉，这是预见功能。最后，在应用中发生迁移，形成更为完善的经验性思维。

经验性思维对形成学习迁移能力有积极的影响。认识不是人脑对事物直接的简单反映，而是以原有知识为基础在主客体的相互作用中建构而成的，这种建构体现了经验的迁移。学习对数学对象的认识依赖于主体指向这个对象的活动，表明主体对事物的认识是以个体的知识经验、需要、信念等为基础的，它不是简单地吸收来自客体的信息。因此，要重视学生头脑中原有的知识经验的意义。

（二）学习中经验迁移的作用

其一是由旧结构向新结构迁移。心理学研究表明，各种知识对人的大脑皮层的刺激与影响更多的是相似因素的作用，相似因素越多，迁移力就越强。相似因素给迁移提供了广阔的空间，数学知识大都具有亲缘关系，由于每一个知识都具有生成功能，所以知识与知识、命题与命题的各种关系相互依存，知识也就变得"活"了起来。这为知识间的相互对价转换提供了条件。

数学具有高度的理性，其自身发展依附于内部知识间的联系，这是由数学知识内在的亲缘关系决定的。大数学家希尔伯特指出："数学科学是一个不可分割的有机整体，它的生命力还在于各个部分之间的联系，尽管数学知识千差万别，我们仍然清楚地意识到，在作为整体的数学中，使用相同的逻辑工具，它们之间便存在着概念间的亲缘关系。同时，在它们的不同部分之间也存在着大量的相似之处。数学理论越是向前发展，它的结构就变得越来越协调一致。并且，这门科学一向相互隔离的分支之间也会显露出原先意想不到的关系。"

在教学活动中，要注意唤醒学生已学的知识、知识结构之间的关系，并会用这些知识去分析、探讨相似内容的知识，用已知来探讨未知，加强新旧知识间的比较来获得对新知识的认识。在数学中，每一个问题的解决，每一个新认识的形成，无不是旧知识向新知识迁移的结果。

其二是由理解向表达迁移。任何一种知识的掌握和技能的形成，都有一个由理解向表达的迁移过程。理解是掌握知识的前提，而表达则是形成对知识解释的动作。理解和表达新的知识，没有过去的经验是很难办到的。理解是过去知识的迁移，而表达则是过去思维动作的迁移。由知识地迁移到动作的迁移必定产生技能的迁移，这就是迁移在知识、动作和技能三者中的循环作用。这种迁移作用促进了学习的成功和进步。

其三是由数学知识向数学方法迁移。数学的特点和性质决定了数学拥有众多的分支，数学分支之间都有着紧密的联系，且在一定条件下可以对价移植，为知识向方法迁移提供重要条件。任何数学知识都是被加工并赋予数学意义的结果，这些知识在原本形成的过程中就已孕育出了相应的数学方法，通过这些方法再去发现新的数学知识。数学知识的演进是数学方法形成的基础。数学靠不断地提出或引进新问题来促进自身的发展，最初，问题起源于经验，是由外部的现象世界（认识和改造客观世界的需要）所提出的，不加定义的概念和不加证明的命题奠定了数学发展的基础。由于逻辑和形象思维的作用，各种数学概念、定理、法则就被演绎出来，形成数学发展的"链"。在这个"连环链"中，数学内在的根本联系和矛盾就会显露出来，维护这种联系和促进矛盾运动并达成统一是数学发展的根本任务。而数学方法是发现这种联系和激活矛盾运动的重要工具。因此，新的数学关系的建立和矛盾运动产生的新观念的过程就标志着数学方法的自然形成。数学方法在将一种知识应用于另一种知识过程中往往能出奇制胜，获得新的发明和创造。数学中最为典型的例子是将代数知识运用于几何问题的解决，如笛卡儿创立坐标法。

教师在教学活动中必须加强对新旧知识联系性的理解，充分给予学生学习新知识时思维操作上的帮助，培养其思维表达能力，加强其对知识产生的意义理解和掌握必需的一些数学基本方法。以上三种迁移以"表达的"迁移为核心，其余两个迁移也是为表达迁移服务的。因此，在形成学生经验性思维过程中，要关注学生的表达水平，利用对知识的解释、对方法使用的说明和学生言语交流的机会培养学生的表达能力。学生会表达不是目的，学生真正学会了正确转换思维语言的对价表达才是培养表达能力的目的。如果在经验系统中缺乏表达经验的能力，就容易出现知识选择的失真。比如，在数学课中，学生容易对所学知识似懂非懂，但在解答问题时又不知从何下手的情况，这便是不善于表达的表现。因此，有经验的教师在数学教学活动时，要求学生把理解了的内容表达出来。这样，既可以加深学生对知识的理解，又可促进学生将知识从理解向表达正向迁移，从而带动另外两个迁移。

经验的迁移还体现在知识的抽象化与具体化的关系上。抽象知识用实例作具体化解释，这使抽象向具体化迁移，能提升知识理解的厚度。特殊化、具体化的知识通过上升转换作概括化陈述，这是由具体向抽象迁移。数学中的抽象化与具体化尽管在知识的生长过程中是反方向发展的，但它们在对知识理解的作用上是相同的，都是为了正确解释知识，便于形成思维动作，提高数学翻译与表达水平。事实上，学习所获得的认识总是开始于感性直观的，同时又要通过分析、抽象对感性材料做筛选识别，抽取并概括出一定抽象的规定，从而超越感性的具体限制。反过来，进一步把事物中的各种规定按照它们在总体中的真实关系具体地结合起来，即从本质抽象走向"思维中的具体"。因此，学习不能满足于对抽象的概念、规则的理解和记忆，而要进一步深入把握其在具体问题中的复杂关系和具体变化。这为数学教学活动中如何发展学生的经验性思维提供了实践操作的思路和方法。

（三）数学经验性思维产生的动力

其一是思维的本能。从广义上讲，每一种存在，都有"思维"，因为它们都有一种对客观世界信息的"记忆"，以及对这些信息合乎"逻辑"的反映。人类的轨迹、文明的发展、自然的变化、季节的交替等，大到宏观，小到微观，无不留下沧桑的"记忆"。特别是人类的思维，给世界纪录了多少让人叹为观止的足迹，保存了多少文明和智慧！思维具有的这种记忆是思维本能的表现。事实上，人类发展的轨迹之所以被记忆，是因为思维是社会进步的需要，历史演进是符合发展规律的，自然的相克相生是符合自然发展规律的，思维的记忆也是合乎自然的"逻辑"的。思维本身也具有相亲性，这是因为不同的规律反映着不同的记忆。思维的这种相亲性对人的思维有重要贡献。人的大脑是在不断发育中形成的，思维也是在这个环境中发展的，因而每一个人都有自己特定的思维结构，对信息的接受范围和接受程度也必然是有差别的。人总是对自己喜欢的事或现象进行思考，而对不感兴趣的事或现象不怎么关心，其原因就是思维具有相亲性。正是由于思维的相亲性，才使人的思维保持着经验的东西，一旦面临相同或相似的环境，就能从思维的记忆中找到解决问题的对策。

其二是思维的概括。人的思维形式总是把共性的事或现象进行分析比较，揭示它们的规律，这就是思维的概括性特征。数学思维具有对数学对象及其关系的概括作用，数学本身是高度抽象、概括的结果，凡属于能够被概括的事或现象都具有外延的相似性，这正好合乎思维具有的概括特征。数学知识具有凝聚性和可从属性的特点，这又符合数学思维具有的概括特征。于是，数学思维就自然会逻辑地反映"记忆"了。其实，这种记忆表现为形成的数学经验。数学思维对那些已形成记忆的固有特征是敏感的，唤醒记忆的条件是环境，因为这种记忆具有稳定的智力模式。一般情境下，在保持着静态或在环境相似的情况下，思维往往就会被激活，并参与解决问题。当然，有时这种智力模式会失效，甚至抑制思维动作，这就是心理学所讲的定式思维。定式作为一种特殊的心理准备状态，常常会影响解决问题的方向。在条件相似的情况下，定式可以简化思维程序，有利于迅速解决问题；但当环境发生了变化，定式将成为一种僵化的思维模式而影响解决问题。定式思维是指思维记忆的稳定模式，对环境的变化有较低的识别水平。如果一个优秀的学生具有较强的定式思维能力，那么他在数学问题解决方面就会显示独特的能力，因为他可以克制负定式的干扰，而强化定式的迁移功能；如果一个学习感到困难的学生具有较强的定式思维能力，他就会受到固定式的干扰，处于烦恼境地，因为他几乎没有能力克制负定式的干扰。由此，数学经验性思维必须摆脱思维的主观随意的特点，要善于分析问题环境，植根于现实，从而让思维在现实的逻辑中运转；要用对现实的观察来修正思维的定式模式，在本质上，这也就是经验性思维对客观信息的一种反映，这种反映包括对信息的接受和处理及应用。这对在数学教学活动中培养学生经验性思维能力具有极大的启示作用。

（四）在数学教学活动中，提高学习经验水平的教学策略

第一，充分揭示知识内在的思维因素，暴露知识形成的思维环境。数学基本概念（包括数学命题）是数学的核心实体，掌握概念就是把概念形成的原因、背景及思维的价值弄明白，把由概念演绎的数学方法纳入自己的经验体系，构建属于自己的知识系统。概念学习也是一种数学规定的学习，定义、法则、公式等数学描述都是科学法定的规定，它直接与人的学习需要相联系，为人的思维格式定向，所以概念及概念间关系的学习是实现经验水平的重要条件。揭示概念的思维价值比明确概念的应用更重要，因为学生掌握了某个概念，但不一定掌握了它与相关概念的关系；即使懂得了概念之间的内在关系，但也不一定明确概念的智力价值。揭示数学知识的内在思维因素，需要感知概念、思读概念、比较概念、内化概念和应用概念五个基本过程。

感知概念就是指有意识地知觉概念，这一过程主要通过视觉完成，触觉和听觉辅助发挥作用。观察是知觉的重要形式，通过观察激发思维对观察的对象进行识别、鉴定和比

较、概括，形成对事物本质的认识。数学概念尽管是直观的产物，但它是抽象了的直观，只有通过思维的上升才能获得观念的认识，有时还要借助动作来帮助观察、验证观察发现的结果。概念学习要靠观察了解概念的特点和结构，便于把握概念的本质。在实际教学活动中，这一过程尽管被关注但有时也会被忽略。思读概念就是抓住关键的词、句，用"心"去认识它，挖掘它的背景因素和意义，并且需要一组动作（练习动作）来协助掌握。这一过程在数学教学中有所注意但不细致。例如，教材用黑体字来设计问题思考、教师常用对概念表述的字词进行分析指导，都是这一过程的显性直观体现。但教学是对教材及其输出信息的补充和强化，因此教师指导学生进行思读能更快地让学生明白概念。强化概念的读或默读既是提高效果的手段，也是使学生掌握概念学习方法的重要过程。比较概念是指比较旧概念与新学习的概念，寻找它们之间的依存关系或差异性，有利于对概念实质的把握。比较学习是一种极好的学习方法，大多数数学知识在特定的环境中具有外延的相似性，只有通过比较才能真正区分它们的本质，才能在概念应用方面不至于发生混淆或"误用"。比较学习方法在数学学习与教学中尤为重要。在通常情况下，教师比较重视这一过程，而且通过操作来澄清概念的差异，让学生在活动中体会或认识相关概念；但学生往往对教师的训练不以为然，只是在作业练习上有所体现。内化概念对知识掌握有极大的意义，对于学生而言，内化知识的过程既要掌握新概念的符号体系，又要掌握这些符号所表达的实际内容，这也叫作有意义学习。在一个数学知识体系中，各知识点、块之间有着确定的、内在的实质性关联，这些特点决定了数学学习应当且必须注重知识内在关联的系统化的学习。这恰好是有意义学习必需的外部条件。在教学上，教师非常重视这一过程，如用是非判断来填补思维上的空白和澄清不正确的认识等。应用概念是加强学生对新知识理解的最后一道保障环节。教师通过范例把概念应用的思想教给学生，让学生形成能够在适当的背景中准确取用知识的经验。在这一过程中，教师角色的部分转变能使学生的学习过程变得充实有效，学生则能不断转化和修正教师提供的信息，以一种具有个人特点的、有意义的方式来构建新知识，形成具有鲜明个性特点的经验思维。

第二，充分揭示数学关系的内在思维因素，呈现抽象知识的特殊表现活动。数学命题、原理尽管各自独立，生成的环境也有所区别，但它们所表现的思维活动是相似的。数学思维的相似性是思维相似律在数学思维活动中的反映。数学思维的相似性在思维活动中发挥着重要作用。数学思维中到处渗透着异中求同、同中辨异的比较和分析过程。数学中的相似问题，如几何相似、关系相似、结构相似、静态相似与动态相似等为思维的相似性创造了机会。数学思维中的联想、类比、归纳和猜想等都是运用相似性探求数学规律、发现数学结论的主导方法。对相似因素和相似关系的认识，能加深理解数学对象的内部联系和规律性,提高思维的深刻性,发展思维的创造性。

数学思维的相似性是对问题相似性的一种认识的反映。例如,解析几何的创立,把数和形的内在规律揭示了出来,给思维的相似分析提供了更大的空间。代数学及分析学就能借助几何术语运用几何类比而获得新的生命力。又如,通过思维的空间模拟,把一个个函数看作一个个"点",而把某类函数的全体看作一个"空间",函数间的相异程度看作"点"之间的"距离",由此得到了各种无穷维的函数空间。一个微分积分方程组的求解,往往归结为相应函数空间中的一个几何变换的不动点问题,这样不仅分析的问题具有几何"直观"的意义,而且给抽象代数以有力的方法。

数学教学中要特别注意用知识的特殊表现活动来揭示各种关系的性质特征,让学生学得明白、用得放心,这是毋庸置疑的道理。因为数学知识是在生产实践中不断积累形成的,这个积累反映了人类思维创造性的本质,数学在发展中,一个个知识被发现和创造出来,使知识之间具有明确的姻缘关系。数学创造的本质是在已知的数学事实所可能造成的新组合之中做出正确的选择。从已有概念、图像、变换、结构等出发可以构造出不计其数的新组合,尽管大多数都可能是无用的,但只要组合成功,就会导致新的发现。即使是新的发现在已知世界中找不到原型,在数学世界里也可以通过思维的特殊抽象高度,找到所谓的"理想的元素"。这是建立在已有抽象数学概念之上的再次抽象的结果,是与真实世界遥遥相距的以至于被看作"思维的创造物和想象物"。这正显示了数学知识之间的亲缘关系。

对于具有抽象关系和数学问题的教学,要把有目的的学习活动作为教学过程的主导活动。对于教师而言,教学必须强调要使学生掌握一定的活动技能。如果在教学过程中,教师不顾学生的实际或掩盖了学生思维困难之处,而是按自己的思路或逻辑进行灌输式教学,那么轮到学生自己解决问题时往往是无所适从的;相反,如果教师注重学生的实际,敢于适时地暴露学生思维的缺陷,从而准确了解错误之因,及时纠正学生在理解上的偏颇,弥补认识上的不足,扫除思维障碍,则有利于完善学生思维结构与培养学生的思维能力。对于学生而言,要教育学生有责任使自己的知识和技能不断地发生改变,并通过自我完善的学习方式来记忆和使用信息。

揭示数学关系的内在因素,呈现知识的特殊表现活动,包括需要设计情景、置移转换、寻求办法、表述解答四个基本过程。

设计情景是将确定的数学关系置于一个相应的背景中,作为学生思考的对象。这个对象就是提出问题,问题的条件是显性的,但问题背后的思维却是隐性的。问题情景起思维定向作用,保证思维具有稳定、一致的方向。置移转换是思维活动阶段,也是明确隐含关系、问题解决的核心环节。从学生方面讲，它又分为四个阶段（波利亚提出的），即弄清问题、拟订计划、实现计划、回顾检验。求解一个问题的关键是构想一个解题计划的思路，这个思路可能是逐渐形成的，或者是在明显失败的尝试和一度犹豫不决之后突然闪出的好念头。解题过程就是运用探索法诱发好念头的过程。从思维的作用这一角度对解题过程中的思维活动进行分析，指出解题过程中需要有对问题解决的要求和愿望，需要有对问题的猜测和预见；需要动员和组织各种各样的因素，分离和组合它们，辨认和回忆它们，并重新配置和充实对该问题的构思，以演化出更有希望的前景。寻求办法是在上一个程序完成后所做的心理上的选择。心理上的选择就是思维活动的结果，即认识活动对信息加工处理是将自己过去已经掌握的事实应用于新的情景，通过新旧信息的选择和不断组合寻找解决问题的办法。同时，活动主体所关心的不仅仅是信息的利用，还要建立一种用于辨认经过内外环境过滤的新信息的线索和辨认从记忆中检索出来的与问题要求相吻合的旧信息的线索的模型（经验思维）。通过探究模型，得到可能的解决方法。问题解决中的创造性，表现在主体能从记忆的部分线索中有选择地检索出旧信息及根据新的情况改变对这个信息的利用，灵活地对记忆中组织好的知识重新解释和建构。表述解答就是应用思维的语言整理思维的结果，其中体现了学生经验思维应用于新情景转化的能力。

　　第三，充分揭示数学应用的思维价值，呈现真实的描画模拟活动。数学是现实的抽象且又为实践服务的科学，数学应用客观反映了数学描述实践活动的功能。为培养学生的数学应用意识，巩固学生掌握数学的理性成果，提高学生分析问题、解决问题的能力，那么数学教学重视数学应用的实践是必需的。把原本从生产实践中获得的数学关系重新回归到具体实践活动中去，用实际的问题对数学关系或模型进行包装，组织这种问题的教学就是数学应用教学。在数学应用教学中，组织的实际问题尽管多样、对现实的描述各不相同，但分析的思维程序是相近的，这就是数学问题的相似性。由于数学思维是解决数学问题的心智活动，它总是指向问题的变换，表现为不断地提出问题、分析问题和解决问题，使数学思维的结果形成问题的系统和定理的序列，达到掌握问题对象的数学特征和关系结构的目的。数学问题的相似性为思维的有序活动提供了方向和动力。因此，问题性是数学思维目的性的体现，解决问题的活动是数学思维活动的中心。这一特点有利于数学应用问题的教学，也有利于学生构建真实经验性思维。

　　充分揭示数学应用的思维价值，其教学策略包括审题、建模、求解、检验四个基本环节。审题就是客观分析问题的性质，组织和动员原有的思维经验，对有价值的信息进行重组和编码，形成较为科学的判断。在这个过程中，由于数学应用的广泛性及实际问题非数学情景的多样性，往往需要在陌生的情景中去理解、分析问题的性质，舍弃与问题非本质的、无关的因素，形成对数学本质问题的认识，并理顺数量关系。教学的重点是引导学生冷静、缜密地阅读题目，明确实际问题中所含的量及相关量的数学关系；必要时对学生生疏的情景、名词、概念做必要的解释和提示，以帮助学生将实际问题数学化。建模是掌握数学应用的关键突破口，在明白题意后，准确揭示实际问题所包含的量的关系并转化为数学问题。这一过程，在教学中是难点，也是重点。教师必须引导学生分析题目中各量的特点，寻求已知和未知的关系，将文字语言转化成数学语言或图形语言，找到与此相联系的数学知识，构建数学模型。求解是对揭示出来的数学关系进行合情的解答，并得出数学结论的过程。这一过程体现了数学语言的内化功能，教学的着眼点是帮助学生澄清逻辑格式，纠正不规范行为。检验是将得到的结论，根据实际意义进行适当增删，还原为实际问题。检验包含两个程序，一是检验数学关系的运算、推理是否合理，二是检验得到的结论是否符合实际问题的要求。在教学中，都要指导学生对这两个程序进行论证。

数学应用教学要重视数学知识应用于解决实际问题的功能，强调实际问题的数学化特征，突出实际问题的思维性；教给学生解答应用题的基本方法、步骤、建模过程和建模思想，从而有效地建构经验性思维。

二、语言能力

数学语言是数学思维的窗口。美国语言学家布龙菲尔德说过："数学不过是语言所能达到的最高境界。"这反映了思维和语言是密不可分的。

其一，思维是借助语言来实现的，从思维活动的产生、进行到结果都离不开语言。语言是思维的直接现实，恩格斯也指出，思维"只有在语言材料的基础上、在语言词和句的基础上，才能产生和存在"。

其二，思维形式总是和语言形式相对应的。语言表述的对象是思维的结果，没有思维的加工，语言就会苍白无力，更不能形成判断。数学对象没有任何实物和能量的特征，人们之所以能够触摸到它，是通过语言和符号来间接地认识它的，通过语言来恢复它本来的面貌。学习数学要懂得数学语言，特别是数学的符号语言。

（一）数学语言的三个显著特点

一是符号多、公式多，体现了数学语言的抽象性，同时揭示了数学发展和进步的规律。数学符号语言是数学修养的重要标志，同时对增强数学思维能力起着重大的促进作用。数学符号的创设，是数学发现的需要，也是数学思维抽象性的需要。它是通过使用数学符号、改进数学文字语言在数学发展中不断形成的，是对数学的高度概括和抽象。

二是语言精确、简练，体现了数学语言表达的科学性。数学语言由语言规则规定，在表达形式和含义之间，有着唯一确定的对应关系，赋予了精确性的特征；又由于数学语言可以把冗长的自然语言、数学文字语言解放出来，简明扼要地表述精密而复杂的科学内容，又赋予了其简练性的特征。

三是语言结构严密、形式严谨，体现了数学语言的独特性。数学语言表述对象明确，科学反映出数学理论知识是逻辑性与严谨性的统一。

从数学语言的特点来看，学习数学首先要弄清语言符号的含义，并掌握数学语言之间的关系；其次要努力做到理解由语言所表达的数学关系（命题或对象）的意义，也就是对数学判断的理解；最后要学会用数学语言来描述数学问题或揭示数学问题的内在关系。在数学中，各种量的关系、量的变化及在量之间的推导和演算，都是以符号形式表示的。符号作为一种思维的语言，可以把大量丰富深刻的含义隐藏在符号的背后，储存在长时记忆之中，从而大大简化和加速思维的过程。同时，数学语言还有着自然语言所没有的可操作性。逻辑只是用推理来把握事物对象间的关系的，而数学是定量描述这种关系，是把推理变成了运算，运算过程是由数学语言来表述的。数学正是依靠数学的语言进行推理的，这也正是数学语言的可操作性。数学思维借用了可操作性的数学语言，才得以不断深入地把握客观世界精密、细致而又极其复杂的关系。

数学语言的使用对数学思维有重大影响。这是因为，语言是表达思维的一种操作，正确反映思维的结果需要精确同步的语言。如果数学语言用得不到位，就会使思维的成果大打折扣。数学语言是人类研究数学精思妙想的结晶，它有助于正确而敏捷地进行思维运用。在数学学习中，随着学习的深入，概括性和抽象性的要求不断提高，数学语言的应用要求也越来越高，而且越来越复杂。复杂的概念和关系都是在简单的概念和关系中发展起来的，这些概念和关系都是由数学语言表述的。如果语言词义不明或混乱，甚至词不达意，就很难理解和掌握数学概念和关系。正如数学家斯托利亚尔所说："学生知识表面化的根源往往是，数学语言的学习中语义处理和句法处理之间配合不当。形式和内容的脱节实质上就是数学语言的符号和公式与它们所表示的东西脱节。"如果不能正确熟练地使用数学语言，将直接影响到对数学概念及其关系的理解和掌握，影响到数学思维的通畅与发展。

要发展学生的数学思维必须打好扎实的语言基础，因为语言永远是思维的外壳。数学教学帮助学生形成数学语感和经验性思维能力，为将来能够承载更多的知识而奠定牢固的基础也是基本任务之一。数学是以严谨的语言来建构严密的逻辑结构的，违背了逻辑就违背了数学的真谛。因此，在训练学生的语言时要符合客观规律性。也就是说，讲话要有根据、有因果、有前提、有条件，要足以反映学生逻辑思维的过程。

（二）加强学生语言能力培养的策略

第一，教师要做好示范。教师的语言行为直接影响学生的语言行为，所以教师的榜样作用是非常重要的。首先，教师的语言应该是学生的表率，因为学生具有很强的模仿力，教师的数学语言水平直接关系着学生数学语言的发展；教师的语言力求用词准确、简明扼要、条理清楚、前后连贯、逻辑性强。其次，教师的语言要与教材和学生的实际语言基础相一致。这是因为数学语言太抽象、太严谨、太简练，而语言又是思维的外壳，如果脱离了教材和学生实际，教师的语言必然失效，对学生的学习会有更大的影响。最后，教师的语言要充分揭示和展示学习的过程，让学生眼耳协调、手脑并用，激活、动员多种分析器参与认识过程。

第二，教师要重视主体发现。在教学中，学生的认识活动是课堂真正的"主导"活动，要增强学生语言运用的环境。首先，给学生语言表达的机会，要求学生对课程的学习发表自己的见解，用自己的语言对数学判断进行分析和解释，在表达观点之前用思维语言在大脑中进行系统的思考，即怎么样把自己的所想所思用语言很好地表达出来。其次，要求学生准确描述解答数学问题的思维过程，锻炼思维与语言同构的能力。

第三，教师要发挥好范例的作用。范例是学生接触数学语言的老师，通过它对数学概念的包装，为学生提供语言翻译的情景。一般情况下，仅凭直接思维是较难认识范例的，要通过范例的结构间接地唤起原有的经验才可能获得其认识。所以，范例是训练学生语言能力的极好工具。首先，由学生细读范例，在教师帮助下实现条件语言和结论语言的对接。其次，有意识地让学生发现范例提供的语言信息，并学会分解、组合和运用这些信息。最后，由学生对整理好的语言信息进行反馈，教师则做出适当的修补和完善。

语言是交流的工具，是正常人用来进行思维的武器，掌握了语言的人都可以用语言来概述问题。没有语言，人与人的相互了解和交流就无法进行。语言是思维的灵魂，思维活动的结果、认识活动的规定都是用词和词组成的句子表达出来并巩固下来，成为人类宝贵的物质财富的，所以语言也是承传知识的重要载体。不懂或不了解语言的表达形式，就没有办法学习知识、认识知识。数学语言是传承数学知识与数学对话的工具，基本没有数学语言的基础，就等于与数学知识是陌路人，互不认识。数学语言不等同于自然语言，它是数学抽象与具体数学对象的统一。自然语言表达的方式一般是陈述性的，即对某事或某现象进行说明性的解释或提问，有时也是最简单的判断，而数学语言是明确的判断。为了提高学生学习数学的能力，应有效地提高学生数学语言的阅读、表达和应用能力。

（三）加强学生语言能力培养的两个最基本的方法

第一，给学生创造用数学语言交流的环境。这个环境可以是课堂内的活动，也可以是课外组织交流。一般来说，在课堂上组织数学语言的交流，效果更好。这是因为课堂是正常的学习时间，而且课堂活动中使用的数学语言也是十分规范的。最值得肯定的方法是小组合作学习。这种学习方式不仅给学生用数学语言进行相互表达的实践提供了很好的机会，而且教师也可参与其中，促进了生生互动、师生互动的生动局面。小组合作讨论，交流自己的想法，总结和归纳实验结果，这一系列的教学手段都是在培养学生的课堂交流能力。学习主体只有在相互交流、相互探讨的过程中，思维才会擦出火花，同时只有在相互之间的探讨与比较中才能扩大其思维面、增强其数学语言的应用能力。让学生从不同的角度相互比较与思考，取长补短，以训练学生语言的承接能力。在交流互动中，学生对语言特别是对新学习的语言的接受程度是有区别的。语言能力好的学生，可以通过与原有掌握的语言的比较迅速获得对新语言的认识并及时内化。

数学教材给出的一些公式、概念等都是人类发现并继承下来的正确结论。这些结论的语言是经历史推敲过的，是经得起考验的，何况数学家们在对自己的研究成果进行展示之前走了很多的弯路，最后才找到最好的表达方法。学生在极短的时间内，一下子是达不到用这样完美的语言来表达他们思维的。因此，无论学生说得好坏，其中都包含了学生的思维过程和学习过程，教师应该尽量予以引导，让他们获得自己表达的成功感。教师在评价学生的语言表达时，只要学生能够用自己的语言真实地解释出数学对象，就应该给予鼓励；即使表达不够完整或不完全正确，也应给予精神上的表彰，以此激励更多学生积极参与交流。如果教师过重地看待学生语言表达的完美性，对学生表达的不够完整或不够精确进行指责，那就是对学生的交流热情泼冷水，就会导致学生因为怕说错而不敢发表自己的观点。同时，教师还要不断示范解读数学对象，对教材知识内容进行补充和强化，以利于学生从中获得间接的经验。如果教师在教学中只是照本宣科，把教材的内容原原本本地灌输给学生，无疑将会抑制学生语言的发展，阻碍学生思维语言能力的提高，学生得到的将仅仅是静态的数学符号和呆板的语言情景。

在数学教学活动中，可以用直观的对象对学生进行语言训练。直观能调动知觉的胃口、激发思维活动，自发的活动能刺激语言形成。不少学生都爱好篮球运动，它既能锻炼身体，又能劳逸结合。因为他喜欢，所以他练篮球的频率高，时间久了，就自然掌握了一定的篮球技巧。当你问他某些肢体动作时，他会滔滔不绝地用语言表达出来，而且非常正确。直观启发的道理与此是完全相同的。例如，在看图说话训练中，先让学生看图，进行全面观察，要求简单地说出图中内容；在看图的基础上，再要求学生对图的内容进行分析并口述，厘清图中的数量关系。这样一个让学生从简单描述到问题分析的过程，可以培养学生的语言思维能力。如果长时间坚持用这样的方法进行训练，学生在潜意识中就能形成口述的习惯。当他遇到需要解决的问题时，就会自觉地去寻找和分析情景中的信息，也会对获得的信息进行组织和理解，最后会以语言的形式表达出来。而且，不论是在和老师还是在和同学进行交流，他的语言都会体现他的思维方向。数学教学不仅要反映数学活动的结果（理论），而且要反映得到这些理论的思维活动过程。坚持不懈地培养学生的数学语言表达能力，对学生数学思维的发展是很有效的。

第二，强化学生的动作效果。我们可以先看看人的肢体与心理对数学学习的关系。动作指心理动作和肢体动作。心理动作是知觉的反映，当人关注某个对象或现象时，会引起知觉的感应，从而又引起心理动作，产生力求把这个对象或现象弄明白的愿望，并指挥大脑发布对肢体动作的命令。这一过程是引起动作的过程。动作对于训练语言控制能力极为重要。首先，思维语言要通过心理动作传递给肢体动作，肢体动作把思维语言的结果表达出来，表达的过程是语言转换的过程，即思维的内部语言转化为外部语言。外部语言是思维的外壳，是反映思维结果的间接工具。前面说的给学生创造语言表达的环境，其实是为语言的转移服务的。转移得是否准确，那就是内部语言与外部语言对接的问题了。所以，学生语言表达的不完整或不完全正确，有时并不反映学生内部语言存在某些问题，可能是语言转移出现了偏差，或语言翻译出现了偏离。其次，肢体动作的结果又作为视觉的对象引起心理反应，形成第二次心理动作。这时的心理动作对肢体动作的结果进行识别和鉴定，如果符合，表明动作结束；否则，就会进行第二次动作转换，直到与心理动作完全一致为止。如前所述，学生能够表达思维的结果，就等于是内部动作和外部动作的协调吗？其实这与支撑心理动作的基础或过去的经验积累有关，说明如果过去的基础不扎实、知识结构不合理、知识体系有漏洞，将会导致心理动作失真。学生外部动作是实体动作，看得见、摸得着；而心理动作是虚体动作，无法观察和检验。由于内部动作与外部动作是互动的，不会存在分离的可能，所以加强外部动作的训练，也就能强化内部动作的训练，使心理动作达到稳定而真实的效果，形成良好的逻辑思维体系，以增长智力。在教学活动中，要让学生多动手、多动口，促进语言动作的成熟与发展，提高语言转换和语言表达能力。再观察学生重视数学语言学习的态度。学生数学语言不过关，在一定程度上是学生对语言的学习不太重视。把数学语言的学习与自然语言的学习等同起来，认为学习知识比掌握语言重要得多。在数学教学中，教师要认真强调数学语言作用的重要性，教育学生学好数学应当掌握好数学语言；除了重视语言学习，在规范使用数学语言方面也应严格要求。

一是使用数学语言必须严格准确。在学习活动中，学生往往对语言的应用缺乏持久性，或是思考不认真，或是表述不规范，或是逻辑缺乏严谨、推理缺乏根据。学生特别容易忽视次要的语言信息，即使有时表达的问题是明显的，也不认真去更正。有时表达问题的出现并非是思维问题，之所以出现，是因为言不由心、不能正确翻译。这些都是不注意严格准确地使用数学语言所导致的后果。

二是严格训练学生思维语言与表达语言的一致性。数学语言能力也表现在思维语言与表达语言的互译能力上，在这中间其实还存在着一个问题，信息语言的翻译能力。也就是说，在解决问题时，思维要对问题的信息进行语言翻译，经过加工找到问题的解答；思维又将解答的语言传送给肢体动作做出对价表达，最终形成问题的解答。

三是严格遵守规范，训练学生使用数学语言。数学语言的产生是一种科学的"约定"。在数学实践活动中，这种"约定"就是规范，要学习这种规范并严格遵循这种规范，否则就会出现混乱和错误。为了使学生更好地掌握数学语言，教师还要重视指导学生阅读教材，以养成良好的读书习惯。因为教材语言是规范的、严谨的，而且教材又是对教学的支持和检验，所以阅读教材有利于促进学生学习能力的发展。一旦这种能力成为学生的个性特征，它将迁移到数学学习的各种场合，在更广泛的范围内发挥作用。

数学语言可以清楚、简洁、准确地描述日常生活中的许多现象，让学生养成乐意运用数学语言进行交流的习惯，既可以增强学生应用数学的意识，也可以提高学生运用数学语言的能力。在教学中，要帮助学生形成一个开阔的视野，了解数学对于人类发展的应用价值。在知识实践、能力培养的基础上，教师应主动地向学生展示现实生活中的数学信息和数学的广泛应用，向学生提供丰富的阅读材料，让学生感受到现实生活与数学知识是密切相关且处处与语言有必然联系的。

总之，在培养学生的语言能力方面，教师应不断追求提高自身的语言素养，通过教师语言的示范作用，对学生初步逻辑思维能力与严密语言表达能力产生良好的影响。学生要坚持主动接触来自教材、教师、课堂呈现的语言环境，并参与讨论、解释和表达，通过对教师、教材、课堂的耳濡目染，就会慢慢形成严密的语言逻辑，也会大大提高自身的数学思维能力。

三、推理能力

推理是指由一个或几个已知的判断（前提），推导出一个未知的结论的思维过程。推理是人在认识中由已知或经验寻找和发现未知结论的思维形式，是研究人的思维形式及其规律和一些简单的逻辑方法的程序。推理的形式是人在进行思维活动时对特定对象进行分析、综合的思维形式。推理的客观规律是形式逻辑，所以推理至少是含有两个命题的命题组，并且命题组中的命题在真假关系方面有确定的逻辑关系。推理的思维形式是舍去了推理的内容而存在的，两个推理可以内容不同但形式必须相同。也就是说，推理形式是用概念组成判断，用判断确定逻辑关系而进行的思维过程。推理的作用是从已知的知识得到未知的知识，特别是可以得到不可能通过感觉经验掌握的未知知识。但在实际过程中，所进行的推理并不一定都是正确的，为此真实可靠的前提和合乎逻辑规则是推理必须遵循的原则。推理的形式主要有演绎推理和归纳推理。演绎推理是从一般规律出发，运用逻辑证明或数学运算，得出特殊事实应遵循的规律，即从一般到特殊；归纳推理就是从许多个别的事物中概括出的一般性概念、原则或结论，即从特殊到一般。

数学推理是借助数学概念、定理等组成判断，用这些判断结合数学逻辑工具来确定数学关系而进行数学活动的思维过程。因为数学推理的前提是可靠的，推理过程是严密的，所以获得的结论或结果是正确的。在数学活动实践中，所使用的逻辑方法都是基本的和简单的。所谓简单的逻辑方法是指，在认识数学问题结构的简单性质和关系的过程中，运用与思维形式有关的一些逻辑工具和方法，通过这些工具和方法去形成明确的概念，做出恰当的判断和进行合乎逻辑的推理。例如，数学中的等价转化推理就是常见的一种合乎逻辑的推理，等价转化是把未知解的问题转化为现在已有知识范围内可解的问题的一种重要的推理方法。借助逻辑工具通过不断的转化，把不熟悉、不规范、复杂的问题转化为熟悉、规范甚至模式化、简单的问题。分类讨论也是一种常见的推理思维方法。在解答某些数学问题时，有时会遇到多种情况，需要对各种情况加以分类，并逐类求解，然后综合得解，这就是分类讨论推理方法。分类讨论是一种逻辑方法，是一种重要的数学思想，同时也是一种重要的解题策略，它体现了化整为零、积零为整的思想与归类整理的方法。有关分类讨论思想的数学问题具有明显的逻辑性、综合性、探索性，能训练人的思维条理性和概括性，所以在数学解题中占有重要的位置。培养学生的数学思维能力就必须重视对其数学推理能力的培养。

（一）数学推理能力的转化

数学推理能力也是一种操作技术能力，反映了数学关系和思维语言的转化能力，这种转化有三层含义。

1. 化未知为已知的变换推理思维

我国北宋数学家沈括在《梦溪笔谈》中所说的"见简即用，见繁即变，不胶一法"，阐明了注意化繁为简的原则，体现了变换的思想。他应用这一思想创立了"隙积术"，用现在的话说就是高阶等差级数的求和法。他的"会圆术"的思想方法就是分析与综合法。变换推理思维在数学逻辑规则中，到处都有踪影。在分析和解决实际数学问题的过程中，需要将自然普通语言翻译成数学语言，这是语言间的一种转换。推理在符号系统内部实施的转换，就是所说的恒等变形。消去法、换元法、数形结合法、求值、求范围问题等都体现了对价转换思想，更常用的是在函数、方程、不等式之间进行对价转换。可以说，对价转换是将恒等变形在代数式方面的形式变化上升到保持命题的真假不变的真实转换。由于其具有多样性和灵活性，转换推理要合理地设计好转换的途径和方法，避免生搬硬套题型。在数学操作中实施对价转换时，要遵循熟悉化、简单化、直观化、标准化的原则，即把遇到的问题通过转换变成比较熟悉的问题来处理，或者将较为烦琐、复杂的问题变成比较明晰、简单的问题。在应用对价转换的推理方法解决数学问题时，没有一个统一的模式去进行。它可以在数与数、形与形、数与形之间进行转换，可以在宏观上进行对价转换，比如从超越式到代数式、从无理式到有理式、从分式到整式等；或者把比较难以解决、比较抽象的问题转换为比较方便、直观的问题，以便准确把握问题的求解过程或求证过程，比如数形结合法，或者从非标准型向标准型进行转换。按照这些原则进行数学操作，转换过程省时省力，犹如顺水推舟。教学时经常渗透对价转换的推理思想，可以提高学生解题的水平和能力。

2. 由条件向结论转化寻找辅助量的推理思维

数学家笛卡儿把直觉和判断看作科学的求知之道，认为一个数学问题的推导就像一条结论的链、一列相继的步骤序列。有效的推导所需要的是在每一步上都具有直觉的洞察力，从而说明了第一步所得的结论明显地来自前面已得到的知识。笛卡儿对直觉在数学论证上的重要性给了肯定的回答，"关于我们所研究的对象，我们不应该去寻求别人的意见或者我们自己的猜测，而仅仅是寻求清楚而明白的直觉所能看到的东西，以及根据确实的资料做出的判断，舍此而外，别无求知之道"。数学家（也是教育家）波利亚长期致力于数学解题教学研究，他十分重视数学推理的结构。他认为，数学解题是由一个信息发现另一个信息的过程，是寻找辅助问题的过程。他指出，所谓辅助问题是这样的一种问题，我们之所以注意到它，并在它身上下功夫并不是为了解决它本身，而是因为我们希望注意它，对它下功夫可以帮助我们去解决另一个问题，即用我们原来的问题去设计一个合适的辅助问题，从而用它求得一条通向一个表面看来很接近的问题的通道，这是最富有特色的一类智力活动。在数学推理过程中，想法和表达的思维方向是不一致的，思维开始工作时，发端于已知问题呈现的信息，但这些信息对解决问题没有直接的用途。虽然如此，这些信息可以启发思路，提出一个过渡问题，如果解决了这个过渡问题，就意味着解决了已知问题，显然这个过渡问题就是波利亚所讲的辅助问题。依据这个思想，一个个辅助问题被提了出来，从辅助问题提出的顺序来看，最后一个辅助问题是最容易解决的，但这个辅助问题离已知问题距离是最远的。这就是说，离已知问题较近的辅助问题是较难解决的，需要过渡问题的帮忙。这表明，在数学推理中，发现解法永远也离不开问题的提出，这些问题依次发生因果关系，前一个问题是后一个问题的条件，后一个问题是前一个问题的结果；而且，每提出一个问题，它总是离目标问题越来越远（为了有利于寻找解的结果所做的翻译），而离解的结果就越来越近，这种现象在数学推理中被称为推理的反变现象。

3. 由前提追索目标的联想推理思维

归纳、类比、猜想是联想推理的重要工具。科学家欧拉是观察联想推理的大师，一生用他的科学思想为许多学科和分支奠定了基础。欧拉用归纳法，凭借观察、大胆的猜想和巧妙的证明得出了许多重要的发现。欧拉认为，归纳阶段，用特例验证问题之后，就能得到不少归纳的证据，这些证据能解除起初对问题的怀疑，树立对问题解决的坚强的信心，有了这种信心就没有解决不了的问题。类比是某种类型的相似性，它是一种更确定的和概念性的相似。欧拉是类比推理的巧匠，他应用了从有限过渡到无限这一法则，从代数方程过渡到非代数方程，这种从有限到无限的类比极容易出现错误，而欧拉知道如何避开错误，主要的是通过验证和归纳，同时大胆地使用类比法。对于猜想，波利亚指出："对于正积极搞研究的数学家来说，数学往往也许像猜想的游戏，数学家的创造性工作的结果的论证推理，是一个证明，但证明是由合情推理，是由猜想来发现的。"科学的猜想，大胆的猜想，会给人以鼓舞的力量。猜想也能为数学学习提供发现、联想和类比，以已有的数学成果和数学知识为基础的猜想可以取得学习上意想不到的效果。归纳、类比和猜想为思维方向提供数学活动的线索，为数学推理保驾护航。由前提的观察获得重要信息的发现能有效地与经验发生对接，唤醒知识的整合和提取，实现方法、技能和相似的联想。联想思维对数学推理产生着重要的作用：其一，运用联想思维，使一些数学问题由繁变简；其二，运用联想思维，使一些数学问题由表及里；其三，运用联想思维，使一些数学问题由难及易；其四，运用联想思维，使一些数学问题由阻变通。联想思维由有意识思维牵动无意识思维发挥作用。思维是整个脑的功能，特别是大脑皮层的功能。大脑皮层颗叶负责编制行为的程序，调节和控制人们的行为和心理过程；同时，还要将行为的结果与最初的目的进行对照，以保证活动的完成。近年来，研究还发现大脑右半球在推理中起着重要作用。潜意识来自大脑右半球，其思维是主体不自觉的、由思维意识指挥的思维形式。潜意识思维也被称为无意识思维、被动性思维，它是各种生物普遍具有的原始思维方式，是在生物的思维组织或标准思维组织中发生和进行的生化变化。它不但遵循生物主体具有的生存意识规律，而且还遵循人类已知和未知的物理学、化学和光学的规律。数学潜意识思维遵循着这种思维意识的规律，数学内部的矛盾和规律对思维主体的刺激和影响是数学潜意识思维发生的外部原因。主体对数学语言、符号的感知，对数学关系的印迹是数学潜意识思维发生的内部原因。当数学问题对思维主体的作用和影响激活了数学感知细胞后，思维消除客体影响的目的立刻就会被确立，于是由潜在思维意识指挥的、由感知印迹主导的潜意识思维就发生了，并产生了对主体意识思维的促进而转化为指挥思维动作的有意识思维。

任何推理都是由前提和结论组成的，前提是推理中所依据的命题，结论是推理中所得出的命题。由于推理是由一个或几个命题得出一个新命题的思维形式，所以人们可以运用推理，从已有的知识得到新的知识，用已有的规律发现新的规律。因此，正确的推理是由已知进到未知的方法，是获得新知识的重要手段。在数学中，推理也是证明的工具，离开推理，无论怎样简单的命题都是无法加以证明的。

数学推理的经验性思维是客观存在的，知识的积累和对知识形成过程中的关系是可被接受和认识的。随着知识量的增加，认识系统就会形成许多现实物体，每一个现实物体既包含知识和知识的再生，又包含符号、符号的意义和这些符号在推理中的背景。这些现实物体也反映了数学及其模式的应用。

（二）数学模式

数学学习是模式的学习，数学思维也可以称为模式思维。数学模式的形成原理可以说为数学推理的思维框架提供了原形，给数学推理赋予了物质形象。明确数学模式及模式的意义是进行数学推理的物质前提。数学模式也是指对数学规律的认识，是知识或数学关系已形成的、具有本质联系的、可供提取操作的、合乎个体经验的、比较稳定的概括性认识。下面讨论三种最基本、最适用的数学模式，即概念模式、命题模式和关系模式。

1. 概念模式

概念是反映事物本质属性的思维形式。概念的限制与概括及其逻辑方法巩固了数学知识结构，其中，逻辑方法是概念模式形成的基础。知识从结构上来说，就是概念和一些概念的这样或那样的联系。对于学习而言，概念的获得有三个阶段。第一阶段是感知概念，既能初步知道对象是什么，也可能说出事物对象的用处，即从功用上能说清这个对象，但不能把它与类似的概念区分开来。第二阶段，由对这个对象的认识初步获得概念的识别，已经大致可以把这一概念同类似概念区分开来，但还不能区分概念反映事物的重要特征和非主要特征。第三阶段，摆脱了非主要特征，并把这一概念纳入同种属的概念系统中，获得对概念应用环境的认识。

检验学生是否掌握概念的途径主要有两条：一是对所掌握的概念能用明晰、确切的语言表达出来，根据思维和语言的统一原则，这种情况就可以说明其思想上对这个概念也是明晰和确切的；二是概念用得恰当或准确。学生掌握和形成概念的过程是他们的思维积极活动的过程，即学生的概念是在他们思维积极活动的过程中掌握和形成的。人的思维活动表现在分析、综合、比较、抽象、概括和具体化等方面，这些方面在思维活动中共同参与，不可能只有单方面的活动，思维只要活动就是整体的活动。比较是分析与综合的条件，是具有重要教学意义的思维活动，在比较过程中，分出个别属性，找出事物所固有的、共同的和不同的特点，在此基础上概括它们，以奠定概念的基础。

概念模式在知识的迁移上体现得比较充分。数学中的任何一个具体知识都存在于一个知识体系中，这是知识具有可结合性的重要性质，知识的迁移就表现在这个性质上。知识在迁移中是会发生一些变形的，如果一点都不变，那就不叫迁移。但在迁移中还有些不变的因素，就是这个知识的本质属性，否则就不是同一知识了。这种在迁移中不变的因素合在一起就是知识模式。在迁移中不变的因素就是这个知识内在各部分间的一种特定的关系，我们把这种关系叫作知识的特征结构，模式就是这种特征结构。客观事物都是有模式的，我们之所以能辨别猴子与猩猩，是因为它们的结构模式不同。每个人的面貌都有一定的模式。每一位熟人的面貌都有一定的模式储存于我们的记忆中，以至于在某种场合下，即使我们只看到熟人的背影，也会对他进行模式辨认，甚至可以叫出他的名字。人物素描的画家和漫画家就很善于捕捉人的面貌特征。这就使人具有能够善于应用模式来认识各种事物的本领。在教学中，优秀的教师就善于把知识当成模式来教，挖掘知识的背景、揭示知识应用的方法，使其在学生心里形成模式。在知识模式的形成中，人是不可能离开感知的，由于数学知识比较抽象，所以感知更加重要。人在感知时，在大脑会有印迹，但形成模式并不是从形象的感性认识中提取带有感性形象的模式，而是间接地从抽象的理性认识中提取带有感性形象的模式。这就是说，学习知识并不是像辨别事物特征模式那样简单，而是要将知觉的表象进行思维加工，才能形成抽象的知识模式。前者叫作感性中的模式，后者叫作理性中的模式，这种理性中的模式称为"悟性认识"。理性认识是从感性认识中获得的，而悟性认识则是从理性认识中提取的模式，是学活了的知识，只有"活"知识才能在应用中产生模式的作用。所谓"悟"，就是在理性中寻找感性，悟性就是在理性中蕴涵着的感性。悟性认识是人人都有的，只是悟性没有直接的动作，而感性和理性都是有直接动作的。比如"光"，视觉动作感到光速很快，思维动作计算出光的时速为每秒30万公里，而悟性则可将光速与旅航类比。概念模式是抽象的理性模式，这种模式是思想性的，也是可被感知的。在教学中善于帮助学生建立这种抽象的理性模式，对培养创新型人才具有重要意义。

形成概念模式与概念的限制和概括密切相关。概念的限制是通过增加概念的内涵，从而缩小概念外延的逻辑方法，是由外延较大的概念过渡到较小的概念的思维过程。概念的概括正好与之相反。概念与概念的不同由概念的限制区分，概念与概念的相近由概念的概括统一。正如数学家希尔伯特指出的："在作为整体的数学中，使用着相同的逻辑工具，存在着概念间的亲缘关系。"因此，概念模式中包含了两个意义：一是概念的限制决定了这个概念独特的应用，它产生的思维方法可以迁移到这个概念的关系之中；二是概念的概括拓展了这个概念存在的空间，奠定了数学概念内在关系的基础。从某种意义上，把握了概念的限制和概括，有利于认识各类数学概念的体系，有利于掌握数学概念之间的内在联系，便于更好地使概念系统化，并使用概念。

在数学教学中，要注重让学生在联系中认识概念，在比较中活用概念。开展教学活动，教学的重心通常放在提高学生理解和概括概念本质属性方面；而在抽象否定方面，即非本质的、可变属性的特点又常常为师生所忽略，这对于学生真正理解概念、形成概念思维模式是不利的。形成概念模式还必须重视定义教学，因为定义是揭示概念内涵的逻辑方法，具有思维的功能。一是从定义的建立过程中明确定义。定义是在其形成的实际过程中逐步明朗的，任何一个定义的产生，都有它的实际过程，要联想前人发现定义的过程，更要理解下定义的概念，即概念的概念，达到理解定义，训练思维的目的。二是掌握定义形成的基本途径。数学中大量的定义都是从实例中提出并归纳总结出来的，或根据数学的系统性特征从旧知识过渡并通过迁移得到的，或从形成过程或操作过程提出的。

知识并不是对现实的准确表征，知识生成的意义具有更广阔的空间和抽象性；概念是抽象性的产物，而且可以进一步抽象，直到它涵盖现实空间又远离现实空间。所以，知识只是一种对现实的解释或一种假设，它会随着人类的进步不断地被"革命"掉，并随之出现新的假设。而且知识并不能精确地概括世界的法则，在具体问题中，我们不是拿来就用，一用就灵，而是需要针对具体情景进行加工再创作的。这是构建主义看待知识的观点。概念模式是由稳定的基础知识和对时代发展具有"革命"性贡献的知识及它所形成的技能、方法组成的，在相当长的时期内是稳定的、有用的。我们希望学生掌握一定的概念模式，但不是说只要是概念就无取舍地装进模式的"包"里，而是有选择性地对重点知识"打包"，并长期保留在记忆库里，到时随取随用。另外，知识也不可能以实体的形式存在于具体个体之外，尽管我们通过语言符号赋予了知识一定的外在形式，甚至这些命题还得到了较普遍的认可，但这并不意味着所有学生会对这些命题有同样的理解，因为这些理解只能由个体基于自己的经验背景构建起来，这取决于特定情景下的学习历程。知识是一个长期积累的过程，概念模式里除了可用的、普遍认可的知识结论和技能，还应包含个体真实经验的特点，以表示自己的经验模式不是他人的经验模式。这叫作"活"知识结构。

能形成"活"知识结构的人,一定是有智慧和天赋的人,这样的人具有发明、创造的潜在素质。对于教师来说,由于数学概念等知识一般来说是一些规定,这种规定本来就是已知的未知;同时,任何人的知识接受都是一种主动认识的内化,传授给学生的知识必须由学生自己探知并消化,所以不能把知识作为预先决定的东西教给学生,不要用我们对知识准确性的强调作为让个体接受它的理由,也不能用科学家、教师、课本的权威来压服学生。学生并不是空着脑袋走进教室的,尽管有些问题他们没有接触、没有形成经验,但当问题一旦呈现在面前时,他们也可以基于相关的经验依靠他们的认知能力形成对问题的某种解释。教学不能无视学生的这些经验,学生的经验正是他们能够继续学习、保持进步态势的理由。从外部装入新知识,要把学生现有的知识经验作为新知识的增长点,引导学生从原有知识经验中"生长"出新的知识经验。教学不是知识的传递,而是知识的处理和转换。教学上要重视学生对现象的理解。倾听他们的看法,洞察他们想法的由来,并以此为依据引导他们丰富和调整自己的理解。由于经验背景的差异,学生对问题的理解常常也存在差异,在学习共同体中,这些差异本身构成了一种宝贵的学习资源,可以通过互相交流,取长补短,共同提高。

概念模式是学生学习经验的第一个重要模式。学生自己建立概念和教师帮助学生建立概念模式,可以对学生后继学习产生积极的影响。

第一,巩固基础,开发学习潜能。数学概念是数学生命力的象征,当数学还在不断形成新的概念时,数学的发展就永远不会止步。概念模式的建立是学生个体在长期认识过程中积攒起来的宝贵经验,所形成的一套学习概念的认知方法,以及随着这种认知方法的日益牢固,在已形成的模式中就会生成更有概括性的知识。学生通过这种概括性的积累,促进自己的学习能力,开发学习潜能。

第二,增长能力,发展思维。任何数学概念在它的形成中,不仅表现出数学实践的意义,更表现出它的思维模式和智力价值。概念的形成及其结果是数学实践的产物,概念的作用在数学实践中不仅发挥作用,而且促进了新知识的产生。学生有了概念等知识的支撑,就能应用概念参与数学实践,如解题、发现学习、探究学习等都能亲手操作,既增长了技能,又发展了数学思维能力。

第三,巩固操作能力,合理完善认知。学生尽管建立了概念模式,但不等于不需要学习了,学生的任务就是不断地学习,增长智力。有了概念和获得概念的经验,对新的学习就有了动力。这里的动力就是心理学所说的学习的内驱力。内驱力表现为渴望、理解和掌握知识,以及陈述与解决问题的倾向,这起源于学生的好奇心、强烈的求知欲、认知的兴趣及探究、操作、理解和应付环境的心理倾向。学无止境,知识基础越宽厚,对新知识的学习欲望就会越强烈，掌握新知识的好奇心就越强。布鲁纳把这种"好奇心"看作"学生内部动机的原型"。他强调，应把学生与同学竞争这种外部动机转变为学生敢于向自己的能力挑战的内部"动机"，增强学生从尝试解决问题和掌握知识中获得的内部报偿，以激励学生不断提高自己能力的欲求，不断提高对自己的信心。有了这种内驱力，心理就会用强化"动作"来满足，以促进操作能力的发展，继而改进认知结构，促进更高级的认知结构的形成。

2. 命题模式

逻辑学把具有真值的语句叫作命题，它是联结概念的纽带、是组成推理的要素。命题是表示判断的语句，每一个命题都表达了一个判断，在中学数学中涉及的命题大都是非模态命题，即简单命题和复合命题。简单命题视其断定的是对象的性质还是对象间的关系，分为直言命题（性质命题）和关系命题。复合命题根据其包含各支命题的特点及逻辑连接词的不同性质，分为联言命题、选言命题、假言命题和负命题。这些命题的真假和形式及在推理中的作用都是命题模式的基本内容，奠定了形成经验性思维的重要基础。数学命题与数学概念的关系体现为：首先，数学概念是组成数学命题的元素，离开了数学概念就没有了数学命题，也就没有了数学定理；其次，数学概念内涵丰富，需要用数学定理去揭示，概念与概念之间的关系也需要用定理去揭示。所以，离开了数学定理，概念就是孤立的、零碎的东西，数学就失去了活力。

数学命题是命题的一种，它是表达对数学对象及其属性判断的语句，一般用语言、符号、式子等表示。通常把数学公理、定理、公式、法则、性质或数学中表达判断的语句（包括定义）称为数学命题。数学命题体现了客观事物的联系性，即任何事物都是广泛联系的。数学是对客观世界数量关系和空间形式的最突出的反映，数学对象的这种彼此因果关系能充分显示数学概念之间千丝万缕的联系，这是数学命题形成的重要条件。

数学命题内在的各种关系都是为数学推理服务的，学生在原有知识体系中保持着一定量来认识命题形式的思维方法，学生也掌握了不少应用数学命题解决大量数学问题的推理技能。这就是命题模式积累的经验。

数学命题是数学推理的直接内容，命题与命题之间所具有的演绎逻辑关系构成了数学推理的思维形式。在推理关系中，形成了比较稳定且具有基础性的推理。例如，命题变形推理，即对作为前提的原命题进行变形以推出结论的推理；对当关系推理，即原命题、逆命题、否命题和逆否命题这四种命题的真假制约关系所进行的推理；三段论推理，也称直言命题间接推理，即由两个包含一个共同项的直言命题，推出一个新的直言命题的演绎推理。另外，还有复合命题推理中的联言推理、选言推理、充要条件推理等。这些推理形式既体现了数学命题之间的逻辑关系，也为数学推理的经验模式提供了理论依据。

在数学教学中要有针对性地加强学生对数学命题的理解和应用。一是要求学生记、背基本数学判断和数学命题，能用符号语言翻译数学命题，并掌握符号所表示的内容和在推理中的意义；要掌握一般的推理语言，要懂得对基本推理关系进行真假判断和运用。二是要求学生理解数学命题关系的转换，能流利地表达数学命题的逆命题、否命题和逆否命题，并能判断真假，明白命题的充要关系和推理方法。三是要求学生掌握数学命题自身的推理规律及数学命题形成和使用的范围与背景，提高数学命题的正确使用效率和数学推理能力。

命题模式是数学关系模式的简单形式。数学内部结构是一种关系结构，学生要掌握数学，应在掌握好概念的基础上明确概念间的关系和数学命题关系。简单地讲，命题模式是在概念模式之上发展的。在概念模式中，由于认识方法的牢固，引起模式种概念关系的变化，从而以概念关系建立新的模式，随着学生对诸多定理、命题的学习和掌握，通过思维的作用就会形成更科学的模式，这就是命题模式。命题模式的形成还与学习心理机能有关，知识获得的心理加工过程是先学习规定知识，再学习由此演绎出来的知识，接着学习操作性知识，从而形成知识完整的体系。因此，知识可分为两类：一类是陈述性知识，另一类是程序性知识（也称"产生式知识"）。陈述性知识是指关于事实的知识，相当于数学中的概念、性质、定理、命题等客观存在的知识；程序性知识则是指关于进行某项操作活动的知识，相当于数学中的法则、公式、"如果……，那么……"等操作性知识。这两类知识获得的心理过程，它们在个体头脑中的表征，它们的保持与激活的特点，等等，均有不同。前者是直观心理认识，在头脑中的表征是形象、印迹；这类知识需要理性上升才能保持在记忆中，遇到相同的环境就能被激活。后者是动作的心理认识，在头脑中的表征是抽象的具体；这类知识需要内化为自己的观念才能保持在记忆中，遇到同样的操作模式才会被激活。这两类知识对应着人的两类学习机制，联结性学习机制（将诸多工作记忆激活并联系起来而获得的心理机制）和运算性学习机制（有机体进行复杂的认知操作而获得经验的心理机制）。陈述性知识是对概念模式中的知识进行概括形成的新的概念模式，程序性知识是以概念模式为基础对操作知识进行概括形成的运算性模式。由于运算是一种技能性知识，是知识的知识，且运算属于数学关系的运算，因此，运算性模式也可称为命题模式或简单关系模式。

有学者更细致地划分了这两类知识，认为陈述性知识（或称"命题"）可分为联结和运算两种类型：具有信息意义的命题称为"联结—陈述性知识"（或"联结性命题"），既具有信息意义又具有智能意义的命题称为"运算—陈述性知识"（或"运算性命题"）；同样，程序性知识也可分为"联结—程序性知识"（或"联结性程序"）和"运算—程序性知识"（或"运算性程序"）。联结性命题的获得只需要运用联结性学习的机制来进行命题的学习，运算性命题的获得要运用运算性学习机制来进行命题学习，这是教师设计与教学的基本依据。对于"联结—陈述性知识"的教学，主要教学目标是使学生高质量地获得以命题形式为表征的知识和结论，实现知识的信息意义；教学中应着重考虑如何使学生清晰地辨析所要建立联结的各个激活点，如何在知识的最佳背景中形成所要形成的联结，如何将已有的联结组织运用到原有知识结构中。对于"联结—程序性知识"，教学目标是使学生熟练地掌握，并进行某项活动的一系列操作，实现知识的智能意义；教学中要考虑如何使学生清晰完整地将整个程序的各个操作步骤联系起来并正确地在相应的任务情景中进行这一系列的操作，如何使学生将这个已形成的操作程序组织到原有的知识结构中。对于运算类知识教学的基本目标是，既要使学生获得知识结论，即形成命题或形成有关操作程序，将所获得的知识组织到一定的结构当中去，又要使学生进行该知识蕴含的运算，同时获得知识的智能意义。

  命题模式主要是由命题和简单命题的关系及操作性知识构成，掌握这些知识对提高数学推理能力具有重要意义。

  第一，深化知识系统，完善认知结构。在数学知识体系中，存在着两种知识，即陈述性知识与程序性知识；同样，在数学知识关系中，存在着两种知识的关系，即联结关系和运算关系。它们都存在于数学命题的结构形式之中，对数学推理产生重大的作用。陈述性知识在数学里具有一种再创知识的本领，它能在工作记忆中把几个激活的节点连接起来形成新的命题，这说明掌握命题模式对创造性学习具有积极作用。陈述性知识在命题模式中的再创性本领表现在联结、精加工和组织三个环节。所谓联结，是指随着命题的物理形式的刺激进入工作记忆中，激活了长时记忆中相应的节点，同时激活了与这些节点有关的若干旧命题，这些节点在工作记忆中被连接起来构成了新的命题。所谓精加工，是指将新形成的命题与所激活的旧命题进行加工、整合，按照一定的关系构成局部命题网络。所谓组织，是指将所形成的局部命题网络组织到宏观的知识结构中去，即放到长时记忆相应的位置中去。这是陈述性知识获得的基本过程。

  程序性知识的获得过程不同，个体所要学习的是在某种条件下要采取的某项操作或某系列操作程序，并能按程序完成整个操作。在这个过程中，首先是条件认识，其次是操作步骤。条件认识的学习是学会辨别刺激是否符合该产生式的条件，并按照一定的规则去辨别或识别某种对象或情景；学会按一定的程序或规则进行一系列操作以达到目标状态的过程。操作步骤是对思维结果进行逻辑整理。整理思维操作的结果是一项谨慎而细致的程序：对思维条件进行分析、综合，以存在意识为主导、以思维意识为指挥，以感知组织获得的知识为原材料，以逻辑分析和逻辑推理为生产手段，生产指挥思维意识的动作活动。知识原材料同思维操作意识有着直接的关系。知识原材料的数量和品质，决定着操作意识的质量和性能；操作步骤受知识原材料的制约，有意识思维操作通过对感知组织获得的知识进行分析处理、产生操作的动作行为。

第二，明确知识意义，体验获得过程。数学知识体系是一个"相亲相爱"的集体，这个集体随着知识间静态关系的激活或改变产生更有价值的关系；这些新关系促进命题由低级向高级发展，新关系比原有关系的总和更有意义。任何知识都有多重意义，对掌握知识具有重要作用的有存在意义、信息意义和智能意义。存在意义体现知识的客观存在，是物质空间客观存在的事物或现象；知识的存在意义提供了认识科学规律的基础，是认识准备状态产生的条件。信息意义用来指导思维动作的选择，能揭示客观对象一定的性质、属性或规律；知识的这种信息意义是以显性的形式存在，即以符号为载体的知识结论的形式而存在。智能意义是知识的价值与智慧，对发现、创造产生着积极的影响；知识在被运用时，以静态的形式蕴涵了人们形成该知识的智力活动方式，这种智能意义是以隐性的形式存在的，它隐含在知识的结论之中。在掌握知识的过程中，知识的存在意义、信息意义和智能意义有利于激活信息的联结机制，促进信息的迁移和转化。数学知识的获得都是意义的获得。例如，有的知识可以运用联结性学习机制来获得，这类知识称为联结性知识；有的知识需要运用运算性学习机制来获得，这类知识称为运算性知识。联结性知识具有信息意义，因为其获得只需经过联结活动而不需经过复杂的认知操作活动，知识在智能方面只是蕴涵联结活动，并没有蕴涵认知操作或运算。运算性知识具有智能意义，能帮助学生对各种知识继续选择和概括形成具有结构的关系和智能体系。

学生掌握知识的状态有两种可能：一是在教师的正确引导下，大致重复人类产生该知识时的智力活动去获得知识结论，这样既获得了知识结论又形成了相应的智力活动方式，从而使智力获得提高，但要防止产生学生被迫学习的状态；二是由于教不得法，教师在引导学生掌握知识时没有引导他们进行挖掘该知识所蕴含的智力操作活动，而是让学生以联结学习的方式将知识结论接受下来。这样一来，学生虽然获得也理解了知识结论，但并没有掌握该知识所蕴含的智力活动方式，学生在获得知识的同时并没有得到应有的智力训练。所以，只实现了知识的信息意义，而无法实现其智能意义。对于不同智能意义的知识，应有不同的教学目标。对于联结性知识，教学的主要目标是实现知识的信息意义；对于运算性知识，在教学过程中就需要引导学生通过进行该知识所蕴含的智力活动来获得知识结论，即在实现知识的信息意义的同时实现知识的智能意义。在教育家布鲁纳创立的教学理论中，强调知识是一个过程，提倡用发现法教学，让学生经历发现知识形成过程而获得知识结论。然而，发现教学只适应运算性知识的教学，而联结性知识的学习是无须也不应该用发现法的。

第三，完善思维操作，提供技能支撑。由于数学关系的演变不断产生着新的关系，为思维操作带来了更大便利和运用空间，知识也在这些关系中不断发展，为思维操作细节的完善奠定了智力基础。所谓技能，是指人通过练习获得的顺利完成任务的一种动作方式。动作熟练就会形成技巧，所谓技巧是指技能通过长期练习所达到的新的水平。技能的形成与知识掌握密切相关。技能的形成常以相应或相关知识关系的理解为基础，没有具体的知识及对知识关系的认识和理解，技能就是一个空虚的口号。技能也是相对于某一具体对象而言的。例如，工人的技能不可能通过做商务采购来获得，工人的技能也不可能在商务采购中发挥作用。也就是说，技能只能在相似关系中迁移。技能也是实践的成果，没有实践的操作，技能仍然是一个空虚的口号。例如，一个人想学游泳，看了很多游泳方面的书，对游泳的环境、动作理解得很透彻，只是没有下水，他认为已经学会游泳了，于是有一天他跳到深水处游泳，谁知那些知识一点儿也没有用，他一面挣扎一面下沉，最终葬身鱼腹。技能的形成是阶段性的：在技能形成的最初阶段只能掌握局部的动作，在试图掌握全部技能时，往往会发生顾此失彼的现象；经过多次反复的练习，可以初步掌握比较完整的动作；再慢慢过渡到动作的协调和完善。技巧是技能专一化的表现，是技能训练在多次强化某个方面的动作所表现出来的水平。对于掌握数学、培养数学技能而言，技能要靠不断地进行有针对性的数学训练才能形成和强化。数学技巧是在技能的基础上针对某一操作进行思维格式的练习而成的，其特点是视觉控制降低到最低程度、多余动作完全消失、活动套路自动化。技巧必须受到意识的监督使动作自动化，意识要干预和指导这些动作，这是技巧达到完善程度所必需的。练习之于技巧、技能的形成，犹如复习之于记忆的巩固一样，是不可缺少的。

练习是仿效活动，复习是迁移活动，而技巧是智力活动。练习的进步总是先快后慢，开始是预定目标的练习，其次是局部动作的练习。在练习过程中，进步一般不是直线上升的，而是呈现波动现象，有时进步，有时没有进步，有时还可能倒退。学习活动越复杂，这种波动现象就越明显。技能形成过程中的练习要有意改变旧的活动结构和方式，制造练习的波动现象来促进技能的形成。

技能或技巧是对数学关系进行深刻领悟才有的经验。数学技能训练离不开数学知识和数学命题的应用；反过来，数学新技能又以更高级的动作对数学知识和命题进行加工重组，产生新的数学关系，这也是数学自身发展的一个规律。技能在形成过程中，思维重组是不断完善的。一是从活动结构的改变上，许多局部动作联合成一个完整的动作系统，使动作由具体上升为概括，动作之间的干扰现象及多余动作随之逐渐消失。该动作系统逻辑严密，程序清楚。二是从动作的速度上，使动作速度加快和提高动作的准确性、协调性、稳定性和灵活性。三是在动作的调节上，视觉控制减弱，动觉控制加强，产生自动化效果。

培养学生的学习技能，需要帮助学生掌握操作性知识，增强有意识的操作行为，积累操作经验。

第一，活动和工具的掌握。传统的教学观认为，学习发生与否取决于教师，学习的过程就是教师呈现、组织和传递知识的过程，学生的任务就是要像"海绵"一样，尽可能多地吸收教师传授的知识。现代教育观点则倾向于将学习看作学生自己的事情，学习是主动地、有目标地获取知识的过程，学生必须对自己的学习负责。在这个学习过程中，教学活动是教学效果的有力保证，教师要设计相应的活动，包括师生互动、生生互动、练习交流等，训练学生掌握知识和应用知识的技能。学生通过主动、不断接受和消化教师所提供的信息，努力体验互动所获得的相关经验，再由训练获得知识的内化，学生能以一种具有个人特点的、有意义的方式来构建自己的知识结构。在教学活动中，除了学生对知识的掌握，教师还要对数学方法的应用进行设计。知识和方法总是联系在一起的，数学知识的形成既离不开社会实践，也离不开数学方法的运用。在教学活动中，要让学生在知识的应用中掌握方法，在方法的运用中提升知识的概括。方法的运用本身就是工具的选择，运用过程要力求规范。学生每学习一个或多个新的知识，都必须掌握新知识应用的方法。在教师的指导下，学生应被严格要求，以逐步掌握方法应用的规范性和逻辑性，形成良好的操作习惯。教育实践表明，教学矫正活动，会大大影响练习的进程，使成绩在一定的时间内停滞不前，甚至倒退。方法的规范操作，正像写字的动作和姿势训练一样，开始时就要注意，否则后期动作矫正就困难了。所以，一定要慎终于始。

教学活动的设计，一定要有明确的目标，要让学生明确活动的要求和程序，从而沿着正确方向前进，以促进活动效果的提高。

第二，教师做好示范动作。教师是联结学生和教材的桥梁，从心理学的角度，教师是影响学生和教学过程众多因素中最积极、最活跃的一个因素，也是主动的、能影响其他因素的因素。教师对学生的影响是在特定的环境和特定的活动中进行的，这种影响可以是有意识的也可以是无意识的，可以是系统的也可以是零碎的。在教学活动中，教师是活动的主导，会有意识地对学生施加影响；学生是活动的主体，也会以有意识、有系统的学习来接受这种影响。在这种环境下，教师的示范动作对学生有显著的积极影响。在活动中，教师的示范作用体现在两个方面。一个是教师应用知识解决问题的效果。教师选择的范例在学生思想中形成了有兴趣的问题，能激发学生的求知动机和愿意动作的倾向；教师独特的分析思路和严谨的语言表达能调动学生学习的热情并增强其浓厚的学习兴趣；教师恰当的知识取舍和数学方法的精辟应用能解开学生学习中的心理疙瘩，使学生获得非常重要的经验借鉴。教师的这种示范能够帮助学生解决旧知识与新知识、感性材料与语词表述的矛盾，可以让学生茅塞顿开，并获得惊奇与喜悦。事实上，新旧知识既是有联系的又是有区别的，在活动的示范中，教师必须引导学生运用有关旧的知识对新的知识进行细致分析，从不同方面进行比较、抽象和概括，在联系中揭露矛盾、在矛盾中识别差异，最后达到对新知识的理解和准确应用。这个过程是复杂辛苦的，且难于组织又费时。在学习新知识的过程中，感性材料是很重要的。如果学生缺乏相应的感性材料，那么对新知识的语词理解和体验就不深，即使学生并不缺乏相应的感性材料，也不能及时从记忆储存库中提取对新知识有帮助的材料；如果是这样，教师就必须从头、从实际出发，帮助学生重组再造想象和创造想象的思维活动，提取和组织相关的印迹，促进学生对新知识语词的理解以达到教学目的。教学实践表明，知觉的对象越直观具体，获得认识的可能性就越大、认识的效果就越好。显然，教师的范例用具体数学问题分析，去解释抽象知识，去认识新旧关系，远比对抽象知识进行唠叨的解释要高明得多。另一个是教师动作行为的效果。教师是以其全部行为和整个人格来影响学生的。一般来说，教师的这种影响是无意识的，学生接受这种影响也是不知不觉的。教师的言行举止、姿势和动作规范都无形中促进了学生的学习，是激励学生好学、上进的动力。教学活动主要是"言教"，强化教材和知识的意义，放大信息吸引学生注意；教师以自身的实际行动影响学生则是"身教"，身教能增强直观性、促进学生的意义理解。"言教"与"身教"相辅相成，教育的效果才完美。例如，在教学过程中，当学生学习的自觉性、积极性不高时，教师可以通过自己的活动来引起或提高他们学习的自觉性、积极性；教材不适当时，教师可以灵活运用教材或对教材进行加工，使其适应当前的具体情况；规定的教学方法和教学过程有问题时，教师可以在教学动态中设法改变这种环境；等等。总之，教师的教学过程是一个"活"的动作示范过程。

第三，教师对学生的练习要加强指导。在教学活动中，练习是必不可少的环节，指导学生的练习既可以在活动中不连续的间隙插入，也可以用专门的时间进行综合指导。练习前让学生知道练习的目的，熟悉所学的技能和基本知识，明确正确的练习方法，这样可以大大提高学生练习的自觉性，避免盲目地进行练习。

练习中尽量不要影响学生的思维，教师要巡堂观察，了解学生练习的心理需要，适当进行个别点拨；如果存在的问题比较普遍，要在练习结束后进行评讲。练习后要使学生知道每次练习的结果，培养学生自我检查的能力和习惯；同时，教师要对重点和难点、疑点进行解读，便于学生及时总结或用错误来强化认识经验。活动中的练习不仅仅是练习新知识，更重要的是通过练习把新知识同旧知识联系起来，体会它们的关系和意义，掌握新旧知识综合应用的方法，从而完善认知结构。要做到这一点，练习所提供的问题应当是基础的、有意义的。也就是说，在有利于基础强化的同时，要让学生有兴趣练习，这是练习动机问题。教师的责任在于把学生的好奇心成功地转移到探求科学知识上去，使这种好奇心升华为求知欲。同样，练习能促进新旧知识的联系，具有迁移作用。学生在数学学习中普遍存在着迁移现象。迁移作用表现在，旧知识的加工向新知识迁移，新知识的理解向表达迁移，零碎知识向系统化知识迁移，原有的思维动作向新的思维动作迁移。倘若教师在教学中能创设适宜的迁移情景，运用好迁移规律，充分注意正迁移及其产生的条件，就能促使学生产生学习的正迁移，使学生自觉地运用已有的认知结构不断地去同化新知识，从而调整、扩充和优化原有的认知结构，构建新的认知结构，提高学习效率。另外，练习也是速度和意志的锻炼。在练习中，应引导学生正确掌握练习时对质量和速度的要求。一般而言，初次练习的速度不要求太快，先用时间来换取经验，这样可以保证练习活动的准确性，可以及时发现错误和困难，以便纠正和克服。教师对基本动作要求要严格，特别是语言的置换要等价；要指导学生反思练习过程，要求每一步合情合理、有据可查，要求表达清楚、动作规范。练习到一定的时间后，在保证质量的前提下，适当要求加快速度，锻炼思维品质。同时，教师要注意合理分配学生当堂练习的时间。一般来说，适当分散练习比过分集中练习要好，不仅能很好地利用时间，且有利于学生学习技能水平的稳定与提高。

3. 关系模式

关系模式是数学逻辑关系中范围更广的一种结构模式。它可以是概念之间的关系，也可以是命题与命题之间的关系，还可以是不同数学对象之间的相似关系，等等。掌握一定的数学关系模式对培养数学推理能力有重要意义。熟练地掌握一些关系模式的运用，不仅可以缩短解决问题的时间，更能使数学表达准确、简洁。

在数学推理中，关系推理也是一种重要的思维形式。关系推理是以关系命题为前提，并根据关系的逻辑性质进行的推理。关系推理分为纯粹关系推理和混合关系推理。前提与结论都是关系命题的推理就是纯粹关系推理，如直接关系推理、间接关系推理；既有关系命题，又有其他命题的关系推理就是混合关系推理。

在人的思维中，除了抽象，还经常进行着相反的过程，即具体化过程。具体化是举例说明或解释概念、原理的过程，或概念的还原过程。在关系模式中，先是比较概括，形成认识观念，使之能够运用；而后才是检验，经过多次具体化实践，使关系模式巩固下来。

数学的生命力在于各部分之间的联系。只有这种联系，才能够构成知识间的结合，而形成新的数学问题；也正是这种联系，数学中才有了概括的思维方法。数学中的系统化和结构化正是关系模式存在的反映。系统化是通过分析综合，把整体的各个部分归入某种顺序。在这个顺序中，各个组成部分彼此发生一定的联系和关系，构成一个统一的整体。这个整体发挥的功能就是模式的功能。在教学活动中，不仅要教会学生懂得一些知识，还要教会学生经常注意使用自己理解了的一些知识，并掌握一些系统化的方法。学生系统化的思维过程是和比较、分类、抽象、概括、具体化等过程密切联系的，是和掌握概念、建立概念系统和关系系统等过程密切联系的。数学的结构化是系统化的进一步加工和组织，知识形成的结构化，有力保证了知识应用的格式和逻辑要求。系统化和结构化就是数学关系模式所具有的特征。关系模式体现了思维的问题性，思维的问题性为关系模式打下了基础。数学思维的问题性是与数学的问题性相关联的。由于数学思维是解决数学问题的心智活动，它总是指向问题的变换，表现为不断地提出问题、分析问题和解决问题，使数学思维的结果形成问题的系统和定理的序列，达到掌握问题对象的数学特征和关系结构的目的，所以问题性是数学思维目的性的体现，解决问题的活动是数学思维活动的中心。这一特点在数学思维方面的表现比在任何思维中的表现都突出。

在数学教学中要重视学生关系模式的形成。首先要求学生弄明白数学概念和基本原理。概念是组成数学的基本元素，也是数学知识演进的强大动力。概念产生于社会实践，也在社会实践中发展。如果没有弄清概念、原理，就不可能掌握简单的关系，更难形成关系模式。数学命题是基本的数学关系。它是由概念关系的判断所形成的具有相对稳定的数学关系，在特定的条件下就会被激活应用。命题关系也是形成数学关系模式的重要基础。其次在教学活动中，要善于举出好的数学范例，与学生一起分析、寻找规律，并掌握相应规律的适用环境和条件。好的数学范例是对教材知识的再现与强化，有利于学生回忆旧知识和经验，有利于调出形成在关系模式中的相关知识和规范使用的要领。教师要帮助学生在众多规律中进行比较，并概括出适合自己的关系模式。最后，要让学生多练习相似和接近的数学问题。这主要是指巩固模式中具有特殊重要作用的概念模式和命题模式，并不时刺激概念模式与命题模式之间的联系，使其更好地构建经验体系。关系模式比之概念模式、命题模式更需要学生自主构建，需要提供给学生自主学习的机会及反思总结促成经验的机会，使多次实践的收获上升为一定的、具有个性特征的、比较稳定的经验，从而形成一定科学的关系模式。

关系模式，是由数学知识内部规律和内在联系形成的关系系统，这些关系被保留在主体大脑的记忆库中，只要环境适当，就会将其从记忆库中提取出来。关系模式的特点是善于解决旧知识与新知识的矛盾。旧知识与新知识的矛盾表现为，它们之间既有联系又有区别。鉴别是联系的，就会激发联想，为解决问题服务；鉴别是区别的，就加以转化，为需要所用。学生在构建关系模式中受到多种因素的影响，其中影响最大的是教材、教师和学生自己。

第一，教材对学生的影响。学生学习需要教材的支持。尽管已经有教师对教材进行了解释和强化，但由于教师的语言信息量很大，加上课堂学习时间紧凑，不少来自教师的信息就会遗漏，甚至随着部分次要信息的干扰，使重要信息不能被及时捕获，从而妨碍了学生的学习。因此，学生需要通过回归教材，从教材中弥补信息的损失。然而，教材具有信息的单一性和信息的静态格式，很难从中发现与教师讲授对等关系的信息，至多可以从教材的例题中体会到一点有用的知识和方法。由于教材对知识的解释不够具体和细致，学生较难构建较为丰富的产生式和关系式。在教学活动中，教师要关注这一客观情况，在活动中尽量简化语言、强化重点、解决要义，让学生在教学活动中理解教师对教材的强化；同时，要加强活动的练习，培养学生的动手操作能力，让学生尽可能多地在活动中获得认识，以弥补因教材在关键地方知识不够具体和细致的损失。教师在解释知识时，要紧密联系教材，让学生明白这个知识在教材中的位置，便于课后学生阅读教材时的理解和学习。

第二，教师对学生的影响。由于教师是一个动态的因素，所以教师对学生的影响应做具体的分析。如果教师对教材理解深刻，对知识的意义和作用掌握得很清楚，同时教学活动的组织清晰、讲授到位，学生听得也很清楚，那么学生纳入新知识、构建新关系就会比较顺利。如果是这样，在教学活动中，教师对学生的影响显然就只有两个方面了。一是教师的语言及语言量、语速和准确度是其中最关键的两个因素。因为教师语言是对教材的强化，主要是对知识的易化、深化和活化。易化把知识变得直观、简单，具体化的例题是学生最容易感知的，教师应当把知识变得简单些。深化的作用是深刻理解知识的意义、产生的背景和它与学生原有知识的联系和区别，需要分析比较，达到内化。活化是要解释知识应用的环境，让学生掌握知识问题化的思维方式；传授给学生用知识讲释问题的方法，既让学生学会提出问题，根据问题找知识，又让学生学会分析问题，最终达到解决问题的目的。教师语言量要适中。一般来讲，语言要精练，不要拖泥带水，不要有多余信息，以确保学生更多地捕获教师的重要语词。但往往语言并不是绝对的"精"，这与学生的接受能力有关，遇到这种现象，教师要稳定心态，在必要时进行重复的解释。因为，讲解的目的是要让学生能够消化、明白新知识。数学教学语言的准确度是指语言要标准，注意数学语言的精确性，也要注意自然语言的选择，防止自然语言的随便流入。二是教师要注意问题选择的角度。其一，问题应直接来自知识，尽量不去修饰和过多改造，只要能让学生及时将新知识纳入经验体系中就可以了；其二，问题要与相关的方法紧密联系，因为学生理解了知识，不一定就懂得知识的正确应用，即使懂得知识的应用也不一定认识到知识的智能意义。所以，选择的问题必须与方法联系起来，便于学生整体理解知识。

第三，学生自己影响自己。学生自己为什么会影响自己呢？原因有三个。一是习惯因素。习惯对成功的影响具有两极性，要么推动成功，要么抑制成功。推动成功的习惯一般是学习认真、积极思考、独立完成作业、有问题及时找老师弥补、做事细致等，这是学习的一种好的品质。这种品质能推动学习的进步，使学生在学习中有坚强的意志，有学习的目标和方向，善于反思总结经验，也善于吸收教材和老师的经验。抑制成功的习惯表现为学习态度较差，把学习看成任务和负担，不愿听讲、不爱做作业，学习兴趣不高，情绪萎靡，这是一种不好的学习品质。这种品质使学生不求上进，贪玩、懒惰、缺乏自尊心，对学习抵触感强。二是思维因素。情绪源于思维，是一种源于思维的"内部工作"，思维的倾向性通过情绪表现出来。消极的情绪源于消极的思维，积极的情绪源于积极的思维。思维是一种强大的工具，思维过程能创造个人的经验和现实。思维积极向上，就能带来好的学习心情；有了好的学习心情，就能保护思维的积极性，也就利于构建经验性思维，巩固数学已有的关系模式。思维消极，情绪也就跟着消极，自然会影响学习行为并导致学习成绩下降，基础也就会越来越差。三是注意力因素。注意是一种心理反应，注意力表现为这种反应的程度。注意的弱点就是稳定性差，注意力易涣散。注意的稳定性差指注意力集中的时间短，有严重的波动，不利于集中精神学习。注意力易涣散与学习习惯有一定的关系。在教学活动中，学生做小动作、眼神不断转移、心神不定，均会影响听讲，从而捕获不到重要的信息。在教学中，教师要善于判断学生的注意，关注学生的坐姿、表情、眼神等，要培养学生的注意。因为，注意是学习的重要条件，是影响学习成功或失败的关键。

在教学活动中，学生一般都要接受教师的正面影响。一是促进学习。在教师的指导下，学习具有明显的自觉性、目的性和一定的创造性。二是增强模仿力。虽然模仿是心理水平较低的一种学习方式，虽有目的性但水平不高，然而随着模仿经验的增加，形成了对知识感悟的体验，模仿就会成为经验的创造者。因此，初次接触新的知识时，必须强调学生的模仿能力，为构建关系模式奠定必要的基础。学生的模仿活动只有在接受教师的指导时，才会逐步形成自觉性和创造性。三是提高对暗示性语言的理解能力。一般来说，受暗示性支配的学习活动，其心理水平是比较低的。但由于数学各类问题都会设置暗示性语言，只不过有的暗示明显，有的暗示隐蔽。教师在讲授中会经常解释暗示语言的作用并进行分析，使学生在这种熏陶中提高对暗示语言的捕获、分析和理解能力；同时，教师的示范动作也给了学生更多的帮助，在学生学习技能形成中起到了很大的作用。教师既可在结合说明动作要点和要求时示范，也可在学生实际训练时或在纠正学生消极动作时示范。

关系模式主要是由概念关系和命题关系及其相互联系形成的复合关系构成的，掌握这些知识和关系对提高数学推理能力具有重要意义。

第一，加强知识管理，增强知识的凝聚力。关系模式是数学知识系统的高级管理者，能帮助澄清知识间的模糊关系，能运用比较思维明确知识的意义和特点。数学关系是比较复杂的体系，没有清楚的关系结构是很难把知识理清楚的。又由于知识的多样性和相似性，没有清楚的关系结构，在操作应用中会导致矛盾和疑问，造成心理烦恼。知识本身有结构，掌握知识后也会形成经验性的结构。如果没有关系结构，就很容易产生混淆，使知识杂乱无章，严重的会导致记忆减退，甚至把原本已经记住的东西忘掉。在学习中，加强知识的整理，维护关系模式的稳定和提升，对于增强学生的学习兴趣、提高学习能力是十分有利的。在教学活动中，教师不仅要讲清知识的意义、厘清知识间的关系，更要注重建立知识间的联系、强化知识在关系中的作用，从而构建学生学习中的关系结构。

第二，维护学习欲望，不断生成学习动机。动机是激励行动的一种心理状态，是由生理满足的需要引起的。学习动机就是学习动力，它对学习过程和学习效果两个方面都有影响。有强烈的学习动机，就会表现出浓厚的兴趣、积极的态度、集中的注意和克服困难的毅力，产生良好的学习效果。学生的学习动机，在其意识中就是一种学习的欲望。动机生成的机制从哪里来，对于学生而言，因为他没有其他因素作为激励的条件，所以仅有的机制就是他学习的成功感和自我效能感。成功感必定来自数学基础扎实、知识结构合理、经验结构稳定，表明学生的数学关系结构清晰。自我效能感必定是自信和自我胜任力强的表现，同样是来自数学基础扎实与数学关系明晰。有了强大的数学基础，有了动态稳定的数学关系结构，就有了追求学习的信念，以及追求知识结构化与系统化、经验结构化、关系结构化的良好欲望，就会成就思维与智力的发展。

第三，巩固思维动作，提高迁移水平。学习动作分为心理动作和肢体动作。肢体动作靠心理动作指挥，心理动作靠肢体动作完成。动作的表现形式是语言，语言是动作的记录。由心理动作生成心理语言，心理语言指挥肢体动作，再由语言记录肢体动作。显然，这个过程有一个联结处，就是心理语言与肢体语言是否是等价的。也就是说，由心理语言到肢体语言有一个翻译的过程，翻译的对价度反映了知识系统和经验系统是否等价，进而也反应了数学关系系统是否清晰明了。如果系统的知识与经验分类清楚、关系明确，那么语言转换就是等价的，否则就是失真的。如果转化失真，说明系统中的知识、经验和关系是杂乱混淆的。因此，掌握了强大的关系系统，以此作为学习的后盾，就会加固思维的动作转换与提高解决问题的准确度和经验水平。如果操作能力稳定提高了，自然有利于知识迁移和能力迁移。

推理是数学的基本思维方式，也是人们学习和生活中经常使用的思维方式。能进行推理是理解数学的关键，推理能力的发展应贯穿整个数学学习过程中。推理一般分为合情推理和演绎推理。合情推理重在"发现"，有利于培养学生的创新精神，并通过提出观点、探索现象、验证结果、做出数学猜想，使学生明白数学的意义和合理性。演绎推理的主要形式是三段论，它是从已知的基本原理出发，去研究面临的新问题，它是逻辑的、精巧的、严谨的和清晰的。

第二节　操作思维在数学学习中的应用

根据学习操作理论，操作是强调个体心理活动的定向操作结构。这种结构是个体在操作时被经验和活动中的发现所约定的，因此知识与动作包括技能就变得协调起来。这里的动作被认为是思维过程最基本的结构单位，作用于客体的实际动作，已转化为思想方面的动作及代表这些客体显示的完善的智力动作组成的操作结构。因此，操作动作的关键是努力解决好知识和动作的联系问题。行为动作转化为智力动作有三条基本原则：第一，在思维活动中，必须引用概念、观点和方法，否则思维就难以连续，动作转化就没有物质基础；第二，把思维活动划分为各自独立又密切联系的智力动作，即用心理语言解释的智力节点；第三，在外部动作的内化过程中转化为智力动作的内部语言，反过来又通过思维的外化获得操作结果的完全表述。认知操作有两大功能：一是帮助学生形成解决各种数学课题和各种类型学习的认识，即认知活动体系；二是使学生能对确定数学课题类型及其解决方法的定向进行概括。这两个功能的意义是建构操作的智力模式。所以，操作的认知活动体系和定向智力概括都反映了操作思维的心理模式。

操作思维是复杂心理活动的一种动作心理，它是内外动作相互支持在直接行为上的反映，操作思维过程是双重动作在时间上的延续。操作思维是学生学习数学的一种重要思维形式，努力运用一切条件去追求动作效果的可能性就称为操作思维能力。

操作思维能力是由动作效果体现的，为了达到数学活动的目的，往往需要选择某些或某个行为动作，由其内化转为智力动作，形成思维语言，再通过心理动作的外化转为直接的数学语言。这种动作效果需要有数学基础知识，更需要有操作方法的支撑。

掌握数学最重要的是要学会数学推理。推理是从一个或几个命题推出一个新命题的思维形式。如果把数学逻辑结构中的各种关系都看成命题，那么数学本身就是由最初的命题或是"思想上的规定"依附于一定的逻辑关系演绎而成的。于是，由一个或几个命题推出一个新的命题就是数学操作中的一个或几个动作。掌握数学也意味着会解决数学问题，数学问题相当于一个小"数学"，因此它也是由一个或多个命题组成的。解决问题就是按一定的逻辑要求把一个个动作联结起来，解决问题本质上也是数学推理，是数学操作的一个具体实践。在数学中能执行操作的智力动作有比较、分析与综合、归纳与演绎、特殊化与一般化等。

一、比较

比较存在于一切事物当中。比较是人类思维活动的鼻祖，也是人类意识能动性的基础，它的产生基于事物的相关性与差异性。比较认识的状态就是一种思维形态，人们在比较中认识事物的不同点与相同点的方法就是比较思维方法。比较思维方法存在于一切思维活动中。

比较思维是根据一定的需要和一定的规则把彼此有一定联系的人物、事物、事实或事理加以对照，通过把它们的活动规律与人的思维经验联系起来，加以分析和归纳，找出其相似性、不同点，并由此判断和厘清人物、事物、事实或事理、处理问题的思维方法。所以，比较思维有明显的特点。

其一，比较具有可选择性。其主要体现在可比较的内容上。比较时，人可以根据自己的需要，自主地、有针对性地选择比较的内容，选择好内容后才能进行分析与总结。由于比较的可选择性，使客观世界变得鲜活起来，从而促进了人的思维活跃，增强了人认识客观事物的效果。

其二，比较具有广泛性。由于事物的广博性与思维的多方向、多领域性，增加了人们对各种事物认识的难度，而比较是思维活动的添加剂，能帮助人们确定思维方向并提高思维的效率。比较无处不在，只要是思维能够涉及的领域，比较就会随之而行。这说明比较又具有多样性，即比较种类的多样性、比较视角的多样性和比较内容的多样性。这样人们可以根据作用、目的的不同，从不同层面、不同方向做出比较，从而提高分析综合水平。但比较思维的方法不是固定不变的，它会随着认识的强化发生变化，是一种发展的思维方法。

其三，比较具有兼容性。比较思维方法能吸收其他的认识方法为其所用。例如，分析和综合在经验性思维水平上的统一就表现在比较中，特殊化与一般化、归纳与演绎等都可以运用到比较思维的分析操作中。比较也是所有抽象和概括的必要条件。可见，兼容性是比较思维方法活力的来源，体现着其顽强的生命力。

比较是一种智力动作，通过比较从物体和现象中分出单独特征，找到它们共同的或不同的特征。即根据事物的共同性与差异性对其进行分类，将具有相同属性的事物归入同一类，具有不同属性的事物归入不同的类。由此可见，比较是从对比或对照物体和现象开始的，也就是从综合开始的。通过这种综合性动作，对被比较的客体进行分析，划分它们的异同并进行分类。分类是比较的后继过程。通过分类将共同的对象统一起来，也就是将客体又综合起来，这样就产生了概括。分类要选择好标准，选择得好还可能推动重要规律的发现。

比较有两种基本形式，即类比和对比。类比是将一系列事物对象中具有共同特征的对象分辨出来，这是肯定抽象的智力动作；对比是在一系列事物对象中进行特征对照，将特征相对立地揭示出来，这是否定抽象的智力动作。

数学中的比较是多方面的，包括数学概念的比较、数量关系的比较、形式结构的比较、数学性质的比较及数学方法选择的比较等。数学对象的差异性和同一性是进行比较的客观基础。比较数学对象的差异性，可以将数学对象加以区别；比较数学对象的同一性，可以认识数学对象间的联系；比较数学方法的适应性，可以强化数学应用技能。

类比推理在人类的认识活动中，特别是在创造性思维活动中有着重要作用。数学比较中的类比思维方法对促进数学发展有重大效果，数学理论的创立和进一步完善是人类长期实践及高度分类、对比与创造而积累起来的思维精华。人类在漫长的社会实践中，在改造大自然的策略中，不仅逐步形成了认识客观自然的思想，从经验系统中创建和抽象了符合科学认识规律的思维系统，而且掌握和发展了探索自然奥秘的科学思维方法。数学类比思维方法就是人类长期社会实践的产物。

数学类比指在数学问题的研究中由特殊到特殊的推理动作思维，它与联想发生着必然的和本质的联系。其推理过程是从某一具体对象的属性，在直觉思维的启发下联想到另一对象已获得的相同或相似的属性，并以此为依据，把其中某一对象已知的属性迁移到另一对象中去。显然，数学类比思维方法就是根据两种数学对象类似之处的比较，由已获得的或筛选出可能有用的知识信息，通过思维的内化旁生和引出新的结论和关系的一种准逻辑的推理方法。

类比是数学思维的表现形式，十分强调数学事件之间的内在联系，强调用联系而不是孤立的观点看待问题，只有这样，才能提供联想的契机。提倡这种联系的观点才能提供联想的时空和背景，进而发现新问题。新问题的解决，所产生的新思想、新方法，其收获与意义将比原两类对象简单相加之和大得多。法国数学家拉普拉斯指出："甚至在数学里，发现真理的主要工具也是归纳和类比。"

类比从感性的相似发展成为理性的本能是潜意识作用的反映，但又并非一种严格的推理方法，是在直觉与想象下的一种非逻辑推理。欧拉将有限方程与无限方程进行类比，最后导致的结果是否真实须加以严格的证明。但可喜的是，欧拉这种极妙的类比办法与严格证明的结果是完全一致的。

二、分析与综合

从逻辑思维关系上看，分析方法是在思想上和实际中将对象、对象的特征、对象间的相互关系分解为各个部分、各个因素分别加以考虑的逻辑方法。而综合方法是指在思想上把事物对象的各个部分、各个因素结合成一个统一体加以考虑的逻辑方法。从思维对象的因果关系上看，分析方法是在思想中执果索因，语句表达是把肯定语气变成假定语气；综合方法是在思想中由因导果，语句形式是"关系三段论"。从思维对象所满足的标准上看，分析方法是从结论追索到已知事实，应当满足客观对象有唯一明确的终点状态和每步推理存在可逆推理的条件；综合方法是从已知事实逼近结论目标，也必须满足用于推理的前提是真实的和每步推理是允许推理的。

分析方法与综合方法是从它们各自的出发点和思维运动的方向看的，虽然二者是相反的、对立的方法，但它们在整个认识过程中的关系又是辩证统一的。首先，分析是综合的基础，没有分析，认识就不能深入、具体、精细，就不能把对象的各个部分弄清楚，就不能正确把握各个部分之间的联系。只有弄清了每个部分的意义，才能了解整体上所包含的内容。其次，综合是分析的前提，对整体如果没有初步的综合，分析就不充分，甚至是盲目的。只有分析，没有综合，就会使认识囿于枝节之间，就难于通观全局、把握整体。最后，分析与综合在一定条件下可以互相转化。人的认识往往是从现象到本质、由低级本领向高级本领不断深化的过程。在这个过程中，从感性具体到理性抽象，从现象深入本质，从无序到形成有序，均以分析为主要特征。通过对各部分有了对本质的体验之后，就要用这个本质来说明现象或把分析的结果组合起来，在思想中形成一个完整的图式；在此基础上，可以提出假设和猜想，这个过程是以综合为主要特征的。由分析上升到综合后，当新的事实与原有理论发生矛盾时，认识必然又在新的层次上转化为分析，通过新的分析达成新的综合。因此，人的认识总是在分析与综合过程中不断深化和完善的。由此可知，对事物的认识，既不能任性分析、一意向前追溯认识的"终端"，也不能任性综合、一意向后推寻认识的结果，要合理把握分析与综合的契机，捕捉适合运用的信息。

数学新概念的形成是对数学事实进行比较分析、综合概括的结果，比较分析是为了发现本质属性，综合概括是对本质属性的语言表述。

数学新概念问题一般具有两个特征：一是已知关系或对知识本身的提出不是以已知熟悉的形式给出的，这些知识或关系往往都被符号语言掩盖，或通过知识移植后抹杀了其具体性；二是在叙述方式上提高了文字语言的理解难度，而且在知识的结合上也有较大的跨度。

数学新概念问题的解答也需要进行两个方向的研究：一是分析条件及其关系，分析结论或未知存在的形态，引出某些联想，这就是构思。构思，即表明解题计划已经开始运筹。这个计划实际上是倒退制订的，这就是分析问题固有的思维格式。一般来说，因分析目标引出的联想产生构思是自然的，是大脑思考问题时产生的行动念头。倒退制订计划是解题的一种有意义的活动。然而，倒退着制订计划有时也会遇到难以解决的问题，于是也需要辅之以顺着的思考，这样交替着从两端去推，可能就在某个中间地带建立问题间的某个联系。但也许这种联系的希望不大，即便如此，也可以从中受到某些启示，为倒退者思考问题提供寻找有希望的联系的手段和途径。总之，当倒退着思考发生障碍时，"不要过早地限定自己，不要过死地把自己限制在一条路上"。或重新倒退着思考，或借助顺着思考的帮助尽快完成解题计划。二是当倒退计划制订后，就要沿着计划相反的方向实施计划，即用综合的方法把思维过程表达出来。"当倒退着制订计划的工作已经成功，展布在鸿沟上的逻辑网络已臻于完善，情况就很不同了，这时我们就有了一个从已知量到未知量的从前往后推的程序。"分析与综合方法在解题中的应用，反映了制订计划与实施计划这种反变现象的客观存在。

三、归纳与演绎

归纳方法是指通过个别事实分析去引出普遍结论的逻辑方法。由于普遍是由大量的特殊组成的，因此通过由特殊寻找或发现一般规律是归纳方法的基本核心。归纳方法按照它的概括对象的范围或性质可分为完全归纳法、不完全归纳法和因果联系归纳法。完全归纳在前提判断中，已对结论的判断范围全部作出了判断，具有确凿的可靠性；不完全归纳是从部分推广到全体，归纳的结论具有不可控成分，但它是强有力的"发现"的基础；因果联系归纳是通过对事物对象的因果分析，推出该类事物中所有对象都具有某一属性。

演绎方法在思维方向上与归纳方法正好相反。它是从一般到个别的认识方法，即从已知的一般原理出发来考察某一特殊的现象，并判断有关这个对象的属性的方法。哲学家塔尔斯基说："演绎方法是构造科学时所用的方法中最完善的一个，它在很大程度上消除了误差和模糊不清之处，而不会陷入无穷倒退。由于这个方法，对于一个给定的定理的概念内容和定理的真实性提出怀疑的理由大为减少。"演绎方法的作用体现在两个方面：首先，它的科学推理无懈可击。在数学学习中，根据已知事实（公理、定理、定义、公式、性质）去论证或推出一个真实的结论就是演绎方法的意义。其次，它可以发现已有认识中的错误，是对理论揭示的逻辑检验，是揭露错误理论存在内在矛盾的重要工具。在数学学习中，练习、解题等训练活动几乎都运用演绎方法。教师应该重视演绎方法，尤其要重视用演绎法检验学习中、解题中是否存在逻辑错误。在数学中，完全归纳法与演绎法作为必真推理，是数学论证和表达的主要方法；不完全归纳法虽是似真推理，但个性中包含着共性，特殊中孕育着一般，按照对象的构成去观察归纳，可以形成探索性的观点，一旦这种观点达成，就可获得一种可以预见性的成功感。如果没有不完全归纳的初步概括，人们就无法形成抽象的科学结论，因此它在数学创造中起着重要的作用。

归纳方法与演绎方法作为完整的数学逻辑方法相互依存，彼此间存在辩证统一的关系。一方面，归纳方法是演绎的基础，演绎的出发点正是归纳的结果，欧氏几何体系的初始原理就是人类长期实践归纳的产物；另一方面，归纳离不开演绎，演绎是归纳的来源之一，又指导和补充归纳，同时概括出某种共同的特征也需要演绎的充分配合。这就是说，在由特殊到一般的过程中，由归纳获得初步概括，再由演绎获得新的层次上的归纳，依层上升达到归纳的目的。因此，归纳与演绎互为条件并相互转化，归纳出来的结论可以转化为演绎的前提，演绎的结论又可指导和验证归纳。

用归纳推理解答问题的方法是归纳方法。其特点是，从包含在论据中的个别、特殊场合下的事理，推出包含在论题中的一般原理。用演绎推理解答问题的方法是演绎方法。其特点是，所引用作为论据的是一般原理，而论题是特殊场合下该原理的某种表现形式。因此，使用演绎方法要注意把一般原理正确地、恰当地应用到特殊场合里。由于数学是演绎发展的结构，大量的问题都是由演绎推理形成的，所以掌握数学就意味着要掌握演绎的方法。

归纳方法是由具体、特殊、个别到一般的推理方法，在归纳过程中，演绎方法起着更重要的作用。没有演绎，归纳就不可能连续；同样，没有演绎，归纳结果的真实性也值得怀疑。在数学教学中，要教会学生归纳的方法，同时要让学生明白，演绎方法在归纳中是不可或缺的。

四、特殊化与一般化

特殊化方法是指从一般上升到具体的逻辑方法。它的基本形式有两种：一是以简单情形看待数学问题。当一个问题看不清楚时，就要把问题简化一下，简化问题或退一步看问题，都是为了看清问题，善于将问题推到简单情形可以为探索研究途径提供线索和积累经验，并成为解决问题的突破口。二是以特殊情形看待数学问题，即从众多已知信息中考虑极端的情形，着眼于某种数量达到极端值的对象或某种图形达到极端性的对象，并把数值的极端性质或图形的极端性质作为分析问题的出发点，进而达到解决问题的目的。

简单情形和极端情形是特殊化方法的两个方面，尽管它们都是为了简化问题的难度，但它们是有区别的。简单情形是把复杂问题退化到能入手的情形，然后对其逐级论证，并通过研究退化问题的启示，发现解决问题的途径。极端情形是对问题特殊性质的研究，这个特殊性质并不表示是一个简单的问题，它代表着问题结构中稳定不变的特点，利用这一特点可以使问题的全部结构明朗化，因而可一举突破问题的"防线"，获得并非验证性的成功。

一般化方法是指从特殊到一般的逻辑方法，是对具体进行抽象概括的过程。数学理论的相对完备性体现了它的概括性和一般性，高度的抽象是一般化的本质特征。恩格斯指出："纯数学的对象是现实世界的空间形式和数量关系，所以是非常现实的材料。这些材料以极度抽象的形式出现，这只能在表面上掩盖它起源于外部世界的事实。但是为了能够从纯粹的状态中研究这些形式和关系，必须使它们完全脱离自己的内容，把内容作为无关紧要的东西。"数学一般化的过程有的是建立在对真实事物的直接抽象程度上，有的则是建立在间接的抽象之上。在某些情形下，数学概念及其原理与真实世界的距离还可能相距甚远，以致被看作"思维的创造物和想象物"。

特殊化方法与一般化方法是一对辩证关系的反映。这是因为数学本身是具体化与抽象化辩证统一的结果，概念原理从数学内部理论来说要从具体到抽象，从数学外部反馈来说要从抽象到具体，即一方面需要更高的抽象和统一，另一方面需要更广泛的具体。从数学问题编制的角度来看，需要体现问题的一般性，以利于受试者获得较深刻的认识；而受试者又必须把抽象化为具体，以利于弄清楚数学内部的结构、性质，启发解题思路。从抽象回到具体是数学教学与学习的重要过程。学习任何一个数学概念、原理，为了弄明白它，都需要使它退化为直观的实际，这就是具体化。如果没有具体化的过程，高度抽象的数学理论就难以说清楚。从抽象回到具体，是一个辩证的思维过程。抽象不是空洞的幻想，而是对客观事物某一方面本质的概括和反映。数学实际是抽象上升运动的可靠基础。同时从抽象上升到具体的每一步过程，都应时时同事实相对照，并不断由实践来检验。数学正是与实际的紧密结合才焕发出灿烂的光彩，才具有如此强大的生命力。

在数学逻辑思维方法中，综合、演绎、一般化思维是抽象思维的表现形式，它们都是运用思维的力量，从对象中抽取本质的属性而抛开其他非本质的东西。分析、归纳、特殊化思维是概括思维的具体表现形式，它们都是在思维中从单独的只需要运用联结性学习的机制来进行命题的学习的，运算性命题的获得要运用运算性学习机制来进行命题学习，这是教师设计与教学的基本依据。对于"联结—陈述性知识"的教学，主要教学目标是使学生高质量地获得以命题形式为表征的知识和结论，实现知识的信息意义；教学中应着重考虑如何使学生清晰地辨析所要建立联结的各个激活点，如何在知识的最佳背景中形成所要形成的联结，如何将已有的联结组织到原有知识结构中。对于"联结—程序性知识"，教学目标是使学生熟练地掌握进行某项活动的一系列操作，实现知识的智能意义；教学中要考虑如何使学生清晰完整地将整个程序的各个操作步骤联系起来，并正确地在相应的任务情景中进行这一系列的操作，如何使学生将这个已形成的操作程序组织到原有的知识结构中。对于运算类知识教学的基本目标是，既要使学生获得知识结论，即形成命题或形成有关操作程序将所获得的知识组织到一定的结构中，又要使学生进行该知识蕴含的运算，同时获得知识的智能意义。

第三节　形象思维在数学学习中的应用

形象是指人脑对事物的印象。数学形象是指数学中的各种图示（包括图像和解析式）以物化的形式反映在人脑中的印象。因此，数学形象思维就是对数学形象的认识，并对其进行加工形成新的形象的方法。形象思维主要是用直观形象和表象解决问题的思维，其特点是具有形象性、完整性和跳跃性。形象思维过程是用表象来进行分析、综合、抽象、概括的过程。当人利用自己已有的表象解决问题或借助表象进行联想、想象、抽象、概括构成一幅新形象时，就形成了形象思维。形象思维往往能对问题的答案做出合理的猜测、设想或顿悟，因此形象思维也是一种跃进性思维。数学形象思维不仅以具体知识形象为材料，而且也离不开鲜明生动的数学语言的参与。数学形象思维主要凭借数学对象的具体形象或表象的联想和借助鲜明生动的数学语言表征，以形成具体的形象或表象来解决数学问题，其主要心理成分是联想、直觉、想象和模拟。符号言语的思维是典型的数学形象思维，它是在大量符号表象的基础上，通过分析、综合、抽象、概括形成新形象的创造。

现代脑科学研究证明，形象思维是由大脑右半球控制的。一般来说，人脑左半球主要具有言语符号、分析、逻辑推理、计算、数字等抽象思维的功能，右半球主要具有非言语的、综合的、形象的、空间位置的、音乐的等形象思维的功能。由此认为，左半球是抽象思维中枢，右半球是形象思维中枢。左脑具有分析、运算等信息处理功能，是收敛性的思考方式；右脑则具有平面、空间的信息处理功能，是发散性的思考方式。所以，形象思维并不总是与语词紧密联系的，也未必要进行充分的语言描述。在数学知识中，概念概括要舍弃非本质的特征，而形象概括则包含着丰富的细节，所以形象思维比之抽象思维更关注整体性，而且内容更加具体、更加丰富。

一、形象思维形式

形象是直观的一种知觉，产生形象的感觉是观察。由事物形象的特征、形状，让大脑产生对形象的认识，形成形象的思维状态。这种状态包括联想、想象、模拟等。

（一）联想思维方法

联想是在直觉的启示下，由一个事物想到其他事物，由眼前的事物回忆起有关事物的思维方法。联想的基本特点是，通过观察事物的原型和形象彼此联结的比较达到对事物的认识。

联想方法有两种基本形式。一是观察中的联想。观察是思维的门户，也是思维的起点。它的本质是一种心理过程，是人用各种感官进行有目的、有组织地获得外界信息的一种知觉活动。通过观察，为丰富的联想提供了足够的原始材料，保证了联想的方向性和广阔性，并把观察获得的信息的表象进行加工组合，形成新的形象。

学习中的灵感并不是无准备的自发，而是观察、体验在头脑中的飞跃，是从感性认识上升到理性认识的飞跃。这是一个实践和认识的问题。二是类比中的联想。类比是指从一种特殊到另一种特殊的推理，本质上是某类内化的过程，通过类比为联想提供时空背景。类比中的联想一般是在两类事物的可比性基础上，通过对原有形象的勾连，从事物的联系中把握事物。在数学学习中，联想思维的基础是原有的认知结构，因为数学知识都是已被加工了的抽象知识，通过观察知识的形态，未必能激发联想。因此，只有具备一定的知识基础和掌握一定的数学方法技能才能产生联想，进而解决问题。

联想是人类认识自然的本能，因为客观事物都处在不断的运动变化之中，因此事物彼此之间存在着必然的联系。这些联系反映在人的思维中就形成了主观形态上的事物联系，它使人能够达到对事物由思维表象向思维理性的迁移，这是联想的客观基础。但联想方法毕竟并非逻辑方法，它对客观事物关系的反映必然带有主观色彩，具有猜测性或者或然性。克服联想的这种天生不足或模糊不定，除了要具备雄厚的知识经验外，还需要配以其他的科学方法对联想的结果进行补充和修正，特别要注意加强逻辑方法在联想中的主导地位，这样才能提高联想结果的可靠性。

（二）想象思维方法

想象是以现实形象为基础并对其进行加工改造后在主观上聚积某种新形象的思维方法，在客观事实面前表现为某种顿悟。它的思维方式不是对直接信息发生重大反映，而是把直接信息作为过渡的天桥去寻求在直接信息所能达到的结果之外的图景。因此，它的基本特征是新颖性和创造性。想象是在头脑中对已有表象进行加工、改造，重新组合形成新形象的心理过程。想象不是凭空产生的，它以实践经验和知识为基础，是在社会实践活动中产生和发展的。

想象在认识活动、学习过程和社会实践中有重要的作用。想象力是智力活动的翅膀。爱因斯坦说："想象力比知识更重要，因为知识是有限的，而想象力概括着世界上的一切，推动着进步，并且是知识进化的源泉。严格地说，想象力是科学研究的实在因素。"想象力是智力活动赋予创造性的重要条件。教师对学生的培养目标、学生对未来的理想等都是离不开想象的心理过程，想象力也激励着他们获得成功。所以，想象是学生搞好学习的重要心理因素。每个想腾飞的人都应该重视保护、发展想象力这个翅膀。

想象在客观上来自一种高度的直觉和顿悟，虽然具有一定的理性基础，具有人的不可抑制的洞察能力，但它也缺乏逻辑的依据。因此，想象的结果必须通过逻辑的方法做出科学的检验。尽管如此，想象仍不失为形象思维的基本方法，一切有价值的想象或发现都是受非逻辑支配的。科学的想象是天才的象征。智慧的人，不仅表示顺应逻辑，而且反映着非逻辑的想象。

（三）模拟思维方法

模拟思维方法是根据对象客体的本质和特性建立或选择的一种与对象客体相似的模型，通过研究模型达到对对象客体认识的方法。模拟的基本特征体现为：它不是直接研究对象本身，而是研究它的模型，在模型中获得有关原型的信息。

模拟是事物形象的反映，当主体获得原型的某种形象后，就会引起记忆中的某些形象材料，因而就会产生一种直觉悟性，将原型形象外推到某一模型的形象之中，这一过程就是模拟过程。数学模拟是对模型与原型之间在数学形式相似基础上进行的一种模拟方法，它根据数学形式的同一性来导出相似标准，而不是根据共同的物理规律。

数学中的模拟方法主要有经验模拟和暗箱模拟。经验模拟是主体通过对直接的数学形象材料进行分析加工而获得新形象的方法。由于客观事物大多是不能直接研究的，不少未知现象远离了主体的经验，要想弄清楚它，仅凭经验模拟是不够的，需要凭借实验模拟逐步进行探索和认识，这就是暗箱模拟方法。应当指出，模拟方法是相似理论指导下的运用，在建立模型时必须论证模型与原型的相似性及将模型导出的结果外推到原型之中的合理性，这是它具有逻辑性的一面。然而，模拟方法也是一种形象认识方法，运用模拟方法得出来的结果同样具有不可靠性，所以必须要进行逻辑修正补充。

数学中形象思维方法的主要特征是形象性和跳跃性。形象性表现的思维内容（思维对象、记忆的材料）是数学形象化材料，思维过程则是对这些形象材料的利用或处理，并形成更高级的形象，思维结果是通过感知形象刺激主体行为产生的结果。形象思维方法的跳跃性表现在利用已有形象上升到高级形象时，不仅没有严格的规则和充分的理由，而且不受形式逻辑规律的控制和约束，具有自发性或跳跃性。

应该指出，数学中的逻辑思维方法和形象思维方法尽管在思维方法上有所不同，但它们在思维过程和思维结果上是相互联系、相互补充的。一方面，逻辑思维方法具有理性的抽象性和推演性，但并非没有形象的支配，抽象是对感知形象材料的加工和概括，推演更含有形象因素；另一方面，形象思维方法尽管具有思维的简缩，但思维的结果具有预示性或猜测性，需要逻辑思维方法加以修正和补充。要指出的是，形象思维方法是基础，它对逻辑思维方法的运用具有预示和启发功能，它能提高逻辑思维方法应用的空间和背景。逻辑思维方法是主导，它对形象思维方法具有指导和修正的功能，为形象思维方法提供真实的材料。在数学思维方法中，形象思维方法用于引入思维材料，提供思维方向，形成主体认识的雏形；逻辑思维方法则是整理思维材料，修正思维关系，加深主体认识，达成思维结果。所以，二者在数学运用中是紧密结合、相互补充的。

在数学的学习和应用中，常常提到数学直觉思维和数学直观思维，它们都属于形象思维的范畴，但也有自己的特点。直觉思维是由形象刺激知觉产生的一种思维形态，由观察形成的印记带有判断的成分，直觉尽管"突如其来"，但并不是神秘莫测的东西。直观思维也是人脑对客观事物及其关系的一种直接的识别或猜想的思维形式，既有深刻的形象思维特点，又有强烈的抽象思维特点。直觉思维与直观思维都是常规的数学思维形式，具有发现的功能。

二、形象思维培养

数学形象思维的培养只有建立在具有一定数学基础知识和掌握一定的数学方法之上才能形成效果。因为数学知识和数学问题都具有一定的抽象性，对抽象数学的认识，其直观性就是保存在大脑的原有知识体系和经验体系。在数学教学活动中，只有不断地巩固数学基础，提高数学技能，才更有利于形象思维的培养。大脑右半球喜欢整体的、综合和形象的思维，右半球是形象思维中枢，它的思维材料侧重于知识和问题的形象、直观形象和空间位置等。在开发右半球的潜能时，主要就是利用形象记忆和形象思维活动，这是开展右脑训练的基本原则。另外，使知识形象化、直观化有利于形象思维的培养。

（一）积累丰富的形象材料

学生头脑中数学形象的材料来源表现在三个方面，即教材中的概念、命题和例题。学生要养成认真读书的习惯，明确概念的定义方法，掌握命题的推导过程，学习例题的格式要求；坚持练习教材中的习题，巩固最基本的数学能力，尽量扩大对数学知识、关系等意义形象的掌握，有意识地思考和自定义知识形象，广泛积累表象材料，丰富表象储备。教师要帮助学生记忆数学形象材料。概念产生过程中的直观形象，公式、法则转化过程中的口诀形象，根据动作格式总结的动作模式形象，数学的符号系统、图形语言，等等，都是宝贵的数学形象资源。在教学中，要善于进行总结、归纳和概括。研究表明，头脑中的表象物质越多，不仅能促进右半球的活动，也为形象思维提供了形象原料。当然，也更有助于形象思维的形成。

在数学活动中，问题情景的创设可以激发学习动机，但更重要的是激发形象思维。因为问题具有一种存在的形式，它的结构、语言等都会释放出多种信息，其中整体和直观细节的信息就会被直观思维捕获，从而打开联想的思路，唤起已储存的经验，提供逻辑思维的推理方向，加快问题的解决。启发直觉，挖掘数学美感，也是展现数学形象材料的方法。数学美主要表现在数学本身的简单性、对称性、相似性与和谐性上。美的观点一旦与数学问题的条件和结论的特征结合，思维主体就凭借已有的知识和经验产生审美直觉，从而确定解题总体思想和入手方向。

可以说，丰富的表象储存无论对形象思维还是对抽象思维都有帮助，提供丰富的背景材料，恰当地设置教学情景，有利于促使学生做整体思考。数学形象思维的重要特征之一就是思维形式的整体性。对于面临的问题情景首先从整体上考察其特点，着眼于从整体上揭示事物的本质与内在联系，往往可以激发形象思维，从而激发思维的创新。

（二）引导学生寻找和发现事物的内在联系

数学知识是一个具有亲缘关系的系统，要弄清关系系统中数学知识的内在联系，就要明确知识的整体特征和知识的概括性特点。因为数学概念的形成、数学关系的确定，与数学概括性思维和整体思维无不有着紧密联系。知识是客观存在的，给知识下定义，是在诸多事实的比较中舍去了非本质属性而形成的本质认识。由于数学思维揭示的是数学关系之间内在的形式结构和数量关系及其规律，能够把握一类事物共有的数学属性。数学思维的概括性与数学知识的抽象性是互为表里、互为因果的。数学思维方法、思维模式的形成是数学思维概括水平的重要表现，概括水平能够反映思维活动的速度、广度、深度、灵活程度及创造程度。因此，提高主体的数学概括水平是发展数学思维能力的重要标志，也是把握知识间的内在联系、合理形成数学知识结构的重要手段。培养学生数学概括性水平，要从具体事例出发，让学生通过对事例的比较、分析，抽象出本质，形成概括意识，在教学活动中，把需要学习的新概念退化到最原始的具体内容，由学生去概括本质。在数学问题教学中，同样可以将问题的直接信息进行抽象取舍，概括发现与目标最接近的有用信息，并指导学生分析概括的具体方法。

整体性是人类观察客观对象的基本特性，数学学习需要观察力和思维能力。凡所接触的数学事实都是已被加工抽象过的，因此在学习考察时都需要强调全面性和整体性。只有这样，才能从整体中了解细节，发现隐蔽细节的关系。整体性数学思维主要表现在它的统一性和对数学对象基本属性的准确把握。数学内容本身是具有统一性的，人们总是谋求新的概念、理论，把以往看来互不相关的东西统一在同一的理论体系中。数学思维的统一性，是就思维的宏观发展方向而言的，它总是越来越多地抛弃对象的具体属性，用统一的理论概括零散的事实。这样既便于简化研究，又能洞察对象的本质。数学思维中对事物基本属性的把握，本质上源于数学中的公理化方法。这种整体性的思维方式对人们具有深远的影响。在数学教学中，要重视整体思维的培养，学习新概念与新命题、解决数学问题，重在教会学生整体观察的方法，从整体结构的启发中去认识诸多信息的关系。

整体思维的养成需要形成知识整体学习的习惯。学习新知识，不要孤立地看待，要与原有的知识进行对比，形成整体的概念。数学问题的学习也是如此。建构知识整体学习方法要求先理解和掌握知识的整体结构，以此为根基去理解部分知识内容。先把握知识结构的层次和整体框架，使大脑内浮现出一张地图，形成整体架构，然后厘清部分与部分之间的关系，形成整体认知结构；再进一步区分知识的层次、细节和知识点，形成知识系统和整体结构；再进而把握知识或事物的重点，分清重点和细节部分，集中精力理解并掌握知识的重点和整体结构。建构知识整体学习法，强调建构知识整体结构，有助于大脑右半球功能的发挥，能大大提高学习记忆的效果。

（三）设计探究性学习活动

在数学教学活动中，要设计一定的探究性学习活动，安排一定的直觉活动阶段，给学生留下直觉思维的空间，活跃学生的数学思维。

学生的思维能力是在实践和训练中发展的。在教学中适当推迟做出结论的时机，给学生一定的直觉思维空间，有利于学生在整体观察和细部考察的结合中发现知识的内在规律，做出直觉判断，这是发展学生直觉思维能力的必要措施。探究性学习活动有利于增强学生的直觉活动空间，在形成丰富生动的形象后，能激发联想和想象。在教学中，要指导学生进行有意义的直觉活动，一是要学生用已知知识解释概念和命题，二是要学生解释数学问题内部的知识形态和关系，三是要加强学生思维语言的转换训练。

在探究性学习活动中，要鼓励学生大胆猜测，养成善于猜想的数学思维习惯。猜想是一种合情推理，它与论证所用的逻辑推理相辅相成。科学的猜想、有根据的猜想，可以为数学研究和学习指明道路，可以从猜想中瞭望理想的目标。数学由直觉到联想再到想象，这个过程为猜想奠定了物质基础。数学结构中许多命题的发现、思路的形成和方法的创造，都可以由学生通过数学猜想而得到。要精心安排活动内容，设计直觉猜想问题，在这种活动中，让学生体会更多形象材料的作用。形象材料不是问题的装饰，而是具有丰富内涵的思维原材料，它是激发思维、创造联想和猜想的物质保证。让学生养成对形象材料认真观察和分析的良好习惯，在引导学生开展各种归纳、类比等丰富多彩的探索活动中鼓励他们提出数学猜想和创见。一般来说，知识经验越多、想象力越丰富，提出数学猜想的方法就掌握得越熟练，猜想的真实性就越高，实现数学创造的可能性也就越大。培养敢于猜想、善于探索的思维习惯是形成数学直觉、发展数学思维、获得数学发现的基本途径。

数学专家认为，科学研究真正可贵的因素是直觉思维。同样，数学解题中通过直觉思维联想的品质也是可贵的。对问题做全面的思考之后，不经详尽的推理步骤，直接触及对象的本质，迅速得出预感性判断，这就是联想的意义。尤其是在一些若干问题往往无从下手时，就更需要由直觉来产生解题联想，使本来受阻的思维获得释放，使难解的问题迎刃而解。

在教学过程中还要注意培养学生的质疑能力。"学源于思，思源于疑"，"疑"是思维的第一步，是探索知识的起点，是创新的基础。爱因斯坦也曾说过："我没有什么特别的才能，只不过喜欢寻根刨底地追究问题罢了。"由此可知，学生的质疑能力对学生创新思维能力的培养有着重要的意义。

形象思维是问题对象引起的，所以形象思维是大脑对问题结构形象产生的直接的心理反应，体现了数学形象思维的问题性。数学思维动作是由问题引起的，并发展为解决数学问题的心智。这种心智总是指向解决问题的目标，以达到掌握问题对象的数学特征和关系结构的目的。问题性是数学形象思维目的性的体现。因此，在教学中加强数学问题的教学，加强范例的演示与讲解，也是重要的培养形象思维能力的方法。

数学形象思维的另一个重要特征是思维方向的综合性。在数学教学中，引导学生从复杂的问题中寻找内在的联系，特别是发现隐藏的联系，从而对各种信息进行综合考察并做出直觉判断，是激发形象思维的重要途径。发展学生的思维是数学教学的重要目标，发展思维重在培养思维能力。逻辑思维和形象思维是数学思维的两种基本形式。数学教学不仅能传授知识和方法，而且通过具体知识和方法的传授形成数学思维的品质，提高分析问题、提出问题和解决问题的思维能力。在数学教学中，逻辑思维能力的培养是核心。通过培养逻辑思维来发展形象思维，通过大量数学知识和方法的掌握来强化形象思维活动的能力。逻辑思维是人脑的一种理性活动，思维主体把感性认识阶段获得的对于事物认识的信息材料抽象成概念，运用概念进行判断，并按一定的逻辑关系进行推理，从而产生新的认识。所以，逻辑思维具有规范、严密、确定和可重复的特点。形象思维通过获得具体的形象材料来刺激心理活动，并以释放形象材料的信息为契机打开思维的想象空间，唤醒已有的知识经验，为逻辑判断提供基础。所以，形象思维具有零散、顿悟、潜意识和稍纵即逝的特点。数学实践是数学逻辑思维形成和发展的基础，数学概念的应用和数学问题的解决需要数学实践，数学实践又确定着逻辑思维的任务和方向。实践的发展及感性经验的增加也使逻辑思维逐步深化和发展。数学概念和关系的掌握也增加了形象思维丰富的感性材料，搭建了形象思维与逻辑思维的通道。思维借助形象想象，借助逻辑判断，来获得永无止境的认识。

第四节　逆向思维在数学学习中的应用

一、逆向思维基本思想的渗透

（一）在教学设计中渗透逆向思维

大多数教师在教授数学概念时，或是把概念直接写在黑板上，或是让学生把概念读一遍，先理解其中的文字含义，再对应讲解一至两道例题。学生即使记住了，也是硬性记忆，并没有将其转换成自己的知识。其实，教师可以鼓励学生从"逆向"的角度去学习概念，研究概念中所隐藏的条件和性质，更深层次地掌握概念的本质。

教师在设计教学过程时，对公式的解释常常会一成不变。这样，不利于培养学生的逆向思维能力。因此，教师在教学时，除了要求学生学会公式，还应该引导学生反推公式，了解公式的特点和作用，这样才可以让学生更加方便地使用公式，做更多的练习。而在做练习时，除了做正向练习，还要多做一些反向练习。同时，教师可时常做适当的变形，锻炼、提高学生的逆向思维能力。

（二）在导学案例中渗透逆向思维

由于许多数学知识都具有可逆结构，所以教师在设计导学案例时，要注意正向思维与逆向思维之间的辩证统一关系。虽然它们是相反的，但同时是互补的。因此，导学案例要训练学生正确地认识和处理它们的关系，坚持贯彻执行，让每个地方都有逆向思维的存在。

二、逆向思维解题策略的实施

（一）运用逆向思维解题的一般方法

1. 运用反证法思想，培养逆向思维能力

在求证某些数学题时，如果用常规思维去求证它，那么就不容易发现切入点，找不出证明思路。这时，教师可以引导学生运用逆向思维，反过来思考，从结论入手，即假设结论的反面是正确的，通过已知、常用的定理、定义、事实来推理，推出与事实相反的结论，由此得出假设不成立，原结论成立的结果。这样的证法具有创新性，能够激发学生的学习兴趣，使解题更方便。

在学习数学时，我们经常会用简单快捷的反证法。而反证法的实质就是运用逻辑学中的排中律。因此，在运用反证法时，要重视学习证明过程中的三个证明步骤：①证明命题为真，先假定结论为假；②运用已知进行逻辑推理；③推出矛盾，反证命题为真。这种矛盾通常为以下五种：①与命题的前提矛盾；②与公理矛盾；③与有关定理矛盾；④与临时假定矛盾；⑤自相矛盾。

2. 运用补集法思想，培养逆向思维能力

在解答某些数学题时，我们发现从正面入手会非常困难，而从反面入手，则相对方便一些。于是，我们应该运用逆向思维方式，尽力研究结论的对立面，利用结论对立面的结果来映射正面的答案。我们把这种逆向思维的方式称为补集分析法。

3. 运用参数待定法，训练逆向思维能力

在解答某些数学题时，利用题中的已知条件直接求证结论会非常困难，常常会使学生放弃。这时，教师要引导学生运用逆向思维思考数学题，即先把推算的结论设为一个参变

量，再把参变量当成已知量，然后在此基础上综合其他已知条件，求出参数的值，顺势算出结论。我们把这种方法叫作参数待定法。

4. 运用命题变换思想，培养逆向思维能力

某些数学题只是给出了有限的条件，让学生去求证，推出结论。如果学生运用正向思维思考这类数学题，一定会遇到困难，最后不能得出任何答案。此时，如果教师引导学生反过来思考命题，那么就会使问题简单明了，解题思路也更清楚。

逆向思维实质上就是转换思想。在解题时，转换思想可以使自己的思想空间变大，使数学题变简单，达到事半功倍的效果。这是一种培养学生创新意识的有效途径和方法。

（二）培养逆向思维解题能力的实践探索

学生们从小就听过司马光的故事，也一直被要求体会故事的寓意，学习司马光的机敏伶俐。此外，我们也应该让学生知道司马光的这种做法其实是一种逆向思维——"人离开水"变换成"水离开人"。人们认为缸口很小，人出不来，却没有想到打破缸，让水流出来，人就得救了。所以，逆向思维就是冲破正向思维的束缚，从反向、对立的角度去思考问题。

有时候，逆向思维会给人们带来创新的灵感，成为创新的途径，而人们就是这样成为伟大的科学家的。许多伟大的科学家都是逆向思维的奇才。比如，法拉第进行了若"电能产生磁"，那么"磁能产生电"的逆向思维的思考，总结出了伟大的电磁感应定律。

在学习高等数学的过程中，会产生正向思维和逆向思维两种思维方式。在教学过程中，教师进行思维训练时，要注意培养逆向思维，并且把培养学生的逆向思维能力作为重要的教育目标。数学教材里包含有大量的顺逆运算、定理、公式、关系等。这些教材内容是培养学生逆向思维能力的素材，教师可以通过这种可逆转换来传授许多数学知识。因此，在平时的教学中，教师只要认真发掘，进行有针对性的施教，不仅可以激发学生的学习兴趣，而且能够拓宽学生的解题思路，甚至提高学生的思维能力。

总之，教师一定要注重培养和训练学生的逆向思维能力，要善于启发和引导学生养成良好的思维习惯，善于培养学生的探索精神和能力，促进学生的逆向思维的发展，并开发学生的创造性思维和发散性思维，切实提高思维素质。

三、提高教师自身的素质

教师工作的示范性与创造性等要求教师必须具备良好的自身素质。在素质教育改革中，教师素质的提高越来越成为改革的重点。同时，教师的教学观念和能力等方面的因素会直接影响学生数学能力的发展。因此，要培养学生的逆向思维能力，首先需要教师有良好的素质。

（一）转变教学观念

观念是行动的灵魂，教学观念对于教学活动有着重要的统率作用。在传统的教学观念中，教学是知识由教师到学生的单向传递过程。在这种教学观念下，培养的学生只是知识的被动接受者，不利于学生思维的发展。因此，高中教师要重新认识原有的数学教学观，并在此基础上积极地向新型教学观转变，变重视知识的教学为重视学生思维和能力培养的教学，让学生学会学习，充分发挥学生的主体作用，让学生在学到知识的同时，学会思考。

（二）充分钻研教材

要提高学生的数学逆向思维能力，教师在教学过程中，就要有意识地对其进行引导。所以，教师首先要非常明了教材内容，挖掘教材的内在；其次，要充分备课，认真钻研教材，挖掘教材中的逆向知识；最后，要精心设置教学环节，针对教学内容和学生特点，选择恰当的教学方法，以便在教学中有意识地设置情境，重点讲解，启发、引导学生的逆向思维。

（三）增强培养学生逆向思维的意识

学生所接受的思维、知识训练大多数来自教师。如果教师在教学中不注重学生逆向思维的训练，那么就会对学生逆向思维能力的发展起到消极作用。因此，教师应把对学生逆向思维的培养渗透在教学环节中。比如，在命题教学中，给出命题后，对其逆命题的真假作出判断；对于一些与所学命题极其相似的假命题，让学生举出反例等，都可以使学生的逆向思维得到训练。其关键是教师要在教学中有意识地对学生进行引导，培养其逆向思维。

参考文献

［1］常天兴. 高等数学教育中的思维能力培养研究［M］. 北京：中国原子能出版社，2021.

［2］范林元. 高等数学教学与思维能力培养［M］. 延吉：延边大学出版社，2019.

［3］侯毅苇，张晓媛. 大学数学教学与创新能力培养研究［M］. 长春：吉林人民出版社，2021.

［4］黄永辉，计东，于瑶. 数学教学与模式创新研究［M］. 北京：中国纺织出版社有限公司，2022.

［5］康纪权，康杰. 数学教育的认识与实践［M］. 重庆：西南师范大学出版社，2020.

［6］林建青，秦桂名. 高等数学理论解析与应用研究［M］. 北京：中国商业出版社，2019.

［7］刘莹. 数学方法论视角下大学数学课程的创新教学探索［M］. 长春：吉林大学出版社，2019.

［8］刘莹. 新时代背景下大学数学教学改革与实践探究［M］. 长春：吉林大学出版社，2019.

［9］马建霞. 现代小学数学思维能力培养研究［M］. 北京：中国书籍出版社，2022.

［10］庞峰. 高等数学思想与方法研究［M］. 北京：中国原子能出版社，2021.

［11］孙庆括，潘腾，徐向阳. 数学教育研究方法与案例［M］. 南昌：江西高校出版社，2022.

［12］谭明严，韩丽芳，操明刚. 数学教学与模式创新［M］. 天津：天津科学技术出版社，2020.

［13］唐小纯. 数学教学与思维创新的融合应用［M］. 长春：吉林人民出版社，2020.

［14］田园. 高等数学的教学改革策略研究［M］. 北京：新华出版社，2018.

［15］汪维刚.教学团队建设与优秀教师培养研究［M］.武汉：华中科技大学出版社，2022.

［16］王慧.思维方法与数学教学研究［M］.哈尔滨：哈尔滨工业大学出版社，2020.

［17］吴海明，梁翠红，孙素慧.高等数学教学策略研究和实践［M］.北京：中国原子能出版社，2022.

［18］赵振囡，吴笛，万瑞东.信息技术教育与数学思维融合［M］.延吉：延边大学出版社，2021.

［19］朱青春，荆素风，郭伟伟.高等数学理论分析及应用研究［M］.北京：中国原子能出版社，2020.